böhlau

Godfrid Wessely / Martin Maslo

Ein Stück Erde mit Tiefgang

Der geologische Blick auf das Weinviertel

BÖHLAU

Veröffentlicht mit freundlicher Unterstützung durch das Amt der N.Ö. Landesregierung, der OMV AG und ADX Energy.

Bibliografische Information der Deutschen Nationalbibliothek:
Die Deutsche Nationalbibliothek verzeichnet diese Publikation
in der Deutschen Nationalbibliografie; detaillierte bibliografische Daten
sind im Internet über http://dnb.d-nb.de abrufbar.

© 2026 Böhlau, Zeltgasse 1, A-1080 Wien, ein Imprint der Brill-Gruppe
(Koninklijke Brill BV, Leiden, Niederlande; Brill USA Inc., Boston MA, USA;
Brill Asia Pte Ltd, Singapore; Brill Deutschland GmbH, Paderborn, Deutschland;
Brill Österreich GmbH, Wien, Österreich)
Koninklijke Brill BV umfasst die Imprints Brill, Brill Nijhoff, Brill Hotei,
Brill Schöningh, Brill Fink, Brill mentis, Vandenhoeck & Ruprecht, Böhlau,
V&R unipress und Wageningen Academic.

Alle Rechte vorbehalten. Das Werk und seine Teile sind urheberrechtlich geschützt.
Jede Verwertung in anderen als den gesetzlich zugelassenen Fällen bedarf der vorherigen
schriftlichen Einwilligung des Verlages.

Umschlagabbildung: Das Titelbild dieses Buches zeigt eine Arbeit des Künstlers Reinhard Fuchs. Er hat mit seinem Werk „Steinbergbruch" das geologische Profil bei Zistersdorf bis in eine Tiefe von neun Kilometern künstlerisch dargestellt. Dr. Reinhard Fuchs war bei der OMV als Paläontologe und Geologe tätig. Er schafft seit vielen Jahren wissenschaftlich orientierte Kunstwerke (Privatbesitz Godfrid Wessely).

Korrektorat: Gabriele Fernbach, Wien
Einbandgestaltung: Michael Haderer, Wien
Satz: Michael Rauscher, Wien
Druck und Bindung: Prime Rate, Budapest
Gedruckt auf chlor- und säurefrei gebleichtem Papier
Printed in the EU

Vandenhoeck & Ruprecht Verlage | www.vandenhoeck-ruprecht-verlage.com
E-Mail: info@boehlau-verlag.com

ISBN 978-3-205-22189-0

Inhalt

1. Vorwort 7
2. Das Stück Erde von oben – Landschaft und Oberflächengeologie 9
3. Der Stockwerkbau des Stückes Erde – vom Parterre bis in den Keller .. 15
4. „Drittes Stockwerk" – der subalpine Beckenuntergrund 19
4.1 Böhmische Masse 21
4.2 Thayatrog 22
4.3 Molasse 28

5. „Zweites Stockwerk" – der kalkalpine Beckenuntergrund 29
5.1 Waschbergzone 30
5.2 Flyschzone 33
5.3 Kalkalpin 37
5.3.1 Tektonischer Aufbau 37
5.3.2 Sedimente (Stratigraphie, Fazies) 44
5.3.3 Perm-Trias 45
5.3.4 Jura 49
5.3.5 Tiefere Unterkreide 52
5.3.6 Höhere Unterkreide 52
5.3.7 Oberkreide und Paläozän 53
5.4 Grauwackenzone 57
5.5 Unterostalpin und Tatrikum 57

6. „Erstes Stockwerk" – Das Wiener Becken 59
6.1 Splitter zur Erforschungsgeschichte 59
6.2 Entwicklungsgeschichte 64
6.3 Brüche 68
6.4 Sedimente 74
6.4.1 Eggenburgium, Ottnangium, Karpatium 76
6.4.2 Badenium 79
6.4.3 Sarmatium 87
6.4.4 Pannonium 91
6.4.5 Pliozän 98
6.4.6 Pleistozän und Holozän 98

7.	Ein Blick zum Nachbarn: die Kleinen Karpaten „vo da Weit'n"	113
7.1	Die Verbindung von Alpen und Karpaten	118
8.	Tiefbohrungen und ihre Geschichte	123
8.1	Der Schritt in den kalkalpinen Beckenuntergrund	124
8.2	Der Schritt in subalpine Tiefen	130
8.2.1	Projekt Zistersdorf Übertief – ein Rekord mit 8.553m Tiefe	131
8.2.2	Projekt Maustrenk Übertief – der tiefste Ölfund Österreichs	140
8.2.3	Projekt Aderklaa Ultratief – Nachweis der Böhmischen Masse unter dem Stadtgebiet Wiens	144
8.3.4	Projekte Kronberg und Poysdorf	147
9.	Schritte der Entwicklung des östlichen Weinviertels	149
9.1	Vergangenheit	149
9.2	Gegenwart und Zukunft – Der Tiefenaufschluss als Schlüssel gegenwärtiger und künftiger Energiegewinnung	156
10.	Sieben landesüberschreitende Rekorde	165
11.	Dank	167
12.	Literatur	169
13.	Abbildungsverzeichnis	185

1. Vorwort

Der Boden des Weinviertels vereint nahezu die Gesamtheit der geologischen Merkmale, wie sie das ganze Land Niederösterreich besitzt. Die besondere Bedeutung, die dem östlichen Teil dieses Viertels zukommt, hat mit seinem Reichtum an Erdöl und Erdgas und der dadurch erfolgten gründlichen Erforschung des geologischen Tiefbaues zu tun. Diese Buch konzentriert sich daher auf diesen Teil des Weinviertels. Unsere Kenntnis darüber ist neben der Interpretation der Oberflächengeologie und deren Projektion in den Untergrund vorwiegend den Tiefbohrungen zu verdanken, die die dritte Dimension dieses Stückes Erde in groben Zügen erschlossen haben und uns durch Gesteinsproben und Bohrlochgeophysik ein genaueres Bild des in der Tiefe Verborgenen vermittelt haben. Diese wurden seit den dreißiger Jahren des vergangenen Jahrhunderts im Zuge der Kohlenwasserstoffexploration zu Tausenden abgeteuft, in sehr großen Tiefen jedoch mit geringer Zahl. Dazu kommen viele Informationen aus der Geophysik, die mit Gravimetrie, Geomagnetik und Seismik den Untergrund durchleuchten und mit den Bohrungen als Eichpunkte das geologische Bild schärfen.

Demnach liegen hier an geologischen Landschaften „stockwerkartig" und tektonisch übereinander geschoben: das „Waldviertel", das Alpenvorland, der Sandstein-Wienerwald, die Kalkalpen von den Kalkvoralpen bis zu den Kalkhochalpen und im Marchfeld die Zentralalpen und karpatische Äquivalente. Die alpin-karpatischen Elemente wurden durch die alpine Gebirgsbildung aus großer Ferne hertransportiert. Darüber enthält das östliche Weinviertel noch den Hauptanteil des Wiener Beckens mit seinem größten und tiefsten zentralen Anteil.

Der tiefere Untergrund birgt zudem noch Gesteinsserien, die an der Oberfläche in Österreich unbekannt sind.

Was an Spuren einstigen Lebens aus den vergangenen (280) Millionen Jahren vorliegt, ist reichlich Kostbares, und viele Forscher haben sich bemüht, dies zu erfassen und festzuhalten. Es geht dabei nicht nur um große Erscheinungsformen, wie das *Deinotherium giganteum* mit seinen über vier Metern Schulterhöhe – vorgeschlagen als geologisches Wappentier des Weinviertels –, sondern auch um jene im Mikro- und Nannofossilbereich mit schier unendlicher Fülle! Ob es sich um pflanzliche Reste wie verkieselte Hölzer, Blattabdrücke, Algen in Rasen- oder Stämmchenform, Sporen oder kleinstes Plankton wie die Nannofossilien, oder um tierische Überreste in verschiedenen Erhaltungsformen, z. B. als Schalen, Ausfüllungen von Hohlräumen in denselben (Steinkerne), Versteinerungen von Korallen, Moostierchen bis zu Fischen und Säugetierresten handelt: Die Fossilien erzählen nicht nur von sich selbst und ihrer Lebensweise, sondern auch von ihrer Lebenswelt.

Was liegt uns nicht alles an Zeugen alter Habitate zu Land und zu Wasser an Klima- und Lebensbedingungen vor!

Im Weinviertler Untergrund schlummern Wüsten, Sümpfe, Flussläufe, kontinentale und marine Deltas, Seen, Meere, Riffe, Lagunen vom Seichtwasser hinab bis in die Tiefsee! Paradiesische Bedingungen gab es in Aulandschaften, klirrende Kälte in eisigen Tundren der Eiszeiten, diese unterbrochen von vegetationsreichen Warmzeiten.

Letztlich haben Menschen jede Menge Spuren im Boden hinterlassen, deren Weg von der Jäger- und Sammeltätigkeit, vom Beginn der Landwirtschaft, der Viehzucht, des Weinbaues, des Gewerbes, dem „anthropozänen" Leben und Treiben in Ortschaften und Kellern schließlich in die Zeit der Hochleistungen von Technik und Wirtschaft führt. Beim Sektor Energiegewinnung kommen letztere Erfahrungen den beginnenden Aktivitäten zur Nutzung geothermaler Energie aus Heißwasser zugute, wobei auch hier vielversprechende Voraussetzungen vorliegen.

Das östliche Weinviertel ist aufgrund seiner Erdöl- und Erdgasvorkommen von Bohrungen regelrecht übersät. In den kohlenwasserstoffreichen Gebieten liegen Bohrungen mit seichten bis mittleren Tiefen in hoher Dichte. Eher locker darin eingestreut erscheinen die sogenannten „tiefen" und „übertiefen" Bohrungen.

In etlichen umfassenden Werken wurde bereits ausführlich über den Beginn der Bohrtätigkeit bis in die Zeit nach dem Zweiten Weltkrieg berichtet. In der vorliegenden Darstellung wird neben einer Gesamtschau der Schwerpunkt auf die Aktivitäten gerichtet, deren Bohrziel auf den tiefer gelegenen Untergrund des Wiener Beckens gelenkt war. Damit rückt auch das Geschehen in den Vordergrund, das Godfrid Wessely in seiner langjährigen Tätigkeit bei der OMV als leitender Geologe gemeinsam mit Arthur Kröll und Harro Unterwelz und vielen weiteren Mitarbeitern, die für den Aufschluss verantwortlich waren, miterlebt und mitgestaltet hat.

Letzten Endes rücken die erdwissenschaftlichen Errungenschaften und technischen Rekorde den Wert dieses Stückes Erde für die wirtschaftliche Entwicklung der Republik Österreich ins rechte Licht.

2. Das Stück Erde von oben – Landschaft und Oberflächengeologie

Abb. 1: Das Weinviertel aus 400 km Höhe (aus F. Zwittkovits 2009).

Aus der Luft zu sehen sind Ackerfelder, welche die Landschaft dominieren, während die heutigen Höhenrücken die ehemaligen schottergefüllten Rinnen der „Urdonau" darstellen, welche der Abtragung mehr Widerstand geleistet haben. Die Waldflächen markieren die Hartgesteine zu beiden Seiten des Korneuburger Beckens, aber auch weniger fruchtbare Sandflächen, vor allem aber die Schotterstreifen der Urdonau von Mistelbach bis zum Steinberg bei Zistersdorf. Markant ist entlang einer Linie der ausstreichende Steinbergbruch sichtbar mit den gegen Südosten in die weichere Tiefscholle hinabziehenden Talungen (Abb. 1).

Steht man auf der Warte von Oberleis und blickt in die östliche Richtung, hat man das östliche Weinviertel nahezu zur Gänze im Blickfeld (Abb. 3). Es reicht vom Norden mit den ruinenbesetzten Klippen von Staatz und Falkenstein, jenseits der Staatsgrenze mit den Pollauer Bergen bei Mikulov (Nikolsburg) über den Buschberg mit 491 m Höhe (Abb. 2), dem höchsten Berg des Weinviertels, über den Ernstbrunner Höhenrücken, den Michelberg und Waschberg bis zum Korneuburger Becken mit seinen südlichen Eckpfeilern Kreuzenstein und Bisamberg als südwestliche Ecke des östlichen Weinviertels.

Im Osten liegt zu Füßen zunächst eine samtwellige Landschaft, die immer mehr verflacht, nur der Steinberg bei Zistersdorf mit seinen 318 m Seehöhe bildet einen langgezogenen Rücken. Ab Stockerau bildet der Bogen der Donau bis Hainburg die Südwest- bis Südgrenze, im Osten ist es die March und ein Stück Thaya. Am Horizont zieht sich weit jenseits der March die lange Kulisse der kleinen Karpaten von Norden bei Jablonica bis nach Süden bei Hainburg durch. Südlich von Breclav (Lundenburg) trennt bei Mikulov die Staatsgrenze das östliche Weinviertel von Südmähren. Blickt man nach Westen, gewahrt man in der Ferne in Form des Manhartsbergzuges den Rand der Böhmischen Masse, die ab Maissau-Eggenburg, Pulkau, Retz unter die Molasse taucht, ab Hollabrunn in Sprüngen, aber kontinuierlich, nach Osten hin absinkend (Abb. 10). Muten einem die 491 m Seehöhe des Buschberges schon recht erheblich an, weicht dies gleich einem atemberaubenden Gefühl, wenn man bedenkt, dass die Tiefe der Böhmischen Masse hier bei etwa vier Kilometer liegt. Weiter im äußersten Südosten bei Marchegg wird sie wahrscheinlich 15 km Tiefe erreichen.

Das Stück Erde von oben – Landschaft und Oberflächengeologie

Abb. 2: Der Blick gegen Westen: Leiser Berge und Buschberg als höchste Erhebungen des Weinviertels

Den Boden der Oberflächengeologie (Abb. 3) betreten wir mit dem Ausschnitt der Geologischen Karte von Niederösterreich 1: 200.000, herausgegeben von der Geologischen Bundesanstalt 2002. Der Kartenausschnitt umfasst das Gebiet des östlichen Weinviertels. Im Detail ist der Sedimentinhalt dieser Zonen in den Kurzerläuterungen der Geologischen Karte 1:200.000 (W. Schnabel [Red.] 2002) beschrieben. Das Wiener Becken enthält die Sedimente des Miozän, Pliozän und Quartär (Sandsteine, Mergel und Schotter), wobei den Großteil der Fläche quartäre Lösse und Terrassenschotter einnehmen. Die Flyschstreifen, die das überwiegend aus Karpatium (Miozän) bestehende Korneuburger Becken flankieren, bestehen aus sandig-tonigen Tiefseeablagerungen der höheren Unterkreide bis ins Eozän. In die Waschbergzone sind Kalk- und Sandsteinklippen aus Jura- und Kreideschichten in eine Mergel-/Sandsteinhülle aus Paläozän bis tiefem Miozän eingeschürft.

Abb. 3: Die Ebenen und Hügel des östlichen Weinviertels mit dem lang gestreckten Zug der Kleinen Karpaten am östlichen Horizont

Das Stück Erde von oben – Landschaft und Oberflächengeologie

Das Stück Erde von oben – Landschaft und Oberflächengeologie

Abb. 4: Charakteristische Landschaftsimpressionen im Weinviertel. Die größtenteils landwirtschaftliche Nutzung betont die sanften Kurven, die der Geologie des Landesteils zugrunde liegen. Weingärten und Getreidefelder zeichnen die Strukturen nach, Raps und Mohn färben diese kräftig. Auwälder säumen in einer wilden Flusslandschaft die March, welche langsam, aber stetig die Landschaft einebnet (Fotos Reinhard Wessely).

Das Stück Erde von oben – Landschaft und Oberflächengeologie

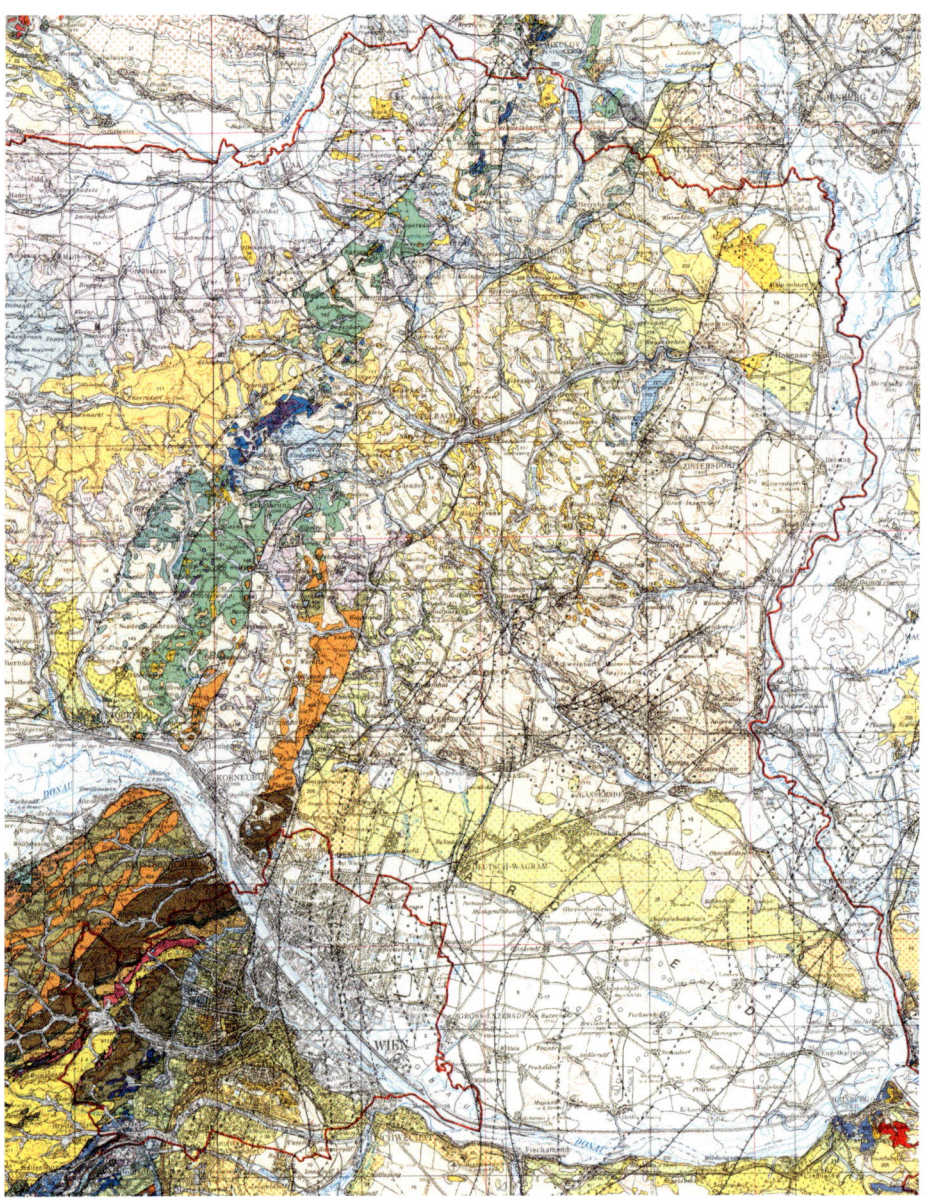

Abb. 5: Geologische Karte von Niederösterreich (W. Schnabel [Red.] 2002), Ausschnitt (verkleinert)

3. Der Stockwerkbau des Stückes Erde – vom Parterre bis in den Keller

Der geologische Bau des östlichen Weinviertels kann in drei Stockwerke gegliedert werden (Abb. 6). Die Grundlage dafür bietet die tektonische Geologie (Abb. 7, 8):

Das junge Wiener Becken als erstes (und oberstes) Stockwerk liegt über dem zweiten alpin-karpatischen Stockwerk, und dieses wurden zuvor im Zuge einer gewaltigen Gebirgsbewegung auf das autochthone subalpine dritte Stockwerk überschoben.

Dabei spielt auch die Abfolge der Erschließung der Stockwerke durch Bohrungen eine Rolle. Zuerst waren die seichteren Bereiche der Füllung des Wiener Beckens Ziel des Bohraufschlusses. Sie sind mit dem ersten Stockwerk gleichzusetzen. Dann erweiterte sich der Schwerpunkt der Exploration auf den darunterliegenden Alpenkörper, das zweite Stockwerk. Dieses besteht aus der Waschbergzone, der Flyschzone, die ja schon seit den Anfängen mit erschlossen wurde, der Kalkalpenzone und der Zentralalpin/Tatriden-Zone. Zuletzt erfolgte das Vordringen unter das alpine Stockwerk in das subalpine dritte Stockwerk, mit der Molasse, dem Autochthonen Mesozoikum und dem Paläozoikum samt dem Kristallin der Böhmischen Masse (Abb. 10). Als Stockwerke sind demnach Tiefenstockwerke zu verstehen, ähnlich Garagenetagen unter einem großen Bau. Jedes Stockwerk hat seinen eigenen stratigraphischen Umfang (Abb. 8).

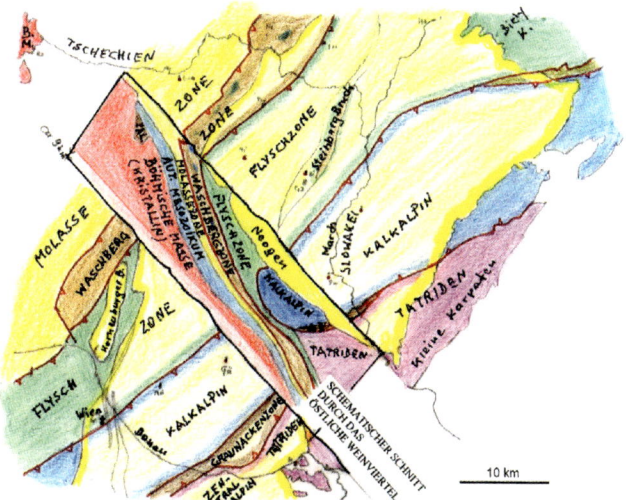

Abb. 6: Schema des geologischen Gebäudes – „Der geologische Bau des vorneogenen Untergrundes" (Originalskizze G. Wessely)

Der Stockwerkbau des Stückes Erde – vom Parterre bis in den Keller

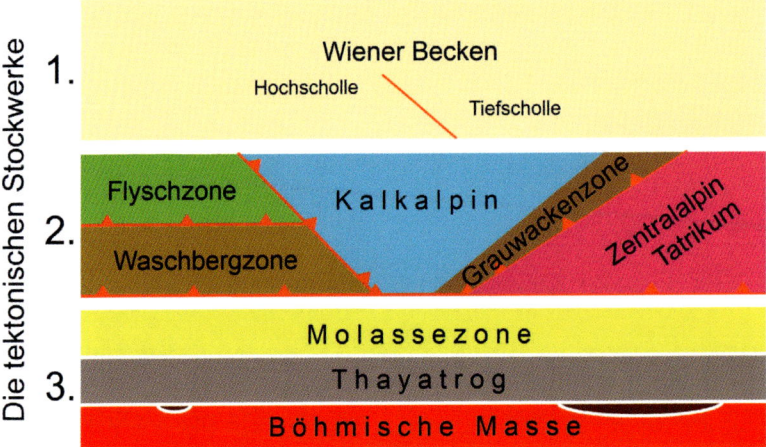

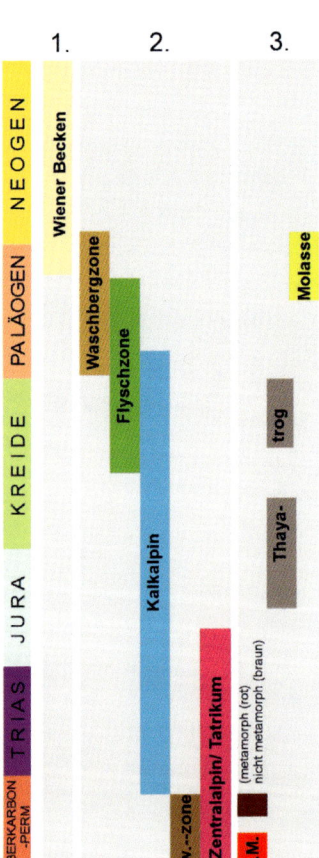

Abb. 7: Die geologischen Stockwerke des Stückes Erde im Überblick

Abb. 8: Die zeitlichen Reichweiten der erbohrten Stockwerke

Der Stockwerkbau des Stückes Erde – vom Parterre bis in den Keller

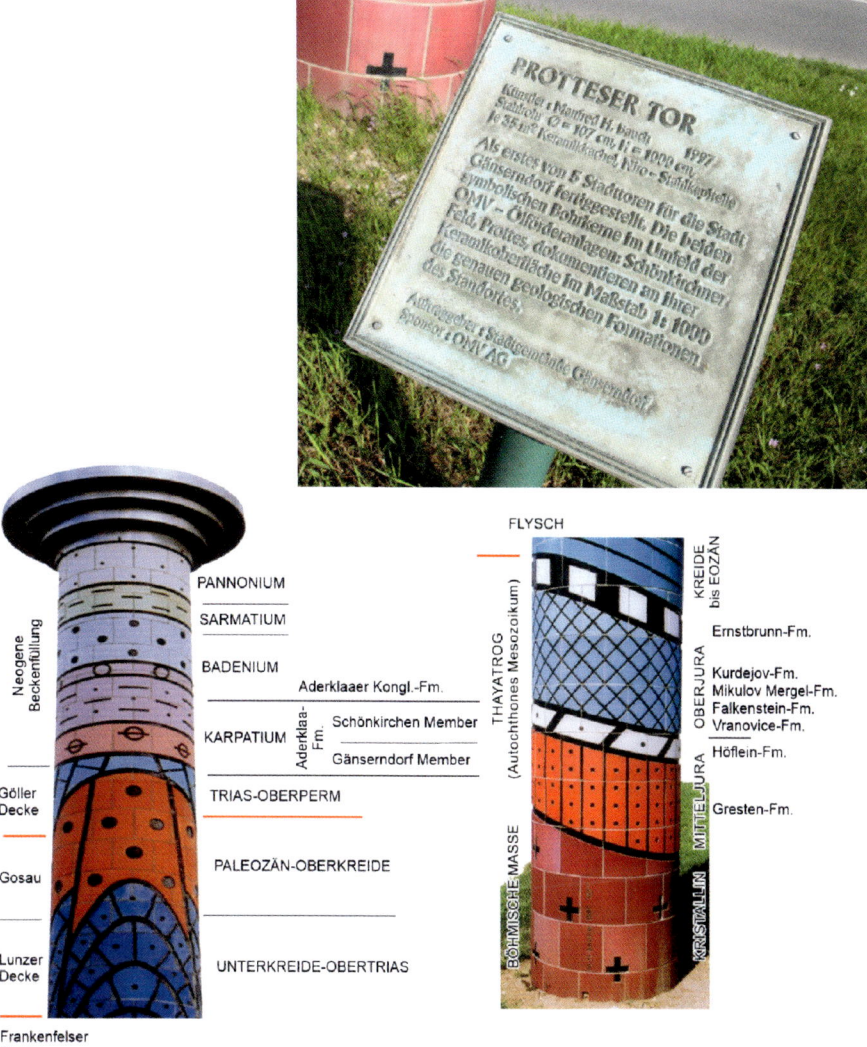

Abb. 9: Das Protteser Tor als künstlerische Illustration des Stockwerkbaus. Die beiden Säulen des „Tors" an der Ortseinfahrt von Prottes stellen die Schichtfolge im zentralen Wiener Becken und dessen Untergrund dar (Gestaltung: H. Bauch, Vorlage: G. Wessely).

4. „Drittes Stockwerk" – der subalpine Beckenuntergrund

Abb. 10: Das Strukturschema der Oberkante des kristallinen Untergrundes und seiner jungpaläozoischen Überlagerung. Unter dem östlichen Weinviertel senkte sich der europäische Sockel von vier bis auf 18 km Tiefe ab.

Abb. 11: Schnittschema des kristallinen Untergrundes und seiner Überlagerung.

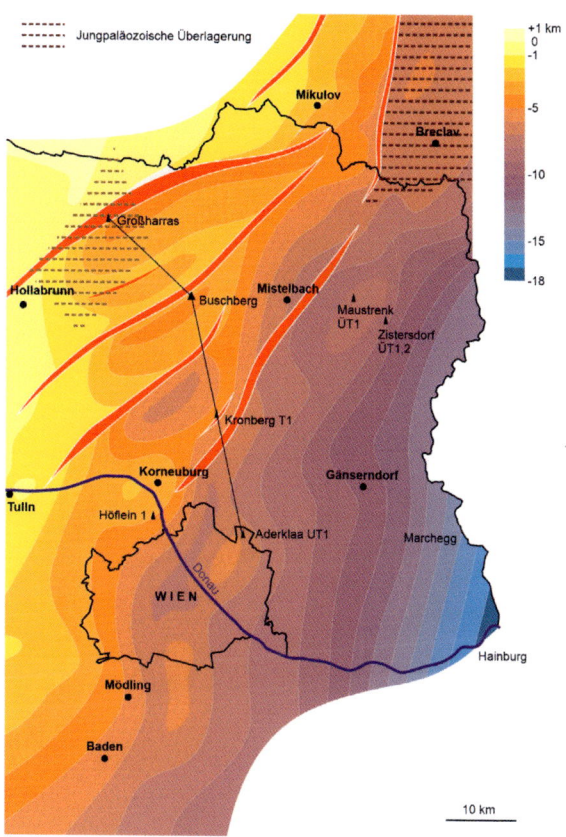

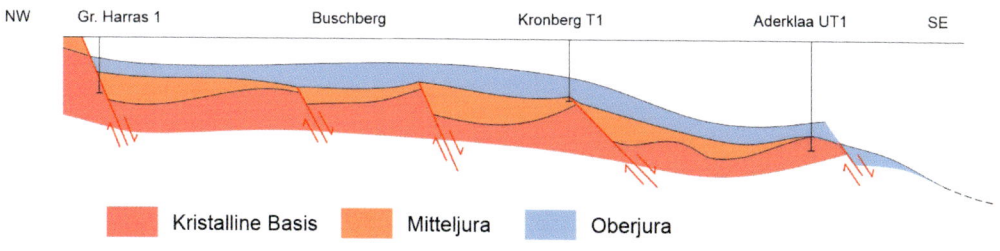

"Drittes Stockwerk" – der subalpine Beckenuntergrund

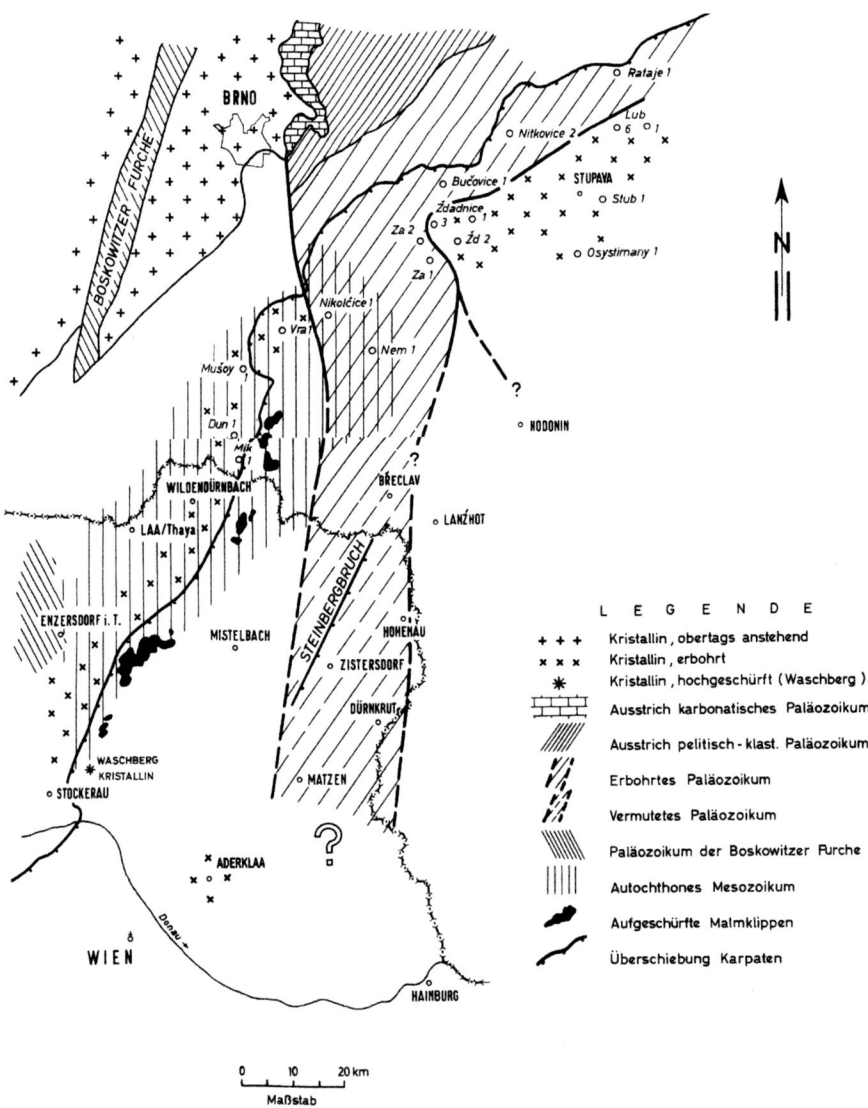

Abb. 12: Verbreitung des Jungpaläozoikums im Karpatenvorland und unter den alpin-karpatischen Decken und seine mögliche Erstreckung ins Weinviertel (G. Wessely 1976, ergänzt). Unter Berücksichtigung der Erkenntnisse aus Tiefbohrungen im nördlich angrenzenden Nachbarland nach F. J. Picha et al. in J. Golonka & F. J. Picha [eds.] 2006.

Das dritte und tiefste Stockwerk umfasst die Einheiten, die unter der alpin-karpatischen Überschiebungsmasse liegen. Sie reichen vom Kristallin der Böhmischen Masse über dessen jüngere paläozoische Auflagerungen, mesozoische Abfolgen des Thayatroges bis in die tertiäre Molassezone mit ihrem autochthonen Anteil.

4.1 Böhmische Masse

Um zur Ermittlung der Tiefenlage der Oberkante des Kristallins der Böhmischen Masse im östlichen Weinviertel und zu einer Vorstellung zu kommen, wie die Struktur derselben aussehen könnte, muss man in der Betrachtung weiter nach Westen blicken, wo unter der Waschberg- und Molassezone das Kristallin vielfach erbohrt wurde. Unter Einbeziehung eines dichteren Netzes seismischer Linien entstanden geologische Schnitte und Strukturkarten, die es ermöglichten, die Tiefenstruktur der Kristallinoberkante zu erfassen. Dies auch in Kombination mit der Herausarbeitung des Baues des darüber lagernden Sedimentmantels, wodurch die Lage von Brüchen und die Art der Bruchschollen besser ermittelt werden konnten. Es kann hier angesichts stets laufender aktueller Explorationsaktivität nur ein Strukturschema wiedergegeben werden. Das Ergebnis war ein Muster von Südwesten nach Nordosten streichenden Brüchen, die in paralleler Anordnung Einsenkungszonen bewirkten mit südöstlichen Anstiegen bis zum jeweils nächsten Bruch, also ein „asymmetrisches" Schollensystem ergaben (Abb. 11). Von Interesse ist, dass dieses System an einer von Nordwesten nach Südosten verlaufenden Linie, vermutlich einer Seitenverschiebung, abgeschnitten ist. Diese gedachte Linie verläuft nahe Hollabrunn von Nordwesten Richtung Wiener Pforte im Südosten.

Diesen Bau gilt es nun nach Osten, Richtung Wiener Becken, zu verfolgen. Die letzten Punkte, an denen Kristallin erbohrt wurde, sind wenige Bohrungen, wie Korneuburg Tief (T) 1, Thomasl 1 oder Staatz 1. Die Bohrung Kronberg T 1 hat das Kristallin gerade nicht erbohrt. Dazu kommen Vorstellungen aus dem Strukturverhalten in den seichteren Bereichen wie dem Steinberghoch, dem Pirawarther Block, dem Aderklaaer und dem Oberlaaer Hoch sowie ihren vorgelagerten Tiefzonen. Weiters gibt die Gravimetrie durch positive Anomalien Hinweise auf Strukturen. So kommt man zur Abschätzung, dass das Kristallin weiterhin gegen Osten absinkt. Es liegt beim Buschberg bei nahezu vier Kilometer, die nächstliegende Bohrung ist Au 1 (R. Sauer et al. 1992, S. 153). In Aderklaa Ultratief (UT) 1 wurde es bei 6.251 m angetroffen (Abb. 13), in Zistersdorf liegt es nach Abschätzung aus dem Bohrergebnis sicher schon unter neun Kilometer, in Marchegg vermutlich bei 15 km, da gegen Osten sowohl die Alpenlast als auch die Füllung des Wiener Beckens das Kristallin hinunterdrückt. Also liegt das „Waldviertel" sogesehen tief unter dem Weinviertel!

"Drittes Stockwerk" – der subalpine Beckenuntergrund

Abb. 13: Ein Stück des kristallinen Untergrundes der Böhmischen Masse unter Wien in der Bohrung Aderklaa UT 1 bei 6.630 m Tiefe (Foto W. Hujer, OMV AG).

Auf dem kristallinen Untergrund – noch als zur Basis gehörig – liegt eine Bedeckung aus kaum metamorphem Paläozoikum, erbohrt nur im Raum Hollabrunn/Porrau, vermutlich als Vertretung der Boskwitzer Furche, wie sie auch das Perm von Zöbing darstellt. Aber mit ihrem Hauptteil wäre es weiter im Osten, vom Norden kommend, zu erwarten, wie Tiefbohrungen in Mähren zeigen (V. Cypris, A. Thon 1990, J. Adamek 2005, F. J. Picha et al. in J, Golonka & F. J. Picha [eds.] 2006), vielleicht bis Zistersdorf oder Pirawarth reichend (Abb. 12).

4.2 Thayatrog

Völlig unbekannt auf österreichischem Gebiet wurde 1959 mit der ÖMV-Tiefbohrung Staatz 1 ein ganz neues geologisches Stockwerk entdeckt, dessen Schichtfolge vom Mittleren Jura bis in die Oberkreide reicht. Es wurde "Autochthones Mesozoikum" genannt (J. Kapounek et al. 1967). Stücke davon waren allerdings als Klippen in Form von Klentnitzer Schichten, Ernstbrunner Kalken (A. Zeiss 2001, Th. Hoffmann 2001, B. Moshammer & F. Schlagintweit 1999) und Klementer Schichten bekannt, tektonisch abgeschert vom autochthonen Mesozoikum und hochgeschleppt in der Waschbergzone. Der Begriff Thayatrog für dieses autochthone Stockwerk wurde erst später geprägt, in der Übersetzung von "Dyje–Thaya depression" nach F. J. Picha et al., in J. Golonka & F. J. Picha [eds.] 2006, p. 57. Er deckt sehr gut die Erstreckung des Abschnittes südlich und nördlich der Thaya ab (Abb. 14).

Aufgrund vorangehender Untersuchungen der Schichtfolge auf österreichischer Seite nach Revisionsarbeiten, zusammengefasst durch G. Wessely in Brix et al., 1977, und auf tschechischer Seite durch M. Elias, 1977, wurde von M. Elias & G. Wessely in D. Minarikova & H. Lobitzer [eds.] unter Mitwirkung der Firma MND Hodonin (u. a. J. Adamek) 1990 eine gemeinsame stratigraphische Nomenklatur des grenzübergreifenden Autochthonen Mesozoikums erstellt. Dabei spielten Fossilbestimmun-

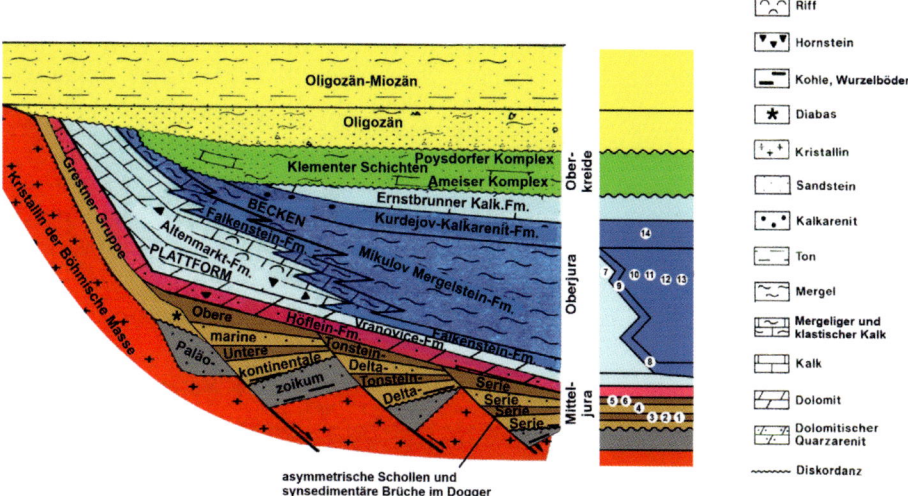

Abb. 14: Der Thayatrog und seine stratigraphische und fazielle Gliederung im schematischen Überblick

gen von Z. Vasicek (1971, 1980) auf tschechischer Seite und L. Krystyn auf österreichischer Seite eine entscheidende Rolle.

Von J. Adamek erschien eine detaillierte Darstellung des tschechischen Anteils nördlich der Grenze.

Um den Fokus auf den Thayatrog im östlichen Weinviertel zu lenken, ist es notwendig, auf die angrenzenden Bereiche des Weinviertels westlich davon zu verweisen, um damit die Gesamtschau und den Zusammenhang des Autochthonen Mesozoikums in den Tiefen des Wiener Beckens zu finden (A. Kröll et al. 2001, O. Malzer et al., in F. Brix & O. Schultz, 1993).

Aus dem Jungpaläozoikum liegen durch Pollenuntersuchungen zahlreiche Altersbelege vor.

Bis zum Dogger lag der Südostrand der Böhmischen Masse mit seiner jungpaläozoischen Überlagerung trocken oder die Sedimente wurden später erodiert.

Im Dogger vor 175 Mio. Jahren bestand ein ausgedehntes Deltagebiet an der Südostflanke der Böhmischen Masse, mit reichlich kristallinem Grobmaterial und Quarzsanden. Dieses Schichtpaket wird als „Gresten-Formation" mit mehr oder weniger Vergleichbarkeit mit den alpinen Grestener Schichten bezeichnet. Die Ablagerung erfolgte zunächst in einem kontinentalen Delta, das häufig durch Quarzbrekzien mit einem Gehalt an viel kohligem Material sowie durch Lagen und Schmitzen und kohligen Wurzelstrukturen als Kennzeichen von Landvegetation ausgezeichnet war. In einem weiteren Schub legten sich Sedimente eines marinen Deltas darüber, diese wurden also schon unter Meeresbedeckung – ebenfalls mit quarzreichen Grob-

und Feinsedimenten – abgelagert. Aus diesen Schichten stammt der erste Beleg der Epoche durch Ammoniten.

Zwischen den Deltaschüttungen kam es durch Vorstoßen des Meeres immer wieder zu dunklen, Pyritwürfelchen führenden Tonablagerungen, den „Tonsteinserien", die durch ihren Gehalt an Ammoniten, die wie alle übrigen folgenden Ammoniten von L. Krystyn bestimmt wurden, hohe Bedeutung haben. Sie ergaben für die Tonsteinserien ein Alter von mittlerem bis oberem Dogger (G. Wessely in F. Brix et al. 1977).

Die Ablagerungen senkten sich an Brüchen während der Sedimentation ein, sodass Gräben entstanden, wobei jeweils in Bruchnähe die Mächtigkeit am größten war, sich aber mit Entfernung vom Bruch drastisch verringerte, bis der nächste Bruch einsetzte (Abb. 11).

Die Art dieser bruchbedingten Strukturen endet mit der Sedimentation des obersten Dogger, der Höflein-Formation. Diese besteht aus einem dolomitisch gebundenen Sandstein mit Verkieselungen. In Dünnschliffen sind darin Querschnitte von Schwammnadeln erkennbar (R. Sauer et al. 1992, Fig. 24). Kieselschwämme dürften die Ursache der Hornsteinpartien sein, welche die Porosität für das Gasvorkommen der Lagerstätte Höflein an der Donau liefern.

Der unterste Malm liegt geringmächtig mit Karbonaten darüber. Er enthält bereits Komponenten von Rifforganismen (Vranovice-Formation).

Ab hier beginnt sich die Art der Ablagerung zu teilen: Im Westen baute sich eine Karbonatplattform mit Kalken und Dolomiten auf, die Schwamm-/Algen- und Korallenriffe enthalten (Sammelbezeichnung Altenmarkter Schichten, H. W. Ladwein 1976). Im Osten kam es zu einer Beckenentwicklung der dunkelgrauen Mikulov-Mergelsteinformation. Die Grenze zur Karbonatplattform fällt schräg nach Osten ein und wird von einem Saum von Gesteinen begleitet, der für einen Abhang des Meeresbodens typisch ist – reich an Komponenten aus der Plattform, wieder kalkig-mergelig verbunden, aber schon dunkel gefärbt. Es handelt sich um die Falkenstein-Formation „Faziesgrenze", sie ist eine „diachrone", also zeitüberschreitende Grenze.

Wieder sind es Ammoniten, bestimmt von L. Krystyn, die die Altersbelege der Falkenstein-, Mikulov- und Kurdějov-Formation liefern, angeführt bei G. Wessely in F. Brix et al. 1977. Dazu existiert eine Fülle von anderen Makrofossilien:

Untere Tonsteinserie der Gresten-Gruppe
1 Sonninia s. l. sp., Porrau 2, 2328–2332, tieferes Unterbajocium
2 Sphaeroceras brogniarti (SOW.), Staatz 1, 3404–3410, Bajocium
3 Leptosphinctus sp. ind., Klement 1, 3735–3740, Oberbajocium

Obere Quarzarenit-Serie der Gresten-Gruppe
4 Nannolytoceras tripartitus (RASPAIL), Klement 1,3572–3577, Grenze Bajocium-Bathonium

Obere Tonsteinserie der Gresten-Gruppe
5 Oxycites yeovilensis (ROLLER), Oecotraustes decipiens (DE GROSSOUVRE), Oecotraustes nivernensis (DE GR.), Calliphylloceras disputabile (ZITTEL), Proceratites cf. schloenbachi (DE GR.), Proceratites div. sp., Entolium demissum (PHILLIPS), Haselbach 1, 2321–2326, Unterbathonium
6 Choffatia sp., Hagenberg 1, 3009–3014, Oberbathonium bis Callovium

Altenmarkt Fm.
7 Duvalia strangulata (OPPEL) Mailberg 2, 1527–1532,5, Obertithonium?

Mergelkalkserie (Falkenstein Fm.)
8 Cardioceras (Cawtoniceras) sp., Lissoceras sp., Hagenberg 1, 2851–2856, Mittleres Oxfordium, Neochetoceras sp. Laa 1, 2747–2752, Kimmeridgium bis Untertithonium.
9 Hybonoticeras hybonotum (OPPEL), Aulasimoceras sp., Perisphinctes indet., Lytoceras sp., Sowerbyceras sp., Falkenstein 1, 4147–4152, tieferes Untertithonium

Mergelsteinserie (Mikulov Fm.)
10 Neochetoceras sp. Laa 1, 2491–2496, Kimmeridgium bis Untertithonium
11 Lytoceras sp., Falkenstein 1, 3951–3960, tieferes Untertithonium, Torquatisphinctes sp., Glochiceras sp., Paralingulaticeras cf. lithographicum (OPPEL), Falkenstein 1, 3745–3754, tieferes Untertithonium
12 Usseliceras cf. tagmersheimense ZEISS, Falkenstein 1, 3508–3517, mittleres Untertithonium, Sublithacoceras sp., Ameis 1, 3166–3171, höheres Untertithonium bis Mitteltithonium, Franconites sp., Hagenberg 1, 2329–2334, höheres Untertithonium
13 Sowerbyceras tortisulcatum (D' ORB.), Hagenberg 1, Malm, Virgatosphinctes sp., Staatz 1, Malm

Kalkarenit-Serie (Kurdějov Fm.)
14 Paraberriasella od. Lemencia sp., Ameis 1, Mitteltithonium

Abb. 15: Ammoniten im Jura des Thayatrogs in Österreich (Bestimmung und Einstufung L. Krystyn 1977). Links: Ammoniten aus der Bohrung Haselbach 1 (2.321–2.326 m), Dogger (oben: *Oecotraustes decipiens*, unten: *Oecotraustes nivernensis*) nach R. Fuchs in F. Brix & O. Schultz [Red.] 1993. Rechts: Dunkler Mergelstein mit Fragmenten von *Lytoceras* sp., Mikulov-Mergelstein Fm., Falkenstein 1 (3.951–3.960 m) aus G. Wessely 2006.

Beispiele davon aus dem Dogger und Malm sind in Abb. 15 angeführt.

Die Sedimente der Beckenfazies enthalten zudem eine Mikrofauna, bestehend aus Foraminiferen, Ostrakoden und bezeichnenden allgegenwärtigen Elementteilchen von Schwämmen, nämlich bohnenförmigen Rhaxen. Die Mikrofauna ist besser von Aufschlüssen in Klippen dokumentiert, die losgerissen vom Autochthonen Mesozoikum in der Waschbergzone schwimmen. Sie ist bekannt aus dem Bereich von Klentnice bei Mikulov durch E. Hanzlikova, 1965.

Über der Mergelsteinserie liegt die Kurdějov-Formation, zunächst noch als Sandstein und sandiger Kalk, gegen das Hangende mit hohem Gehalt an Biodetritus, vermehrt mit Hartteilen von Organismen aus dem Plattformbereich und mit Ooltheinschaltungen. Anzumerken ist die reiche Verwühlung durch grabende Organismen.

Über der Kurdějov-Formation liegt die Ernstbrunn-Formation in ihrer typischen Form. Sie wurde in Ameis 1 und Staatz 3 erbohrt. In Zistersdorf Übertief (ÜT) 2 wurde sie bei 7.533 bis 7.538 m gekernt. Der graue Kalk ist von klastischem Habitus mit reichlich bereits unkenntlichen Riffkomponenten, Kluftgenerationen sind zum Teil mit Kalzit, zum Teil mit Sediment der Oberkreide gefüllt. Über dem Ernstbrunner Kalk liegt noch eine blockige Ausbildung der Unterkreide. Diese wurde auch in Mähren als Nové-Mlýny-Kalk festgestellt. Nach S. Schneider et al. 2013 (S. 112) währte die Ernstbrunn-Pavlov-Karbonatplattform vom Mitteltithonium bis ins Berriasium (Hauterivium?) der Unterkreide.

Dann stellt sich eine einschneidende Schichtlücke mit Erosion und Verkarstung des Ernstbrunner Kalks ein. In die Karsthohlräume drangen Sedimente der einsetzenden Oberkreide und schufen die an Glaukonit reichen grünen Sandtaschen im hellen Ernstbrunner Kalk, wie sie im Steinbruch Ernstbrunn aufgeschlossen waren (R. Sauer et al. 1992).

Die Oberkreide nimmt in ihrer Verbreitung eine große Fläche ein. In den hochgescherten Klippen der Waschbergzone ist sie in Form der Klementer Schichten (Klement-Formation) eingehend dokumentiert, u. a. bei H. A. Kollmann et al. 1977, später bei H. Summesberger et al. 1999. In letzterer Arbeit werden aus der Klement-Formation und grenzüberschreitend der Pálava-Formation eine Revision der Makrofauna und Überarbeitungen der Mikrofauna und Nannoflora vorgenommen. Die Untersuchungen ergaben für das Typusprofil der Klement-Formation das Alter Turonium. Für die Pálava-Formation wurde von ausgewählten Lokationen eine Reichweite vom mittleren Coniacium bis in das obere Maastrichtium durch Mikrofauna und Nannoflora belegt.

In den Bohrungen nach R. Fuchs & G. Wessely 1977 und 1996 lassen sich lithologisch ein an Glaukonit reicher Basissandstein mit typischen honiggelben Quarzen, ein Kalkhorizont und eine mächtige karbonatisch-sandige Mergelfolge korrelieren (Abb. 16). In dieser Arbeit wurde auch die Mikrofauna und Nannoflora dargestellt.

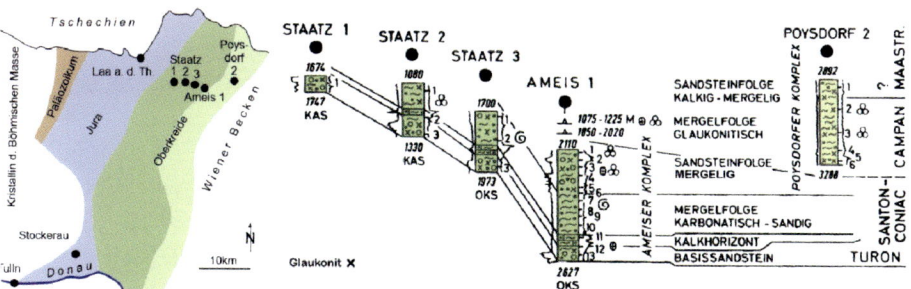

Abb. 16: Die Oberkreide des Thayatrogs im Untergrund von Poysdorf/Ameis/Staatz (nach R. Fuchs & G. Wessely 1977, Ausschnitt)

Die Mikrofauna vertritt ein Alter von Turonium/Cenomanium bis ins Maastrichtium gemäß Globotruncanen und Neoflabellinen-Vergesellschaftungen. Die Nannoflora entspricht diesen Einstufungen.

Was ist von diesem Stockwerk im östlichen Weinviertel bisher durch die Bohrungen erschlossen? Die Bohrungen, die im Bereich der westlichen Begrenzung liegen, haben diese Schichtfolgen erbohrt, mit weniger oder mehr Vollständigkeit im Einzelnen, aber guter gegenseitiger Ergänzungsmöglichkeit. Die Gesteine des Dogger haben Falkenstein 1, Staatz 1 und 3, Thomasl 1, Kronberg T 1, Korneuburg T 1 und Stockerau Ost 1 angetroffen. Die Plattformentwicklung des Malm (Altenmarkter Schichten) reicht noch bei Stockerau an das östliche Weinviertel heran. Der Malm in Beckenentwicklung mit meist vollem Umfang liegt in Falkenstein 1, Staatz 1 und 3, in Ameis 1, Thomasl 1 und rudimentär in Korneuburg T 1 vor, davon mit Überlagerung durch Ernstbrunner Kalk in Falkenstein 1, Staatz 3 und Ameis 2. Die Oberkreide ist häufig vertreten, fehlt nur in Thomasl 1 und Korneuburg T 1. Die Bohrungen Ameis 2 und Poysdorf 2 ermöglichten in Kombination ein an die 700 m mächtiges Oberkreideprofil der Klement-Formation mit dem „Ameiser" und dem „Poysdorfer Komplex". Die Übertiefbohrung Aderklaa UT 1 hat 178 m Mikulov-Mergelstein Fm. und 23 m Falkenstein Fm., die Übertiefbohrung Zistersdorf ÜT 2, weit im Osten, hat 126 m Ernstbrunn Fm. und 912 m Mikulov-Mergelstein Fm. erbohrt. Oberkreide wurde in den Bohrungen Zistersdorf Übertief als Klippe angetroffen, ebenso als Kluftfüllung im Ernstbrunner Kalk. Eine stratigraphisch-fazielle Übersicht über die tiefsten Bohrungen Zistersdorf ÜT, Aderklaa UT und Kronberg T 1 ist in G. Wessely 2006 detailliert dargestellt.

4.3 Molasse

Nach der Oberkreide folgt eine weitere Sedimentationsunterbrechung, bis im Alttertiär die Molasse einsetzt. Sie liegt teils direkt über Kristallin und Jungpaläozoikum der Böhmischen Masse, teils auf den Sedimenten des Thayatroges. Sie ist in ihrer Entstehung schon mit dem Herannahen der Alpen-Karpaten-Überschiebungsmasse in Verbindung zu bringen, die sukzessive die Erdkruste bei ihrer nordwärts gerichteten Gebirgsüberschiebung hinunterdrückt. Gleichzeitig sendet das Gebirge Material in ihr Vorland: Sande, Schotter, Feinmaterial in spezifischer Ausbildung als Molasse. Im östlichen Weinviertel wurde Molasse in autochthoner (nicht tektonisch verfrachteter) Form in den Bohrungen des Westabschnittes angetroffen, von Stockerau bis Staatz, im Wiener Becken sogar durch die Bohrung Zistersdorf Übertief (Abb. 17). In großen Flecken fehlt sie allerdings (Korneuburg T 1, Lachsfeld 1, Kronberg T 1, Aderklaa UT 1), wohl infolge tektonischer Abscherung und Abtransport durch die alpin-karpatische Überschiebung des Gebirges.

Abb.17: Die autochthone Molasse in Zistersdorf Übertief 1a 7.209–7.216 m (Foto W. Hujer, OMV AG)

5. „Zweites Stockwerk" – der kalkalpine Beckenuntergrund

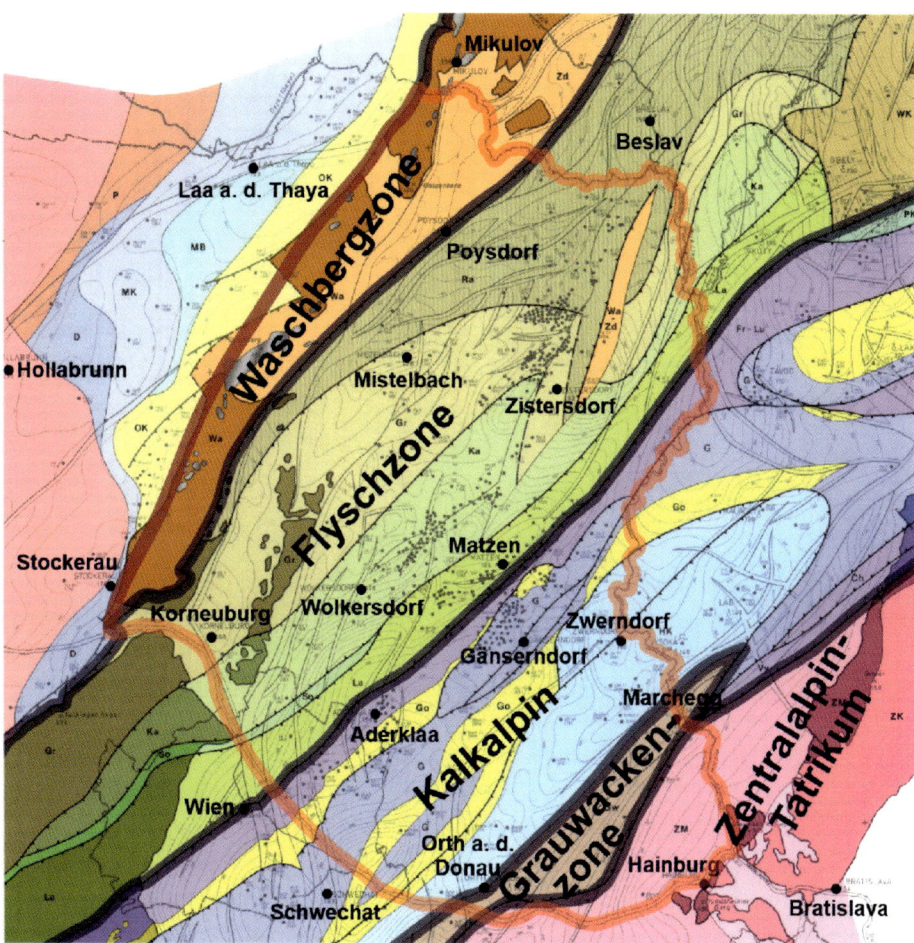

Abb. 18: Die Alpen unter dem östlichen Weinviertel – geologische Karte des Nordwestrandes und Untergrundes des Wiener Beckens (Ausschnitt aus A. Kröll et al. 1993). Die Grenze zum östlichen Weinviertel ist die Überschiebung der Waschbergzone auf die Molasse.

„Zweites Stockwerk" – der kalkalpine Beckenuntergrund

Das zweite Stockwerk (Abb. 18) bildet die alpin-karpatische Großeinheit (W. Hamilton et al. 1990, G. Wessely 1993). Vor etwa 20 Mio. Jahren bewegten sich die Alpen mit ihren Haupteinheiten, den zentralalpin-karpatischen Einheiten, den Klippenzonen, der Flyschzone und den Kalkalpen, nordwärts und schoben sich viele Hunderte Kilometer über ihr Vorland, also über Molasse und darunterliegende Böhmische Masse mit deren mesozoischer Auflage. Schon lange von den Wissenschaftlern postuliert, wurde aber die große Überschiebungsweite in ihrer Dimension durch Bohrungen eindeutig erst ab 1965 nachgewiesen (Urmannsau 1, A. Kröll & G. Wessely, 1972, sowie Berndorf 1, G. Wachtel & G. Wessely, 1981), die unter den Alpen in die viel jüngere Molasse und in Kristallingesteine der Böhmischen Masse eindrangen. So vollzog sich dies auch unter dem östlichen Weinviertel; etliche Bohrungen haben auch hier die Überschiebung des Alpenkörpers über ihre Unterlagerung nachgewiesen, wie die Bohrungen von Zistersdorf, Maustrenk, Kronberg und Aderklaa, letztere sogar einschließlich des Nachweises von Kristallin der Böhmischen Masse unter Wien.

Die Gebirgsmasse hat sich zum Teil auch gravitativ bewegt, also können die Kalkalpen über die Zentralalpen „gerutscht" sein. Sie haben dabei die Flyschzone nicht nur überschoben, sondern zum Teil auch vor sich hergeschoben.

Der Alpenkörper setzt sich nun auch unter dem östlichen Weinviertel aus der Waschbergzone, der Flyschzone inklusive Klippenzonen, den Kalkalpen mit Grauwackenzone und den Zentralalpen und Tatriden zusammen.

5.1 Waschbergzone

Die Waschbergzone besteht aus älteren Molasseschichten mit Klippen („Schubfetzen"), hochgerissen aus dem Thayatrog, manchmal auch aus dem kristallinen Untergrund. Sie ist gemäß ihrer Position an der Basis des Alpenkörpers und der Verformbarkeit des Gesteins stark verdrückt und zerknetet und in Teileinheiten zerlegt (Abb. 20). Die Klippen (Abb. 21) als die härteren Schollen verhalten sich wie Kerne von Pflaumen, die sich beim Quetschen weiterdrücken lassen. Die Waschbergzone kann man am Westrand des östlichen Weinviertels an der Oberfläche studieren (P. Seifert 1982). Sie gliedert sich hier in die innere Leitzersdorfer und die äußere Roseldorf-Zone. Sie sinkt gegen Osten zu in die Tiefe, wie dies etliche Bohrungen vielfach belegen. Als umfassende geologische, lithologische, geophysikalische und paläontologische Studien, um die sich oberflächengeologische und bohrgeologische Arbeiten ranken, sind die Beiträge im Band „Paleogene of the Eastern Alps" (Fuchs et al. 2001, in Rögl et al. 2001, in W. E. Piller & M. W. Rasser [eds.] 2001) zu nennen, wobei insbesondere die Bohrung Thomasl 1 einen der Schwerpunkte bildet (Abb. 22). Über eine Korrelation von Waschbergzone, Steinitzer Zone und Pausramer Einheit schreiben J. Krhovsky et al. 2001.

Waschbergzone

Abb. 19: Die Diatomeen als Ausgangsfossilien der Menilithe in der Waschbergzone (aus F. Rögl et al. in W. E. Piller & M. W. Rasser [eds.] 2001).

Abb. 20: Zustand eines „gequälten" Gebirges: Ein Stück Waschbergzone aus etwa 6.000 m Tiefe in Zistersdorf ÜT 1 (aus G. Wessely 2006)

Abb. 21: Fossilien aus dem Ernstbrunner Kalk

"Zweites Stockwerk" – der kalkalpine Beckenuntergrund

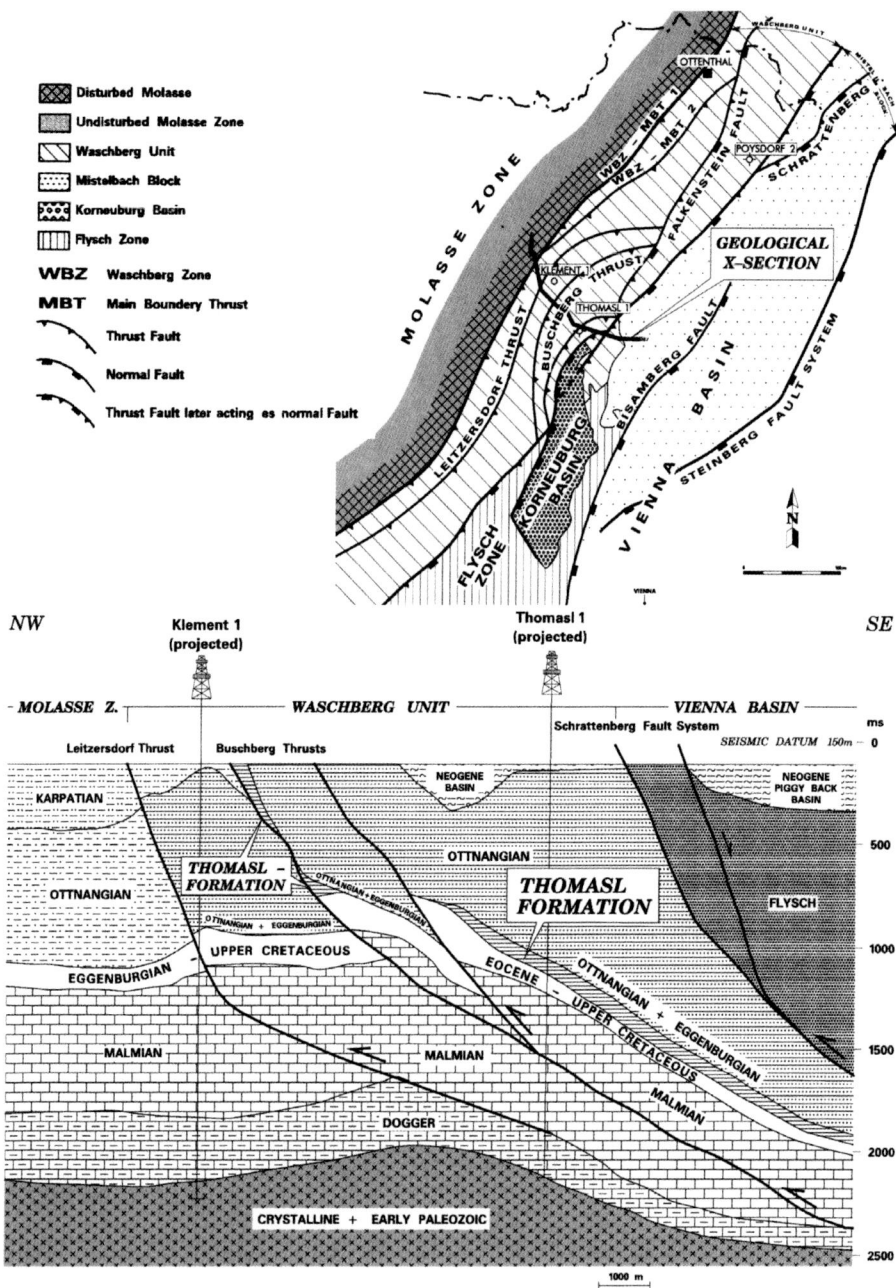

Abb. 22: Ein Profil über die Waschbergzone mit der Bohrung Thomasl 1 (nach R. Fuchs et al. in W. E. Piller & M. W. Rasser [eds.] 2001)

In den östlichsten und tiefsten Bohrungen von Maustrenk und Zistersdorf wurde die Waschbergzone mit großer Mächtigkeit, in über 4.500 m Tiefe, nachgewiesen. In Zistersdorf enthält die z. T. aus Menilithschichten bestehende, eozän/oligozäne Schichtfolge eine Klippe aus Mergelsteinen des Malm, in Maustrenk Übertief nahe der Basis eine Klippe aus Mergelsteinen des Malm und eine weitere darunter aus Ernstbrunner Kalk. Aus dieser wurde auch in über 6.000 m Tiefe das tiefste Öl im Wiener Becken in einem Produktionstest festgestellt.

Ab dem Paläozän bis ins Karpatium lieferten die Sedimente der Waschbergzone die relevanten Alters- und Faziesvertretungen. Aus den Oberflächenaufschlüssen geben zahlreiche Publikationen Kenntnis darüber, dass es sich um Mikrofaunen, Nannofloren und Mollusken handelt. Aus einigen Bohrungen sind die fossilen Organismen näher beschrieben, wie in der Bohrung Thomasl 1, namensgebend für die Thomasler Schichten (R. Fuchs et al. in W. E. Piller & M. W. Rasser [eds.] 2001). In den Übertiefbohrungen ist infolge des stark mechanisch veränderten Spülprobenmaterials dafür keine gesicherte Identifizierung möglich. In der Bohrung Zistersdorf ÜT 2A wurden lithologisch Menilithschichten gekernt. Menilith ist bräunlicher Hornstein, der von Kieselalgen herrührt. Aus dem Gebiet der Ottenthal-Formation, (Galgenberg Member) in der Waschbergzone ist eine Reihe von Arten der Kieselalgen aus Diatomiten (Abb. 19) bekannt, untersucht von R. Braunstein (F. Rögl et al. in W. E. Piller & M. W. Rasser [eds.] 2001). Die Einstufung erfolgte durch eine reichliche Vergesellschaftung von Mikro- und Nannofossilien.

5.2 Flyschzone

Auch die Flyschzone kann in einem westlichen Abschnitt des östlichen Weinviertels obertage eingesehen werden, und zwar in den beiden Flanken des Korneuburger Beckens, dem Zug mit der Burg Kreuzenstein und dem Bisambergzug (Abb. 23). Ab Niederkreuzstetten gegen Niederleis zu tritt der Flysch nur mehr inselartig an die Oberfläche. Von der Flyschzone im Wienerwald, wo in komplexer Anordnung mehrere Deckeneinheiten übereinandergestapelt sind (von Norden nach Süden die Nordrandzone, die Greifensteiner Decke, die Kahlenberger Decke und die Laaber Decke), setzen sich nördlich der Donau an der Oberfläche die Greifensteiner und die Kahlenberger Decke fort. Die Greifensteiner Decke baut den Kreuzensteiner Zug und den Hauptteil des Bisambergzuges auf, die Kahlenberger Decke auch dessen Südteil. Die Unterlagerung der Kahlenberger durch die Greifensteiner Decke wurde durch die Bohrung Korneuburg T 1 festgestellt.

Durch zahlreiche weitere Bohrungen ist man im östlichen Weinviertel im Untergrund des Wiener Beckens auf Flysch gestoßen. Generell sind die Sedimente der Flyschzone Tiefseeablagerungen. Es wechseln Tone oder Mergel mit Sandsteinlagen,

„Zweites Stockwerk" – der kalkalpine Beckenuntergrund

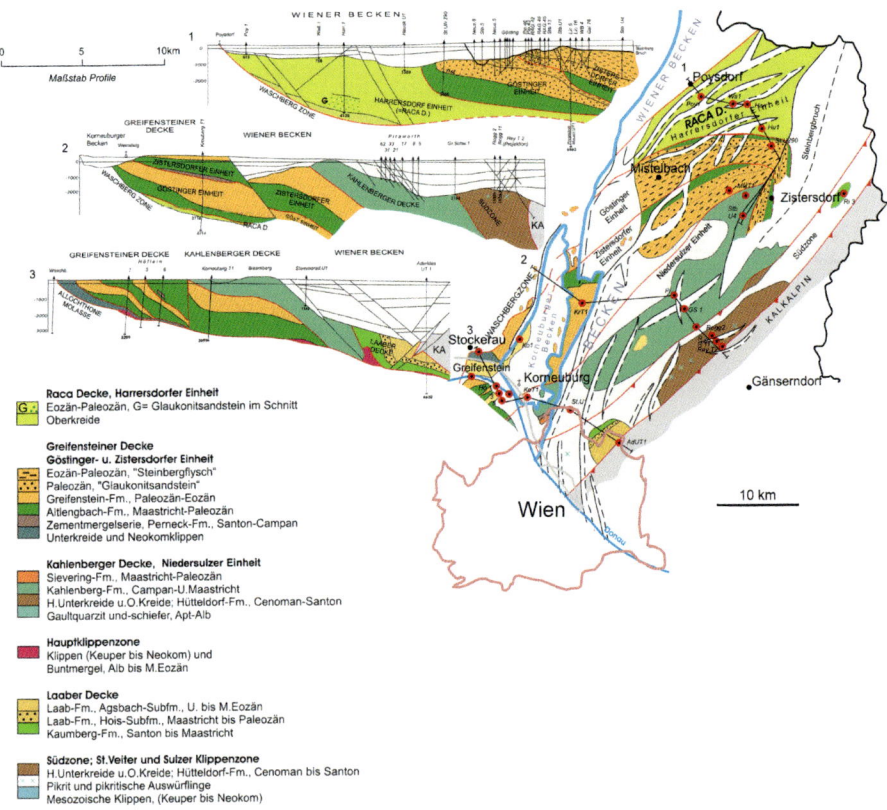

Abb. 23: Die Flyschzone unter dem Weinviertel auf einen Blick (zusammengestellt aus G. Wessely 2006)

sehr oft in bestimmter zyklischer Anordnung als „Turbidite". Sie kommen zustande, da vom Schelf in die Tiefsee immer wieder Sedimentlawinen abgehen, losgelöst bei Überfrachtung durch Bodenunruhen. Sie gleiten in Form von Fächern als „turbidity currents" hangabwärts. Zuerst lagern sich grobkörnige Anteile ab, die immer feiner werden, es beginnt unruhige Schichtung, gefolgt von ebener Lagerung, die wieder in ein schlammiges Material in Form von Tonen und Mergeln übergeht. Als vollkommene, aber auch nur unvollständig ausgebildete „Bouma-Zyklen" baut der Flysch mächtige Abfolgen auf. Da sich zudem auch die Abfolgen als „Decken" wiederholen, erlangt die Flyschzone eine große Dicke. Die Decken können wiederum Teileinheiten enthalten, die schräg durch das Weinviertel ziehen. Die nördlichste ist die Raca-Decke, als neu gegen die Karpaten einsetzendes, bei uns auch „Harrersdorfer Einheit" genanntes Element. Diese Einheit wurde in sehr großer Mächtigkeit in der Bohrung Harrersdorf 1 (Endtiefe 4.178 m) erbohrt und besteht fast zur Gänze aus Sedimenten des Eozän/Paläozän. Im Steinberggebiet ist sie durch die Bohrung Linenberg

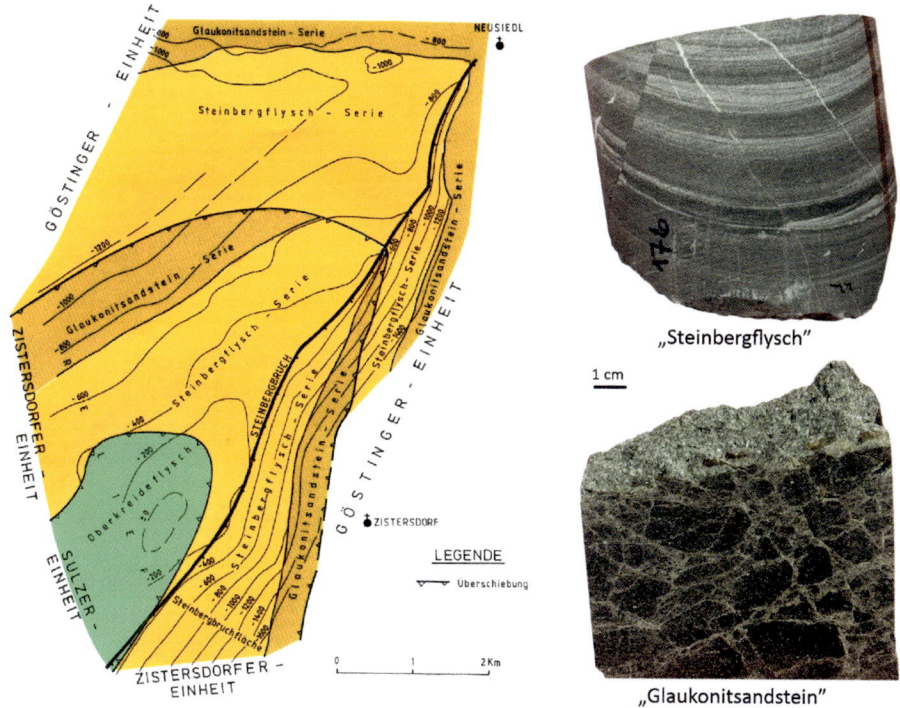

Abb. 24: Die Flyscheinheiten unter dem Steinberghoch (nach L. Pongracz 1984 in F. Brix u. O. Schultz [(Red.] 1993)

Abb. 25: Typische Flyschsandsteine aus dem Untergrund (aus G. Wessely 2006)

und Maustrenk ÜT 1a erfasst. Überschoben wird die Harrersdorfer Einheit von der Greifensteiner Decke, die vom Beckenrand kommend den wichtigsten Flyschanteil unter dem östlichen Weinviertel hat. Sie enthält die Teileinheiten Zistersdorfer Einheit und Göstinger Einheit (Abb. 24). Diese beiden Einheiten sind in ihrer jeweiligen Abfolge besser bekannt, da sie im Steinberggebiet, untergeordnet auch bei Paasdorf, öl- und gasführend sind und daher häufiges Bohrziel waren. Die Bohrung Maustrenk ÜT 1a hat den vollständigen Umfang und die Bohrung Linenberg 2 diesen fast vollständig erschlossen: Über einer Sandstein-/Mergelfolge der Oberkreide folgen Schichten des Paläozän/Eozän (Abb. 25) mit drei ca. 50 m mächtigen Paketen von „Glaukonitsandstein", über denen eine mächtige Strecke von Sandsteinen und Mergel des „Steinbergflysches" liegt (M. Rammel 1989). Die stratigraphischen Einstufungen erfolgten von H. Stradner durch Nannofossilien (Abb. 26). Überlagert wird die Greifensteiner Decke von der Sulzer Einheit, die mit der Kahlenberger Decke gleichgesetzt wird.

"Zweites Stockwerk" – der kalkalpine Beckenuntergrund

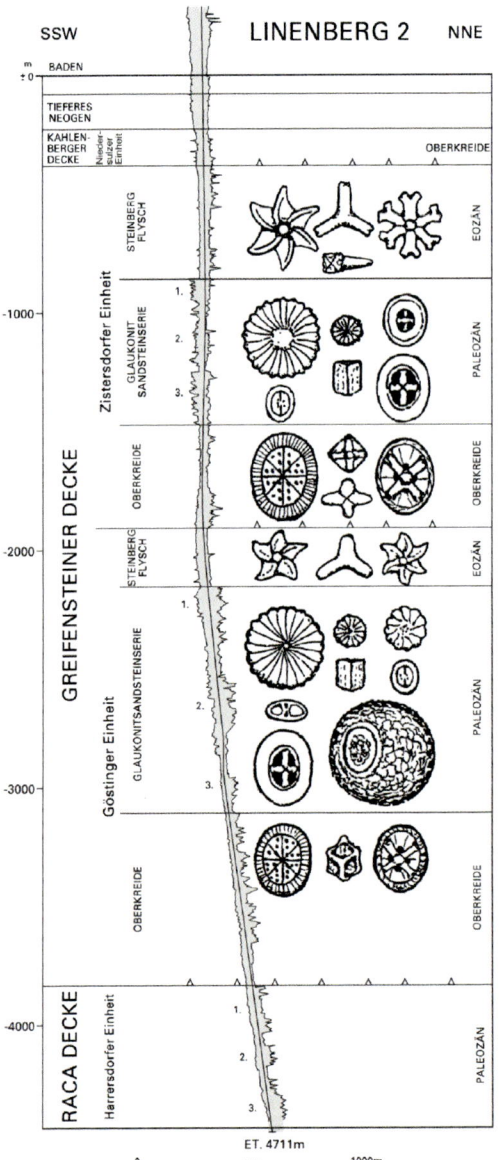

Abb. 26: Nannofossilien als stratigraphische Leitelemente im Flysch am Beispiel der Bohrung Linenberg 2 (nach H. Stradner in F. Brix & O. Schultz [Red.] 1993)

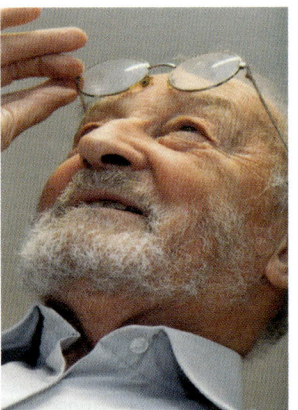

Herbert Stradner (Foto: Geologische Bundesanstalt)

Als südlichste Decke wurde die Laaber Decke in großer Tiefe in der Bohrung Aderklaa UT 1a mit Hois-Sandstein, Agsbach-Tonsteinen und Kaumberger Schichten angetroffen. Die im Raum von Matzen, Bockfließ und Spannberg erbohrten Flyschsedimente gehören zu südlicheren Flyschanteilen, ebenso der Flysch der Bohrung Ringelsdorf 1. Sie bestehen aus Sandsteinen der Oberkreide. Bezeichnend sind im Matzener Raum einige Vorkommen von Diabasen in eingelagerter Form oder als Komponenten im Sediment in den Bohrungen des Gebietes Raggendorf – Bockfließ.

In der Flyschzone ist der Zeitabschnitt höhere Unterkreide bis ins Eozän vertreten. Entsprechend der Sedimentation im Tiefwasser und dem damit verbundenen turbiditischen Charakter liegt der Schwerpunkt der Fauneninhalte auf Foraminiferen und Nannofossilien. Erstere bestehen hauptsächlich aus Sandschalern und lassen nur begrenzt Altersaussagen treffen (I. Küpper 1961). Daher bietet die Nannoflora, wie bereits erwähnt, die besten Altersdatierungen. Ihre Bestimmungen und ihre Einstufungen gehen auch hier auf H. Stradner zurück (u. a. F. Brix 1961, H. Stradner 1964, H. Stradner & I. Draxler 1993).

Bei den Abschnitten des zutage tretenden Flysches muss auf die darauf eingehende Literatur verwiesen werden (H. Hekel 1968). Bei den Tiefbohrungen sind vor allem die zu nennen, bei denen noch häufiger Bohrkerne entnommen wurden: Harrersdorf 1, Linenberg 2, St. Ulrich 290, Maustrenk ÜT 1a. Davon ausgehend war es möglich, Korrelationen mit geoelektrischen Bohrlochmessungen auf breiter Basis durchzuführen.

5.3 Kalkalpin

5.3.1 Tektonischer Aufbau

Beherrscht den Nordteil des östlichen Weinviertels im alpinen Stockwerk die Flyschzone, nimmt den Südteil die Kalkalpenzone ein (Abb. 27). Ihre großtektonische Stellung und Form setzt sich nahtlos vom Beckenrand bis in den Beckenuntergrund fort (G. Wessely & K. Hösch 2009): Wir sehen im N-S-Querschnitt einen schüsselförmigen Bau (Abb. 29) sowie eine Gliederung des Kalkalpenkörpers in Decken und Teildecken, die eine zeitliche Einstufung der Gesteine zulässt.

Die Kalkalpen tauchen ab Wien zur Gänze unter das Wiener Becken. Die Überschiebungsgrenze läuft vom Wiener Zentrum über Süßenbrunn, wo die Bohrung Aderklaa UT gerade noch den Nordrand erfasst hat, über Straßhof, Reyersdorf, Prottes bis Ringelsdorf. Im Untergrund des östlichen Weinviertels ziehen sich die Kalkalpen in ihrer ganzen tektonischen Breite durch. Auch die gesamte geologisch-tektonische Abfolge der kalkalpinen Einheit ist vertreten, wie sie an ihrem obertägigen Westrand am Wiener Becken unter dieses untertaucht: Frankenfelser Decke, Lunzer Decke, Göller Decke, Schneeberg-Decke, samt ihrem spezifischen Schichtbestand

"Zweites Stockwerk" – der kalkalpine Beckenuntergrund

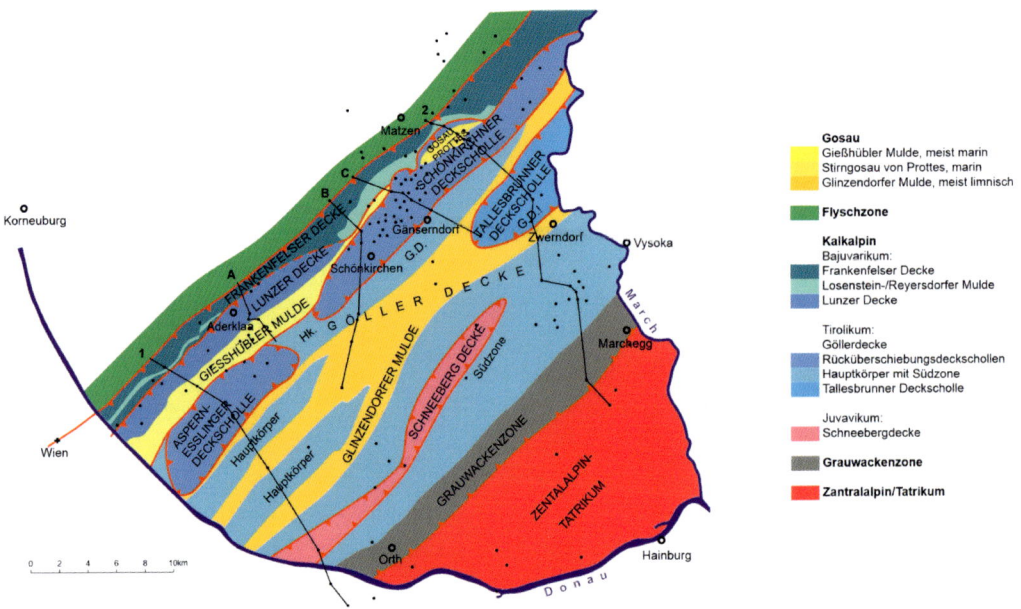

Abb. 27: Die tektonischen Einheiten der Kalkalpen unter dem Wiener Becken mit Verlauf der schematischen Schnitte 1 und 2 von Abb. 29 sowie der Detailschnitte A–C von Abb. 30

und den auflagernden Gosaubecken: der Gießhübler Mulde, der Prottesser Stirngosau und der Glinzendorfer Mulde als Äquivalente der Grünbacher Mulde.

Die Überschiebung der Kalkalpen mit ihrer vordersten Decke, der Frankenfelser Decke, ist nach Nordwesten gerichtet. Die Überschiebungsfläche sank ursprünglich gegen Südosten ein, heute fällt sie aber nach Nordwesten ein, das heißt, sie hat sich zunächst senkrecht gestellt und sich später überdreht, sie ist "überkippt" (Abb. 28). Diese Erscheinung beginnt bereits an der Oberfläche bei Sulz im Wienerwald, ist sogar mit Rücküberschiebungen verbunden (vgl. auch G. Rosenberg 1961, 1965) und ist im Untergrund des Wiener Beckens besonders ausgeprägt. Im Detail wurde sie in den Bohrungen bei Kagran, Aderklaa Nord, Straßhof, Reyersdorf und Prottes bekannt. Sie steht sicherlich mit einem Tieferlegen des Andrucks der kalkalpinen Überschiebungsmasse bei ihrem Vorrücken in Verbindung, weil hier die unterlagernde Kruste Absenkungstendenz besaß. Ein weiteres markantes Kennzeichen der Frankenfelser Decke ist, dass sie eine lang gestreckte, eingesenkte Zone von höherer Unterkreide enthält, die schon vom Raum Oberösterreich kommend den Ostabschnitt der Kalkalpen entlang zieht (M. Wagreich 2001) und sich in den kleinen Karpaten wiederfindet. Die Überschiebung der Lunzer Decke auf die Frankenfelser Decke ist noch immer steil gestellt bis überkippt, erst im Südosten stellen sich wieder südostwärts fallende Strukturen ein. Durch über 5.000 m tiefe Bohrungen

Flyschzone

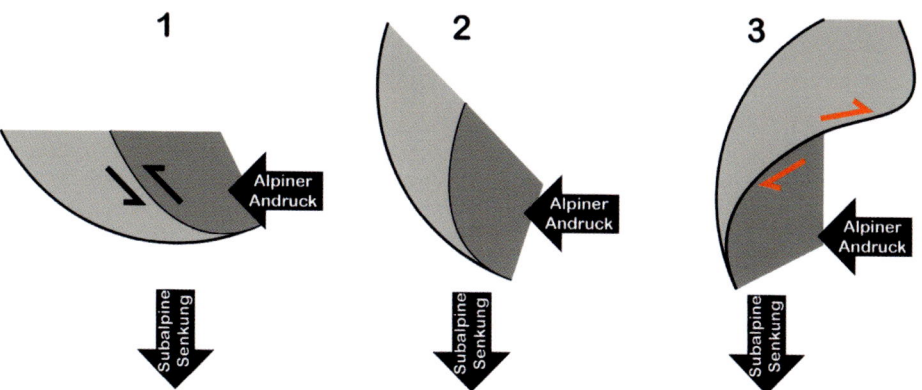

Abb. 28: Die Eskapaden der Kalkalpen in ihrem Stirnbereich

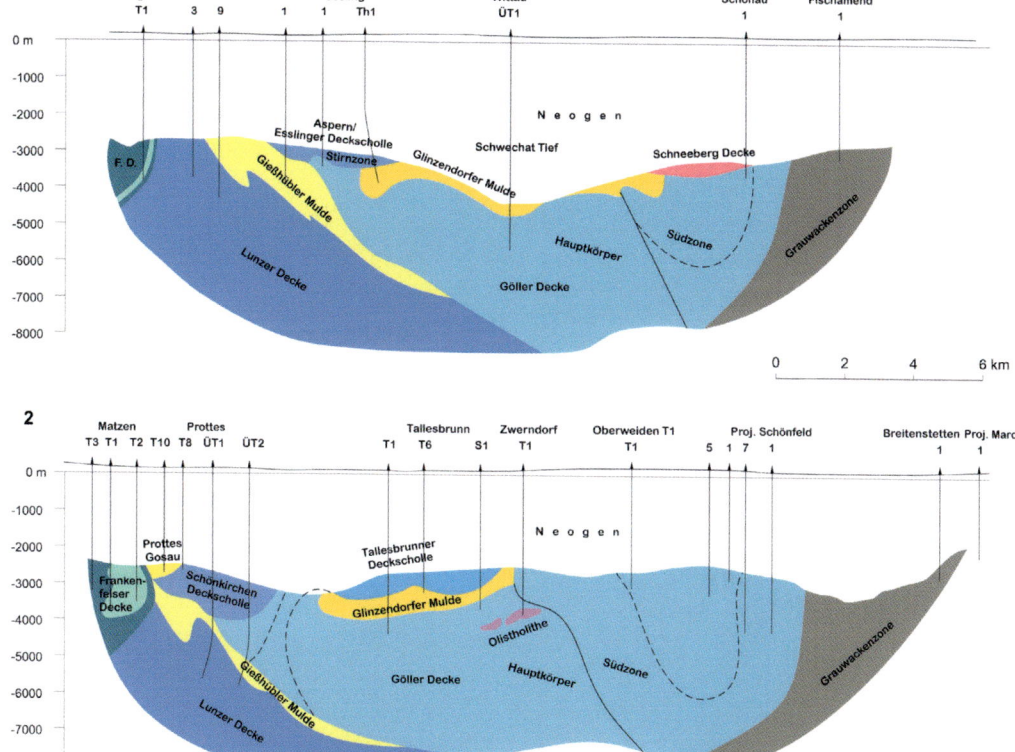

Abb. 29: Zwei Schnittschemata über den Kalkalpenkörper unter dem östlichen Weinviertel: 1. Schnittschema Kagran – Fischamend, 2. Schnittschema Matzen – Marchegg

"Zweites Stockwerk" – der kalkalpine Beckenuntergrund

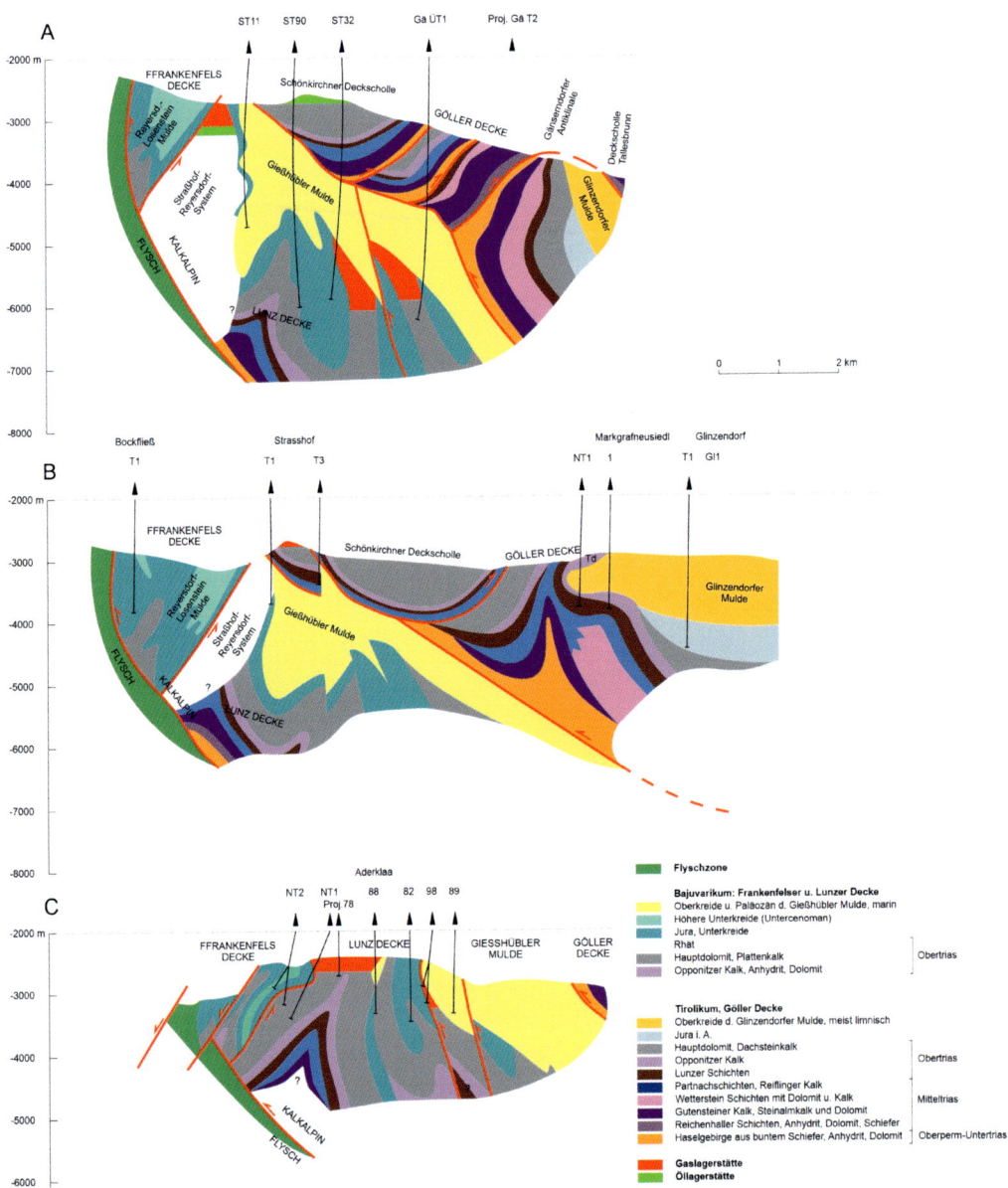

Abb. 30: Schematische Schnitte durch den kalkalpinen Untergrund (Bajuvarikum und stirnnahes Tirolikum). Lage der Schnitte siehe Abb. 27
A: Schönkirchen-Gänserndorf: Die Stirn bildet die steil stehende Frankenfelser Decke mit der für diese kennzeichnenden Apt-/Albmulde von Reyersdorf, die der Losensteiner Mulde im Westen entspricht. Mit nach NW einfallender, überkippter Überschiebung grenzt daran die Lunzer Decke mit ihrer bis in ihre Südzone reichenden Verschuppung. Sie wird vom mächtigen Sedimentmantel der Gießhübler Mulde

überlagert, die wieder von der Göller Decke überschoben wird und sich in die rücküberschobene Schönkirchner Deckscholle und den Hauptkörper der Göller Decke mit auflagernder Glinzendorfer Mulde gliedert.

B: Bockfließ-Markgrafneusiedl: An die rücküberkippte Frankenfelser Decke (erbohrt Bockfließ) grenzt die Lunzer Decke mit ihrer Auflage aus Gießhübler Mulde und rücküberschobener Schönkirchner Deckscholle (erbohrt Strasshof), die gegen Markgrafneusiedl südwärts aushebt. Durch die Bohrungen Markgrafneusiedl ist eine Antiklinalzone des Hauptkörpers erfasst, die der Gänserndorfer Antiklinale entspricht. Die Antiklinale ist, betroffen noch vom „backthrusting" südwärts gebogen und verursacht noch in der Glinzendorfer Gosau eine Invertierung mit Überschiebung (kohlige Basisschichten über einem höheren Anteil der Glinzendorfer Gosau).

C: Aderklaa: Die Gaslagerstätte Aderklaa in einer Hauptdolomitantiklinale der Lunzer Decke. Im Norden davon liegt die rücküberkippte Frankenfelser Decke, im Süden eine verschuppte Zone der Lunzer Decke unter dem mächtigen Sedimentmantel der Gießhübler Mulde, überschoben von der Göller Decke.

in Aderklaa und Schönkirchen wurden auch südlichere Abschnitte der Lunzer Decke unter mächtigen Gosauschichten bekannt. Auf der Suche nach weiteren Gasvorkommen im kalkalpinen Untergrund wurde mit viel Mut und Glück das größte Gasfeld in steil stehendem Hauptdolomit der südlichen Lunzer Decke gefunden (Schönkirchen T 32, J. Kapounek & Sz. Horvath 1968), was zu einigen weiteren Tiefbohrungen in Schönkirchen und Prottes führte, später auch in Raasdorf und Aderklaa, hier ohne wirtschaftlichen Erfolg hinsichtlich der Kohlenwasserstoffgewinnung.

Über die Lunzer Decke samt ihrer Oberkreide/Paläozänbedeckung schiebt sich die Göller Decke mit ihren unterschiedlichen Teilelementen. Die Überschiebungsfläche fällt – abgesehen vom vordersten Teil, dem „Stirnbereich" – steil nach Südosten ein. In-

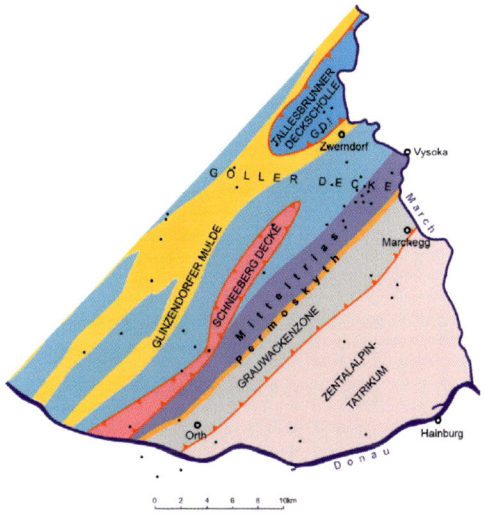

Abb. 31: Die Rückseite der Kalkalpen und das Zentralalpin und Tatrikum unter dem Marchfeld

folge der Schüsselform steigt sie nach Süden bis zu ihrem Südende wieder an (Abb. 29).

Der Stirnbereich der Göller Decke ist kompliziert gebaut. Es stellte sich nämlich heraus, dass nahezu entlang der gesamten Überschiebungslinie Rücküberschiebungen stattgefunden haben. Offensichtlich weil sich der höher gelegene vordere Teil beim Vorschub der Decke an einem Hindernis gestaut hat und daher in einer Relativbewegung zum darunter liegenden Teil zurückgefahren ist. Es entstanden am Rücken der eigenen Einheit sogenannte Deckschollen, die eine teils komplettere, teils auch reduzierte Schichtfolge enthalten. Ein derartiger Rücküberschiebungskörper liegt in ausgeprägter Form mit nahezu kompletter Schichtfolge im Gebiet Schönkirchen/Prottes vor, welches auch das große Öl- und Gasfeld Schönkirchen/Prottes enthält. Ein weiterer Deckschollenkörper wurde durch die Geothermiebohrung Essling Th 1 südlich Aderklaa entdeckt (Aspern-Esslinger Deckscholle).

Der Hauptkörper der Göller Decke könnte mit einer Mächtigkeit von vermutlich bis zu 5.000 m einen Tiefgang bis zu 8.000 m erreichen. Er lässt sich ausgeprägt entlang eines Schnittes Matzen-Schönfeld in mehrere Teilkomplexe gliedern: einen vorderen, der eine markante Aufwölbung darstellt, erbohrt südlich von Gänserndorf und Markgrafneusiedl („Markgrafneusiedler Schwelle"), einen ausgedehnten mittleren, der bisher nur im oberen Teil durch Bohrungen bekannt, aber nie durchbohrt wurde und einen steil stehenden südlichen Teil, angetroffen im Gebiet Baumgarten/Zwerndorf/Oberweiden/Schönfeld, der immer wieder in der Erstreckung von Schönfeld aus in südwestlicher Richtung angebohrt wurde (Untersiebenbrunn, Breitstetten, Andlersdorf, Schönau).

Eine Besonderheit im mittleren, relativ flach gelagerten Teil sind riesige Kubaturen von kalkalpinen Schollen aus Trias und tieferem Jura, die als Eingleitungen in eine Juraeintiefung („Olistolithe") aus südlicheren Arealen (offensichtlich der Hallstätter Zone) zu deuten sind. Diese Eingleitungen sind schon gut aus den Kalkalpen der Oberfläche bekannt. Dazu gehören Hohe Wand, Fischauer Berge, der Burgfelsen Hernstein etc., immer wieder in Verbindung mit Tiefsee- oder Beckenablagerungen des Jura, worin sie eingeglitten sind. Im Untergrund des Wiener Beckens wurde eine Eingleitung riesigen Ausmaßes durch die Bohrung Stripfing 1 festgestellt, wo ein mächtiger Karbonatkörper der tieferen Mitteltrias eingelagert im Oberjura angetroffen wurde (Ph. Strauss 2015). Schon bekannt waren eine Eingleitung des Mitteltrias in der Bohrung Zwerndorf T 1 und Blocksedimente mit kalkalpinem Material in Wittau ÜT 1. Auch in der Seismik zeigen sich diese Eingleitungen in ihren Umrissen (C. Regone, et al. 1996).

Die Herkunft der Deckscholle von Tallesbrunn (Abb. 30) war lange umstritten. Dabei stand die Frage im Raum, ob sie ein vorgefahrener Teil der Schneeberg-Decke sei. Die weit wahrscheinlichere Deutung ist nun, dass sie ein herausgeschobener Teil aus der Gänserndorfer Antiklinale ist, die in steil stehender Anordnung Unter- und Mitteltrias mit Gutensteiner und Reichenhaller Schichten enthält (Gänserndorf T 2). Die Tallesbrunner Deckscholle besteht aus mächtigen Reichenhaller Schichten mit Anhydrit und aus Wettersteinkarbonaten. Die Deutung einer Rücküberschiebung („backthrusting") über die Gosau der Glinzendorfer Mulde würde dem Inhalt der Schichtfolge und dem tektonischen Stil eher entsprechen.

Die echte Schneeberg-Decke (Abb. 31) zieht zwar mit ihrem mächtigen Karbonatkomplex noch in den Untergrund des Wiener Beckens, ins Weinviertel reichen aber nur mehr ihre basalen Anteile oder Reste als flache, dünne Auflage über der südlichen Zone der Göller Decke (Schönau 1, Breitstetten 1, Andlersdorf 1, Untersiebenbrunn NT 1) und heben dann aus.

In früheren Abhandlungen (G. Wessely vor 2006) wurde der steilgestellte Südteil der Göller Decke zu den höheren Kalkalpendecken gezählt. Vergleiche mit der Oberfläche der Kalkalpen führten jedoch zur Einordnung in die Göller Decke.

Über die durch die Gebirgsbildung schon steil gestellten, verschobenen, verfalteten und teils schon wieder abgetragenen Gebirgsteile der Frankenfelser und Lunzer Decke legt sich diskordant die Gosau, bestehend aus Schichten der Oberkreide und des Alttertiär. Durch diese Überdeckung ist auch die Überschiebung der Lunzer Decke auf die Frankenfelser Decke plombiert. Dies zeigen vor allem auch die Kartierungsergebnisse im Oberflächenbereich der Kalkalpen.

Die Gießhübler Mulde erstreckt sich als Trog, beginnend schon von der Oberfläche bei Hainfeld bis in den gesamten kalkalpinen Untergrund, erbohrt vor allem in Aderklaa/Breitenlee und Schönkirchen Tief. Ab dem oberen Maastrichtium erfolgt eine starke Eintiefung des Gießhübler Gosautroges, es kommen die Tiefwassersedimente der Gießhübler Schichten zur Ablagerung.

Gosau liegt aber auch auf der Stirn der Göller Decke des Tirolikum bei Prottes (Protteser Gosau). Das Campanium der Protteser Gosau ist marin entwickelt und besitzt eine ausgeprägte Hangentwicklung: Brekzienlagen wechseln mit Blockschichten in einer Matrix aus buntem Mergel in oft chaotischer Lagerung, resultierend aus lawinenartigen Abgängen des Sediments. Die Ausbildung der Protteser Gosau im Stirnbereich der Göller Decke spiegelt schon eine im Gang befindliche Gebirgsbewegung wider.

Weiter im Süden, am Rücken der Göller Decke, erstreckt sich ein weiterer Trog, der von Grünbach an der Oberfläche bis in den Untergrund von Glinzendorf und Gänserndorf Süd reicht und Glinzendorfer Mulde genannt wird. Eine neue Arbeit (2022) von M. Harzhauser, St. Coric, M. Kranner, M. König und A. Vrsic befasst sich mit der Biostratigraphie und Lithostratigraphie der Glinzendorfer Mulde, basierend auf der Bohrung Gänserndorf ÜT 3. Die vielfach mächtige, limnische Ausbildung, vor allem des Campanium der Glinzendorfer Trogfüllung, unterscheidet sich stark von der der Gießhübler Mulde, die überwiegend marin und in geringer Mächtigkeit vorliegt. Auch das Campanium der Protteser Gosau ist marin entwickelt. Das Campanium der Glinzendorfer Mulde wurde in einem Süßwasserbereich mit erheblicher Mächtigkeit abgelagert. Es enthält Süßwasseralgen, keine marinen Foraminiferen. Die große Mächtigkeit bedeutet eine stabile, aber stetige Absenkung am Rücken der Göller Decke. Es existieren aber marine Einflüsse (G. Hofer 2009 und 2013). Auf die Studie von M. Harzhauser et al. 2022 mit Schwerpunkt der Bohrung Gänserndorf ÜT 3 wird in der Folge noch eingegangen.

"Zweites Stockwerk" – der kalkalpine Beckenuntergrund

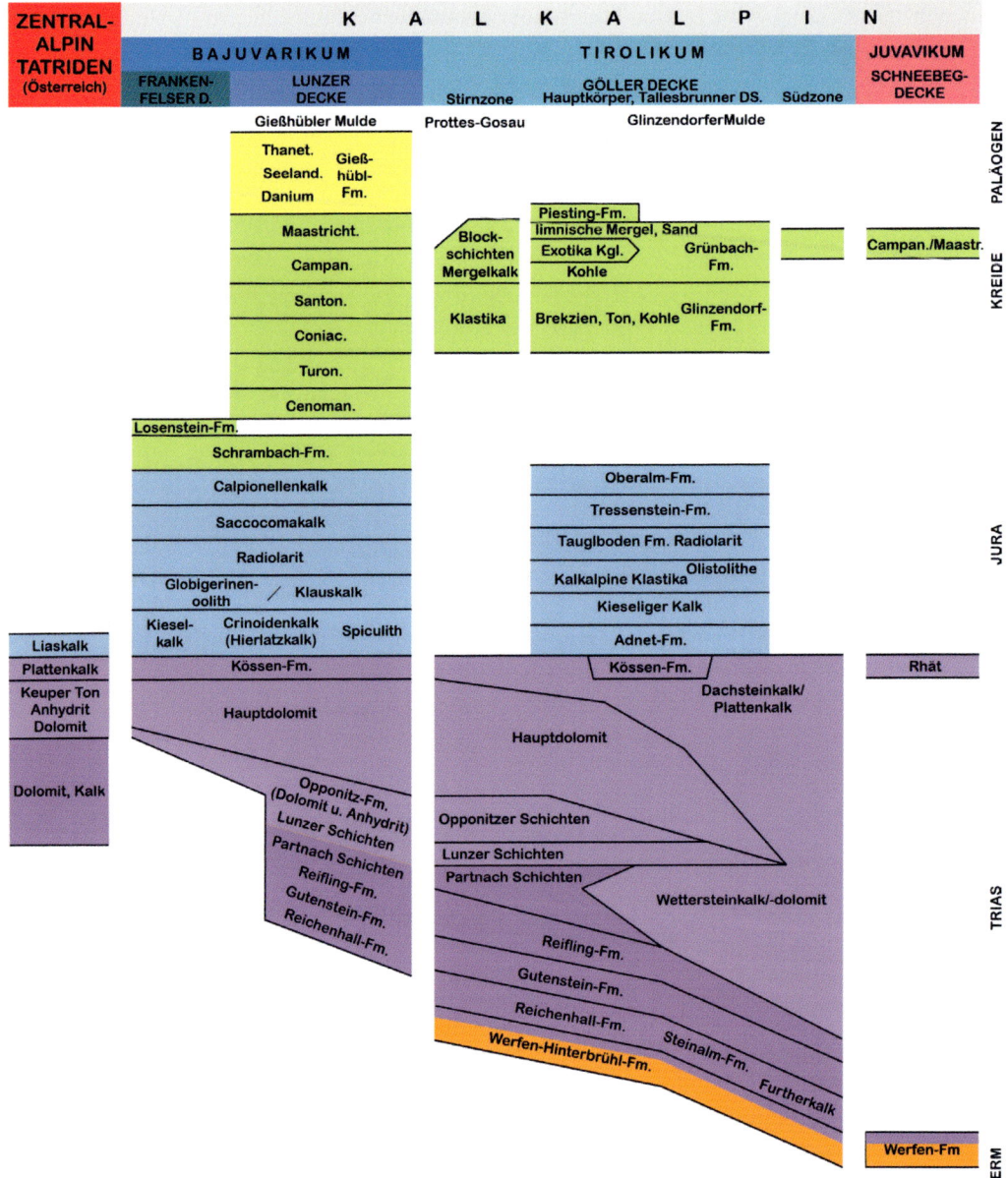

Abb. 32: Die Schichten der Kalkalpen im Untergrund des Wiener Beckens unter dem östlichen Weinviertel

5.3.2 Sedimente (Stratigraphie, Fazies)

Der stratigraphische Aufbau des Kalkalpenkörpers ist, entsprechend der ursprünglichen Breite des Ablagerungsraumes, äußerst vielfältig. Zudem waren in gleichen

Ablagerungsbereichen die Bildungsbedingungen einem ständigen Wechsel unterworfen. Die Vielfältigkeit reicht von kontinentalen Wüstenzonen über seichte „Eindampfungspfannen" und Wattenmeere, Lagunen und Riffen bis zu untermeerischen Abhängen, die bis in die Tiefsee reichen (Abb. 32). Die stratigraphische Einstufung fußt bei den Hartgesteinen auf Gesteinsdünnschliffen, die sowohl von Bohrkernen als auch von Spülproben angefertigt wurden, als auch auf Schlämmproben und Nannofossilpräparaten bei den Weichgesteinen.

5.3.3 Perm-Trias

5.3.3.1 Bajuvarikum

Das Bajuvarikum des Beckenuntergrundes beginnt erst mit dem oberen Karnium. Perm und tiefere triassische Anteile sind nicht vorhanden. Das karnische Dolomitgestein wurde im Raum Wien (Kaisermühlen bis Kagran), aber auch im Gebiet Matzen (Strasshof) mit eingedrungenen Anhydritfüllungen erbohrt. Diese evaporitische Ausbildung zeigt eine Parallele zum Auftreten der Opponitzer Rauhwacke an der Oberfläche, die ein Verwitterungs- und Umwandlungsprodukt des Anhydrites und in weiterer Folge des Gipses ist.

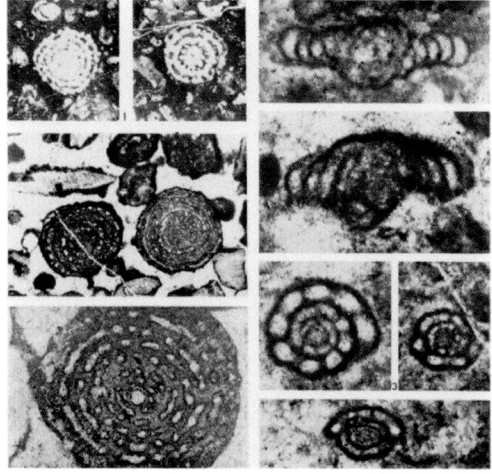

Abb. 33: Einige mikrofazielle Marksteine in der kalkalpinen Trias: *Triasina hantkeni* aus der Obertrias (links) und *Meandrospira dinarica* und *Glomospirella* sp. aus der Mitteltrias (rechts). Aus A. Papp & K. Turnovsky 1970

Der darüberliegende Hauptdolomit ist im Bereich der stirnnahen Frankenfelser Decke mit vielen Anhydritadern durchzogen. Erst in der Lunzer Decke, wie etwa im Antiklinalkörper und unter der Gosau von Aderklaa/ Breitenlee, tritt er frei von Anhydrit auf, allerdings sehr variabel in Farbhelligkeit, Körnung und Internstruktur und immer wieder von grünlichen und grauen Tonlagen durchzogen, die als terrigener Einfluss vom nördlich anschließenden Kontinent her (Ablagerungsbereich des „Keuper") anzusehen sind. Als Fossilhinweis in der Frankenfelser und Lunzer Decke können nur die Algenlaminite im Hauptdolomit dienen, die lagunäre Seichtwasserverhältnisse anzeigen.

5.3.3.2 Tirolikum

Bei der Beschreibung der Perm-Trias-Schichtfolge des Tirolikum stehen ein stirnnaher Anteil des Tirolikum, dessen Hauptkörper und dessen südlicher Anteil mit den jeweils faziellen Eigenheiten in Betrachtung.

Die Schichtfolge der Trias des Tirolikum in der Stirnzone der Göller Decke ist zusammenhängend und am besten bekannt durch die Bohrungen von Schönkirchen/ Prottes Tief. Weitere Informationen erbrachte der Stirnbereich von Aspern, Breitenlee, Essling, Aderklaa Tief und Raasdorf.

Die Schichtfolge beginnt mit dem Zeitabschnitt Perm/Untertrias. Sie besteht aus bunten Tonschiefern, Anhydrit, rötlich und grau, und etwas Quarzsandstein („Hinterbrühl – Fm"). Fallweise (Breitenlee 21) wurde auch Steinsalz angetroffen. Entsprechend ihrer Position an einer bedeutenden Überschiebungsbahn ist die Konsistenz der Schichten sehr zerknetet und in Scherlinsen aufgelöst. An fossilen Organismen dienen zur Einstufung nur palynologische Reste.

Es folgen darüber die schichtigen dunklen Gutensteiner Kalke. In der Mikrofazies sind sie durch stärkeres Auftreten von Radiolarien und wenig Schalenfilamenten gekennzeichnet. Die Gutensteiner Kalke werden gegen das Hangende von einem massigen grauen Kalk, dem Further Kalk oder dem Steinalmkalk, abgelöst. Diese Kalke der tieferen Mitteltrias enthalten neben einer großen Menge von Grünalgenresten als wertvolles Leitfossil die Foraminifere *Maeandrospira dinarica*, oft in Begleitung mit *Glomospira* (Abb. 33).

Dann folgt im stratigraphisch höheren Abschnitt der Mitteltrias der dunkle, knollige Reiflinger Kalk mit schwarzen Hornsteinlinsen. Mikrofaziell sind angereicherte „Filamente" typisch, es sind Querschnitte von dünnen Muschelschälchen, zu denen sich oft Schwammnadeln und Radiolarien dazugesellen. Gegen das Hangende wird der Kalk heller, er unterscheidet sich durch hellbräunliche Farbe und durch hellere bis milchig-weiße Hornsteine, die dann gegen oben zu ausbleiben. Von Interesse sind grünliche Lagen, die sich als Abkömmlinge von ladinischer vulkanischer Asche herausgestellt haben. Dieser Kalk wird dann mit dem Hilfsbegriff Partnachkalk bezeichnet. In der Mikrofazies hält der Charakter der Reiflinger Kalke mit den Filamenten an.

Im Karnium unterbrechen Sandsteine und Tonschiefer die Karbonatabfolge, und mit Einsatz der Lunzer Schichten dominiert eine Sedimentation aus terrigenem Material, bestehend aus Quarz und Feldspat. Auch Moorlandschaften sind belegt. Dies äußert sich in den Gesteinen durch vermehrt dunkle Tonsteine mit Pflanzenabdrücken und vor allem mit Gehalt an Pollen von Landpflanzen.

Nach dieser Unterbrechung setzt sich die Karbonatabfolge mit den grauen Opponitzer Kalken fort. Die Kalke enthalten kaum Fossilreste.

Der Hauptdolomit hat in Vergleich zur Lunzer Decke an Mächtigkeit, aber auch an lithologischer Einheitlichkeit zugenommen. Er baut sich aus Laminiten auf, feinrhythmisch angeordneten Streifen aus Algenmatten, lagenweise erhalten, lagenweise durch Wellenbewegung wieder zerstört. Sie sind entstanden in hochsalinem seichten Gezeitenbereich, der sehr lebensfeindlich war.

In Spülproben-Klebelogs lässt sich in einem vollständigeren Hauptdolomitprofil (Schönkirchen T 32) eine untere dunkle, mittlere einheitlich hellere und wieder höhere dunklere Strecke unterscheiden. Die dunkleren Strecken enthalten immer wieder grüne und dunkelgraue Tonlagen. In Prottes sind durch die Zunahme des Kalkgehalts im Dolomit Übergänge zu Plattenkalk des Rhaetium zu verzeichnen.

Zum Unterschied von der Stirnzone tritt im Hauptkörper (Gänserndorf und südwärts) über dem Perm/Trias-Abschnitt auch tiefere Mitteltrias in Form von Anhydriten und Dolomiten (Reichenhaller Schichten) in Erscheinung (auch hier gilt, dass sich die obertägige Saalfeldener Rauhwacke aus Anhydrit entwickelt hat). Sehr ausgeprägt ist dieses Element, wie erwähnt, in der Deckscholle von Tallesbrunn.

Ab dem Hauptkörper (ab Gänserndorf) erfolgt in der höheren Mitteltrias ein Wechsel von der Beckenfazies (Partnachkalk) in die Plattformfazies der Wettersteinkalke und -dolomite, die rasch an Mächtigkeit gewinnen. Sie zeigen neben laminitischer Algenstruktur immer wieder die runden Querschnitte der Stiele von Wirtelalgen an.

Lunzer Schichten dürften im Südteil des Hauptkörpers noch eine Rolle spielen, bevor sie aussetzen oder durch Karbonate vertreten werden. Diese sind aber, genauso wie meist der Verbleib der Opponitzer Schichten, unbekannt. Nur in Markgrafneusiedl dürfte fossilreicher Opponitzer Kalk mit *Ostrea montis caprilis* angetroffen worden sein.

Der Hauptdolomit wird immer mehr vom Dachsteinkalk abgelöst. Gelegentlich bedecken diesen in der obersten Trias noch rhätische Kössener Schichten (Wittau ÜT 1). In den aus dunklen Mergelschiefern und schichtigen Kalken bestehenden Gesteinen sind Reste einer reichen Lebenswelt aus Muscheln, Armfüßlern (Brachiopoden) und Korallenästchen zu finden, Letztere oft aus kleinen isolierten Riffchen eingeschwemmt.

In der Südzone der Göller Decke konnte in Mannsdorf T 1 eine Werfen-Formation der kalkalpinen Südflanke des Tirolikum in Form rotvioletter Tone und Sandsteine nachgewiesen werden.

Die Südzone der Kalkalpen ist gekennzeichnet durch eine mächtige Plattformabfolge in der Mittel- und Obertrias in Form von Wettersteindolomit und Dachsteinkalk der Göller Decke, wie sie im Gebiet Zwerndorf, Baumgarten und Schönfeld erbohrt wurden.

Im grauen Wettersteindolomit vermag man durch die Dolomitisierung noch die sedimentäre Anlage des Gesteins zu erkennen: Es zeigen sich Umrisse von Algen, z. T. Wirtelalgen als „ghosts" – ein gewisse Matrixporosität hat sich dadurch erhalten.

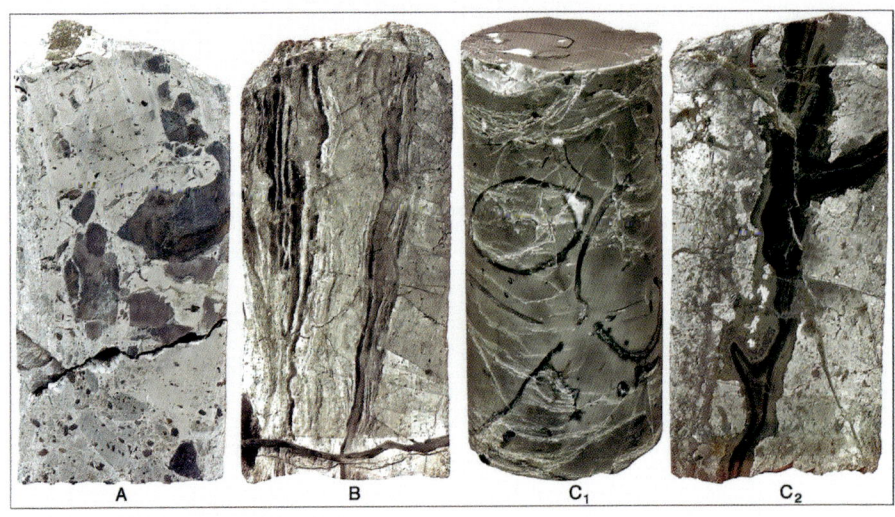

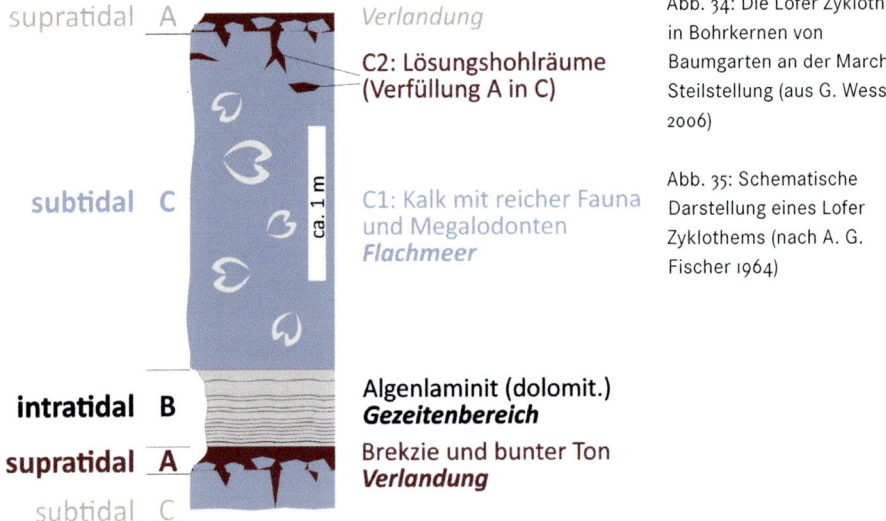

Abb. 34: Die Lofer Zyklotheme in Bohrkernen von Baumgarten an der March in Steilstellung (aus G. Wessely 2006)

Abb. 35: Schematische Darstellung eines Lofer Zyklothems (nach A. G. Fischer 1964)

Darüber beginnt die Dachsteinkalk-Entwicklung (Zwerndorf/Baumgarten). Die Sedimentation ist von immer wieder sich wiederholenden Abfolgen geprägt, die als „Lofer-Zyklothem" (A. G. Fischer 1964) bezeichnet werden (Abb. 34, 35). Sie enthalten die Lagen A, B und C. Das Glied C wurde unter dauernder Wasserbedeckung (subtidal) abgelagert, B im Gezeitenbereich (intratidal) und A in einer Phase des Trockenfallens (supratidal). A enthält Rotsedimente und Brekzien, aber wenige Lebewesen, das Glied B besteht überwiegend aus rhythmischen Algenkrusten, ähnlich wie sie im Hauptdolomit üblich sind, und C ist die Lage mit reichem Leben, unter dem Muscheln, die Megalodonten, durch ihr oft großes Ausmaß hervorstechen. Im Hochgebirge werden sie wegen der Form der Umrisse der Schalen, wenn sie auswittern, Kuhtritte genannt (Gruß des Hochgebirges an die Tiefen des Marchfeldes!) und es fügte sich, dass in Bohrkernen der Bohrungen von Baumgarten/March die Lofer Zyklen und vor allem die Megalodonten ans Tageslicht kamen. Im reichen fossilen Leben des Gliedes C sind aber auch andere Muscheln und auch Schnecken zu finden und im Mikrobereich viele Foraminiferen, wie die *Triasina hantkeni* und viele andere Formen. In das Glied C greifen schon wieder mit Kalzit und Rotsediment gefüllte Lösungsspalten vom nächsten Zyklus. Die Schichten stehen durchwegs steil bis senkrecht, sie erreichen Mächtigkeiten von mehreren Tausend Metern. Die Mächtigkeiten errechnen sich aus der flächigen Verteilung der Bohrungen. Die Zone des Dachsteinkalkes, dessen Steilheit vor allem durch die 5.397 m tiefe Bohrung Baumgarten 7 festgestellt wurde, verläuft entlang eines Gürtels, der von Schönfeld über Untersiebenbrunn, Breitstetten, Andlersdorf bis Schönau verfolgt werden konnte.

5.3.3.3 Juvavikum

Lediglich die juvavische Schneeberg-Decke, obertags skizziert durch G. W. Mandl 2001, ist durch ihren basalen Anteil (Perm-Untertrias) vertreten, der flach tektonisch diskordant über dem steilen südlichen Tirolikum liegt. Verschürft sind darin auch Gosauschichten und Reste von Hallstätter Gesteinen enthalten.

5.3.4 Jura

Der Jura des Bajuvarikum (Frankenfelser und Lunzer Decke) führt eine Schichtfolge, die durch meist geringe Mächtigkeit ihrer Formationen gekennzeichnet ist. Ihre Erstreckung in der Längsrichtung ist konstant anhaltend, sodass sie in den gleichen tektonischen Einheiten von Hirschstetten/Aderklaa über Straßhof bis Matzen in gleicher Ausbildung anzutreffen ist. Im Lias sind zudem bestimmte Schichten deckenspezifisch: In der Frankenfelser Decke herrschen graue Kieselkalke und Schlammkalke der Fleckenmergelfazies vor (Abb. 36, 37). In der Lunzer Decke dominiert der rötliche, spätige Hierlatz-Crinoidenkalk und seine mit der Ablagerungstiefe grau werdenden Abkömmlinge von Feinspatkalken mit Verkieselungen. Diese Graufazies findet sich neben dem rötlichen Hierlatzkalk vermehrt wieder im Tiefenbereich unter der Gosau von Schönkirchen.

Der Hierlatz-Crinoidenkalk ist ein bemerkenswertes Beispiel einer Ablagerung auf einer Tiefschwelle. Es müssen „Wälder" von Seelilien auf einem erhöhten, langgestreckten Fleck Meeresboden gewachsen sein, deren Stielglieder und Teile der Kelche in Unmengen zerfallen sind. Sie wurden zusammengeschwemmt und ver-

"Zweites Stockwerk" – der kalkalpine Beckenuntergrund

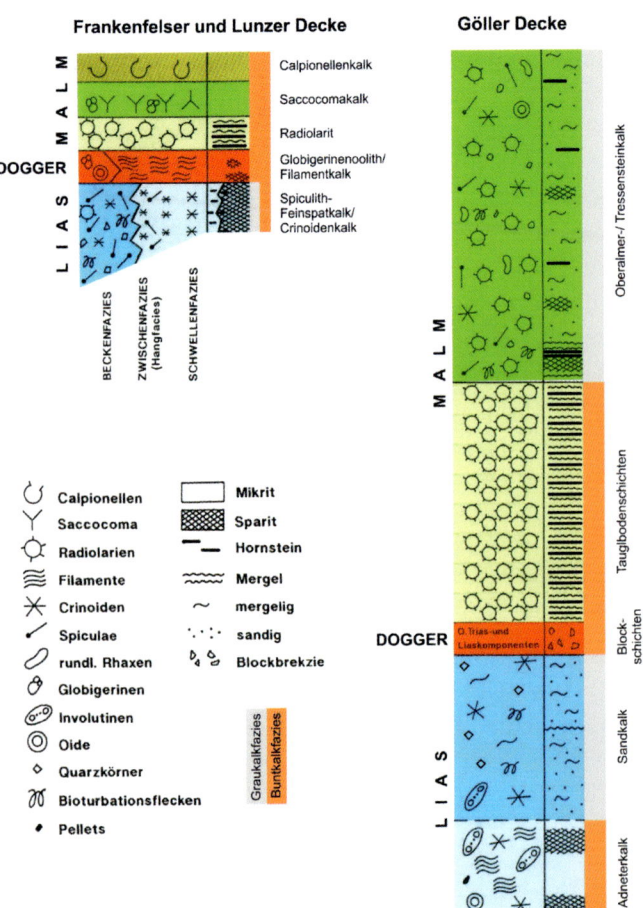

Abb. 36: Schema der Mikrofazies im kalkalpinen Jura des Beckenuntergrundes

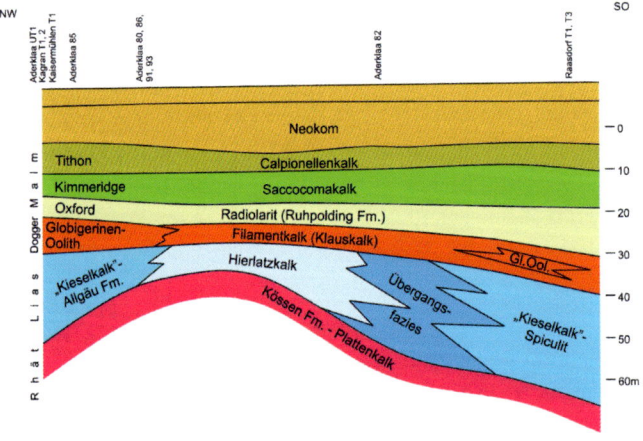

Abb. 37: Schema der Mikrofazies im kalkalpinen Jura und Neokom des Beckenuntergrundes von Aderklaa und Wien (nach G. Wessely 1992)

festigt. Die Teilchen, deren Spaltflächen das Glitzern des Gesteins bewirken, sind als Einzelkristalle erhalten. Die rötliche Farbe rührt vom Eisengehalt im Sediment her. Diese Züge von Hierlatzkalk sind bezeichnend für den Kernbereich der Lunzer Decke bis zum südlichsten Teil der Frankenfelser Decke. Dass sie auch in der Göller Decke vorkommen, zeigen Komponenten in Aufarbeitungsbrekzien der Gosau an. In tieferen Positionen am Abhang der Seelilienkolonie werden die Spatkristallteilchen kleiner, die Sedimente werden grau, und noch tiefer gesellen sich Schwammnadeln (Spiculen) dazu. Teilweise schon im bunten, aber vorwiegend im grauen Bereich erscheinen Hornsteine, deren Herkunft wahrscheinlich mit den Spiculen von Kieselschwämmen in Verbindung zu bringen ist. In konzentrierter Form führen die sandigen Kalke mit den Schwammnadeln zu den Spiculiten und Kieselkalken der Nordzone der Frankenfelser Decke. Im tiefsten Ablagerungsbereich dominiert dann Schlamm, der von Spuren fressender und verwühlender Organismen durchzogen ist, die dem Gestein das typische Gepräge der Fleckenmergelkalke geben. Es ist dies ein Leitgestein der Frankenfelser Decke, es kommt jedoch auch am Rücken der Göller Decke vor.

Über dem Lias folgt eine Reihe geringmächtiger, überwiegend bunter Schichtglieder des Dogger und Malm, die sowohl in der Frankenfelser als auch in der Lunzer Decke vertreten sind und sich in Dünnschliffen gut unterscheiden lassen: der rote Klauskalk oder Filamentkalk des Dogger (die „Filamente" stammen von dünnen Muschelschälchen, vermutlich der Gattung *Bositra*), verbunden mit Globigerinenoolith (Kalke mit feinkörnigen Oiden, die in ihrem Kern oft Globigerinen enthalten), der grüne und rote Radiolarit („Ruhpolding-Formation") als verlässlicher Marker des Unteren Malm, der rote Saccocomakalk des Mittleren Malm (*Saccocoma* ist die nach ihrer Form so bezeichnete Schwebcrinoide, eine planktonische Seelilienart) und der rosa bis beige Calpionellenkalk des oberen Malm (nach der Mikrofossilgattung *Calpionella*, die wie eine winzige Flasche aussieht und mit der auch Feinstratigraphie möglich ist).

Der Jura in der Göller Decke unterscheidet sich von dem des Bajuvarikum durch seine größere Mächtigkeit, aber auch durch seine Ausbildung. Erschlossen haben ihn die Bohrungen um Tallesbrunn, Markgrafneusiedl, Stripfing, Glinzendorf und Wittau.

Der Lias ist wenig bekannt, ihm gehören dunkle kieselige Sandsteine, Mergel und Sandkalke an. Der Dogger ist grobklastisch entwickelt, es war dies der Höhepunkt der Eingleitung von Schollen bis zu einem riesigen Ausmaß, wie man sie von der Oberfläche kennt (Hohe Wand, Hernstein, Ödenhof, s. B. Plöchinger 1967 oder H. Summesberger 1991). Im Untergrund des Wiener Beckens wurden sie im Bereich Tallesbrunn Süd, Zwerndorf T 1 in Form von Hallstätter Kalk und Steinalmkalk festgestellt, ein großdimensionaler Gleitkörper in Form von Tieferer Mitteltrias wurde in der Bohrung Stripfing T 1 durchbohrt (Ph. Strauss 2015). Im Unteren Malm stellen sich wieder Radiolariengesteine ein, vergleichbar mit Tauglbodenschichten. Zum Unterschied vom Radiolarit des Bajuvarikum besitzt das Gestein einen höheren Gehalt an Mergel- und Kalksubstanz, ist daher weitaus mächtiger bei hohem Gehalt an Radiolarien und von bunter Farbe. Der mittlere und obere Malm wird von gebankten grauen Kalken mit Mergeln der Oberalmer Schichten mit Hornsteinführung vertreten. In den Dünnschliffen finden sich Crinoidenreste, Teile von Rifforganismen, Foraminiferen, Schwammnadeln und (bohnenförmige) Schwammrhaxen. Gelegentliche Rotfärbungen lassen Vergleiche mit den „wechselfarbigen Oberalmer Schichten" nach B. Plöchinger zu. Bei gröberem biodetritischem Einschlag aus Riffbereichen gibt es Übergänge zum Tressensteinkalk.

5.3.5 Tiefere Unterkreide

In der Frankenfelser und Lunzer Decke des Raumes Wien (Kagran, Hirschstetten) – Aderklaa – Strasshof – Matzen gehen die Schichten der Unterkreide in Form der Neokom-Schrambachschichten aus den Calpionellenschichten des Tithonium hervor, indem in den Mergelkalken die Färbung grau wird, Fleckung infolge von Bioturbation durch schlammwühlende Organismen auftritt und die Mergellagen zunehmen. Sie führen noch Calpionellen (Tintinniden), aber wenige und schlankere Formen. Das Top können noch dunkle Mergel des Aptium bilden.

5.3.6 Höhere Unterkreide

Von deckenspezifischer Bedeutung ist ein lang gestreckter Trog, der gefüllt ist mit Sedimenten der höheren Unterkreide (Aptium/Albium), welche aber auch noch bis in das Untercenomanium reichen. Diese Schichten kommen zum überwiegenden Teil im Südabschnitt der Frankenfelser Decke vor. Im Untergrund wurden sie in den Bohrungen Kagran, Aderklaa Nord Tief und in Matzen/Reyersdorf – hier als Füllung der „Reyersdorfer Mulde" – angetroffen.

Es handelt sich überwiegend um Sandsteine in Tiefsee-Entwicklung (M. Wagreich 2003a) mit quarzreichen Brekzienlagen und wenig Mergel. Eine bezeichnende benthonische und planktonische Mikrofauna, aber eindeutiger eine Nannoflora mit großlumigen Nannoconiden belegen die stratigraphische Stellung.

Ihr Muldencharakter kommt durch den südlich anschließenden Muldenschluss durch Neokom zum Ausdruck, über dem dann die Überschiebung durch die Lunzer Decke erfolgt. In früheren Darstellungen wird noch ein Zusammenhang von beiden Decken („Frankenfels-Lunzer Decke") vertreten, was nach Erfahrungen im Oberflächenbereich der Kalkalpen zu modifizieren ist.

Hinweise, z. T. aus Kernmaterial, legen nahe, dass Höhere Unterkreide stellenweise den Jura der Göller Decke überlagert (z. B. Wittau ÜT 1a).

5.3.7 Oberkreide und Paläozän

Nach einer intensiven Gebirgsbildung und nachfolgender Erosion liegt die Oberkreide übergreifend diskordant auf verschieden alten, verfalteten und überschobenen Schichten. Sie füllt zwei Tröge mit mächtigen Sedimenten, die Gießhübler Mulde und die Glinzendorfer Mulde, die sich nicht nur in den Sedimenten und deren Mächtigkeiten, sondern auch in ihren Fossilinhalten grundlegend unterscheiden.

Die Gießhübler Mulde zieht sich von Aderklaa/Breitenlee Süd über Raasdorf bis Schönkirchen/Prottes. Wenn auch manche Schichtglieder aussetzen oder sehr geringmächtig werden, handelt es sich doch um eine geschlossene Folge vom höheren Cenomanium bis ins Paläozän.

Das höhere Cenomanium beginnt manchmal mit grobklastischen Sedimenten, wie Dolomitbrekzien, in denen immer wieder die charakteristischen hütchenförmigen Großforaminiferen der Gattung *Orbitolina* vorkommen (M. Wagreich 2003b). Meist sind es aber graue Mergel des tieferen Wassers mit den bezeichnenden Formen der Gattung *Rotalipora* (Abb. 38).

Das Turonium hat limnische Ausbildung und besteht aus Konglomeraten, Sandsteinen und einzelnen Kohlelagen. Die zu erwartende Gastropodenart *Vernedia* konnte im Bohrmaterial nicht festgestellt werden.

Der Abschnitt Coniacium-Santonium besteht überwiegend aus unterschiedlich mächtigen Brekzien und Kalksandsteinen, die reichlich biogenen, marinen Seichtwasserdetritus, bestehend aus Lithothamnien, Fragmenten der großen Muschel *Inoceramus* und wenigen Foraminiferen (Globotruncanen) enthalten.

Mit roten, zum Teil grünlichen Mergelkalken in geringer Mächtigkeit setzt das Untercampanium ein. Es ist nicht nur gesteinsmäßig ein guter stratigraphischer

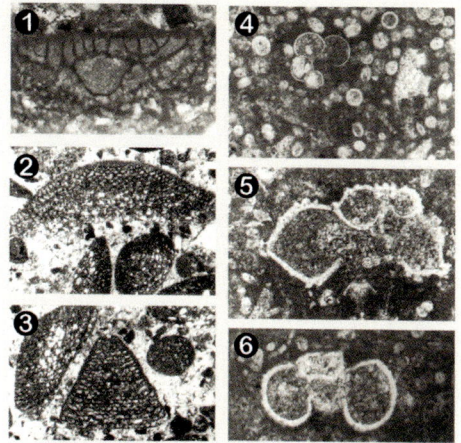

Abb. 38: Leitende Foraminiferen des Cenomanium (aus A. Papp & K. Turnovsky 1970). 1–3 Orbitolinen, 4 Hedbergellen, 5 *Rotalipora*, 6 *Präglobotruncana*.

Abb. 39: *Munieria* (aus F. Schlagintweit & M. Wagreich 1992) als typisches lakustrines Fossil der Grünbachformation der Glinzendorfer Mulde (links) und Oogonien der Armleuchteralge *Chara* (rechts, Foto: Ch. Baal) als charakteristische Süßwasseranzeiger

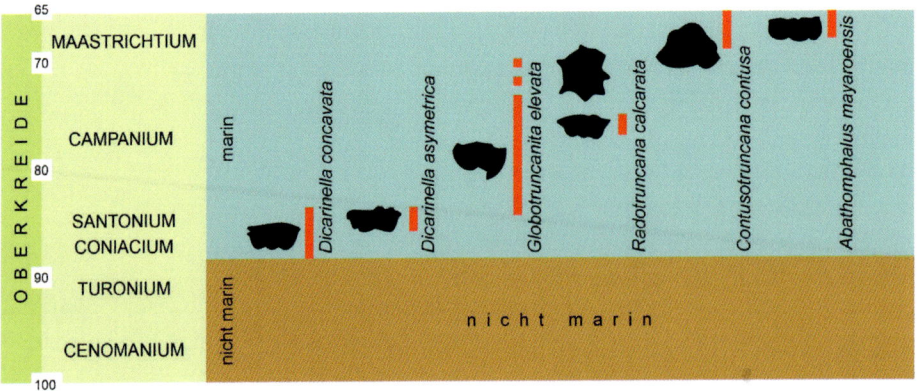

Abb. 40: Globotruncanen als typische stratigraphische Mikrofossilien der marinen Gosaugruppe. Bereits A. Tollmann erkannte die Bedeutung dieser Foraminiferengruppe für die Oberkreidestratigraphie (A. Tollmann 1976b).

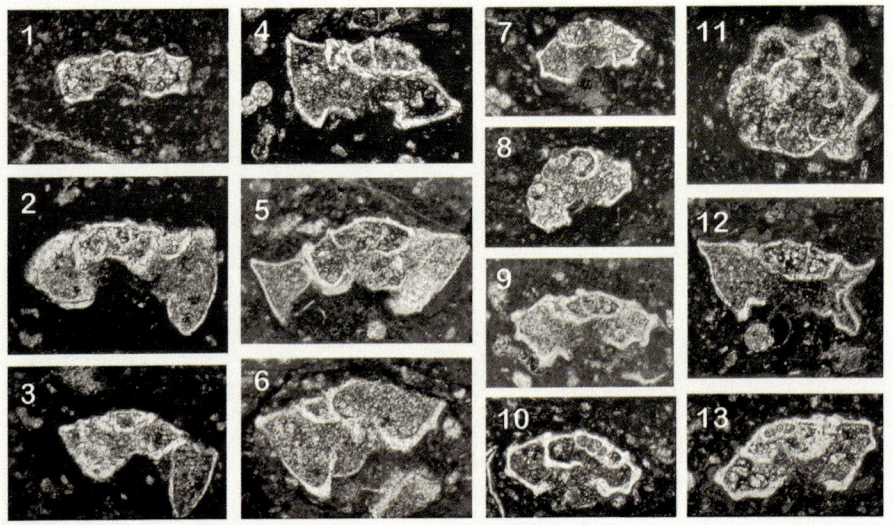

Abb. 41: Globotruncanen aus der Bohrung Schönkirchen T 11 (aus A. Papp & K. Turnovsky 1970). 1 *Globotruncana linneiana*, 2, 3 *Globotruncana elevata*, 4–6 *Globotruncana stuartiformis*, 7, 8 *Globotruncana* ex gr. *fornicata*, 9, 10 *Globotruncana tricarinata*, 11, 12 *Globotruncana calcarata*, 13 *Globotruncana arca*

Marker, sondern besitzt auch eine reiche, vorwiegend aus Globotruncanen bestehende Mikrofauna (Abb. 40, 41), die Einstufungen im Detail bis ins Maastrichtium ermöglicht. An der Oberfläche der Kalkalpen entspricht die Schichtfolge den Nierentaler Schichten.

In der Gießhübler Mulde liegen darüber die Gießhübl-Formationen, die vom oberen Maastrichtium bis ins höhere Paläozän reichen. Diese Tiefwassersedimente erreichen eine Mächtigkeit bis zu über tausend Metern und bestehen aus Sandsteinen, Brekzien und Ton- oder Mergelsteinen. Die Sedimentationsdynamik der Gießhübler Schichten ist ähnlich, wie sie im Flysch vorliegt: Sedimentlawinen aus Seichtwasserbereichen gleiten in Tiefen bis zu mehreren Tausend Metern und ergeben Abfolgen, die oft „gradiert" sind – unten grobkörnig gegen oben zu feinkörnig werdend, dann wieder bedeckt von Ton- und Mergelsteinen, die einer sedimentären Ruhephase zuzuschreiben sind. Die Feinschlammsedimente haben entweder graue oder rötliche Farbe. Wie an der Oberfläche der Kalkalpen bei Gießhübl (B. Plöchinger 1964, R. Sauer 1980) lässt sich eine Gliederung des Schichtstoßes in eine untere,

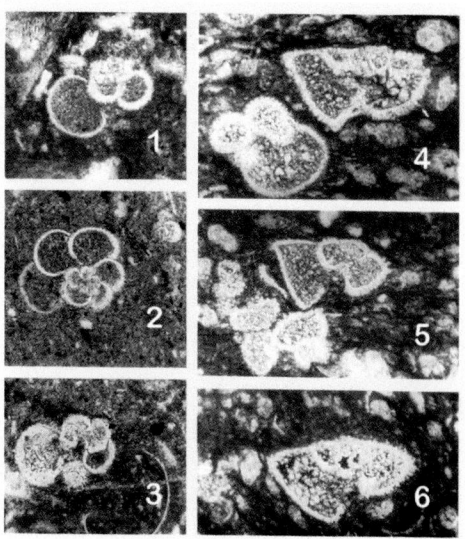

Abb. 42: Foraminiferen des kalkalpinen Paläozän (aus Papp & Turnovsky 1970). 1–3 Globigerinen, 4-6 Globorotalien.

mittlere und obere Formation ausmachen, ursprünglich als Untere bunte, Mittlere graue und Obere bunte Gießhübler Schichten bezeichnet. Diese Gliederung ist in Aderklaa/Breitenlee sehr gut entwickelt, im Raum Schönkirchen verschieben sich die Schwerpunkte der Mächtigkeit in die Mittlere und Obere Gießhübl-Formation.

Die stratigraphische Einstufung ist durch Foraminiferen wie Globigerinen im unteren Bereich und zusätzlich Globorotalien im mittleren Bereich gegeben (Abb. 42). Die meisten Sedimente enthalten aber nur Sandschaler, die weniger aussagekräftig sind. Hier helfen vorzüglich die Nannofossilien aus, um die sich vor allem H. Stradner hohe Verdienste erworben hat. Er konnte die Gliederung des Paläozän in Danium, Seelandium und Thanetium nicht nur an der Oberfläche der Kalkalpen, sondern auch in den Bohrungen erstellen. Bei Betrachtung des Fossilinhalts der Mittleren Gießhübl-Formation – wie Lithothamnien, Korallen etc. – fällt auf, dass er auch eingeschüttet aus anderen seichteren Ablagerungsbereichen des Paläozän stammt, jedoch viele Umlagerungen aus der Oberkreide enthält.

An der Stirn der Göller Decke liegt eine andere Art von mariner Gosau, die „Protteser" Gosau. Ist in dieser das Coniacium-Santonium noch als grobes Seichtwassersediment entwickelt, mit groben Geröllen, oft als Dolomitkonglomerat anzusehen, herrscht im Campanium ausgesprochene „Hangfazies" mit oft chaotischer Sedimentation: Grobsedimente sind verwürgt mit bunter, meist grünlicher Kalkmergelmatrix. In der ebenfalls marinen Gosau von Prottes kann vor allem das Campanium mit seiner ausgesprochenen Hangfazies durch Globotruncanen aus der Kalkmergelmatrix der Hangmasse belegt werden.

Im Gosautrog der Glinzendorfer Mulde herrscht eine grundverschiedene Ausbildung zu der in der Gießhübler Mulde. Die dafür maßgeblichen Bohrungen sind u. a. Gänserndorf ÜT 3, Gänserndorf T 3, Markgrafneusiedl T 1, Markgrafneusiedl NT 1 und Glinzendorf T 1, Bohrungen um Tallesbrunn (G. Hofer 2009 2013) und schließlich Essling Thermal 1. Aus dem Untergrund des Wiener Beckens in der Slowakei wurde die Glinzendorfer Mulde aus der Bohrung Gajary 125 von M. Misik 1994 beschrieben. Eine neueste biostratigraphische und lithostratigraphische Abhandlung der Kreide der Glinzendorfer Mulde erfolgte durch M. Harzhauser et al. 2022, überwiegend auf Grundlage von „Cuttings" der Bohrung Gänserndorf ÜT 3. Demnach lässt sich ein großer Teil mit der Gosau von Grünbach vergleichen. Im tieferen Teil wird ein nicht mariner unterer und ein überwiegend mariner oberer Abschnitt unterschieden. Vom unteren Abschnitt gibt es keine Altersinformation, der obere Abschnitt entspricht einer Altersstellung vom mittleren Turonium bis zum Coniacium. Die Autoren bezeichnen den gesamten tieferen Abschnitt, wie er hier erstmals dokumentiert wurde, als „Glinzendorf-Formation". Er besteht aus Tonen, Mergeln und Sandsteinen, etwas Konglomerat, zuunterst mit kohligen Einschaltungen. Im marinen Anteil kommen Foraminiferen der Gattung *Goupillaudina* und helle Schalenreste vor, im nicht marinen Bereich sind Oogonien der Gattung *Chara* häufig. Über der Glinzendorf-Formation liegt die Grünbach-Formation mit Konglomerat, grauen, grünlichen oder violett-bräunlichen, oft siltigen Tonen, Mergeln und Sandstein und eine mächtige Einschaltung von Konglomerat im oberen Teil, dem Äquivalent des „Dreistettener Konglomerats". Dieses besteht zu einem großen Teil aus gut gerundeten Exotika, meist Quarzporphyr. Den Abschluss der Grünbach-Formation bildet ein kohliger Abschnitt mit reichlich Oogonien. Es folgt darüber eine Strecke, bestehend aus grauen Mergeln, etwas sandig, marin, mit Globotruncanen des oberen Campanium bis Maastrichtium. Es handelt sich um die Vertretung der Piesting-Formation nach H. Summesberger et al. 2000. Eine Störung in der Bohrung Gänserndorf ÜT 3 bringt die nicht marine Grünbach-Formation über die Piesting-Formation. Die Biostratigraphie wird in entscheidendem Maße vom Nannofossilbefund gestützt, der in den nicht marinen Sedimenten naturgemäß auslässt, in den marinen Sedimenten die altersrelevanten Formen enthält. Soweit die Untersuchungen durch Harzhauser et al. 2022, die bei weitem geschärfteren Detailinformationen, die im Wesentlichen mit früheren Ergebnissen (G. Wessely v. a. 2006, F. Hofer 2014) im Einklang stehen, ebenso mit den anderen Bohrungen in der Glinzendorfer Mulde in Österreich und der Slowakei (E. Ralbovsky & P. Ostrolucky 1996). Den limnischen Charakter dieser Formation unterstreichen neben Oogonien der Süßwasseralge *Chara* auch *Munieria*, eine stabförmige Alge (Abb. 39), sowie gelegentlichen Heliciden. Keinerlei marine Mikrofossilien (wie etwa Globotruncanen) treten in dieser mehrere Hundert Meter mächtigen Formation auf.

5.4 Grauwackenzone

Südöstlich des Kalkalpin wiesen einige Bohrungen Grauwackenzone nach. Lithologisch gesichert sind Sandsteine, Tonschiefer und Quarzwacken des Karbon in den Bohrungen Fischamend T 1 und Breitensee 1. Schiefer unbestimmten Alters wurde in den Bohrungen Eckartsau 1 und Engelhartstetten 1 festgestellt. Angesichts des Metamorphosegrades in den Gesteinen dieser Bohrungen kann eine definitive Zuordnung derselben nicht mit Sicherheit erfolgen. Eine Zugehörigkeit zu einer tieferen tektonischen Einheit (Borinka-Einheit) wird in Erwägung gezogen.

Wenn auch Störungssysteme zwischen dieser Grauwackenzone und den Kleinen Karpaten liegen, zielt diese Zone doch in Richtung des pyroklastisch-basaltischen Perms an der Basis des Hronikum, das dem Deckensystem des Tirolikum angehört, womit dieses Perm vermutlich den obersten Teil der Grauwackenzone darstellt. Diese Deutung fügt sich damit in die Sichtweise des Zusammenhangs von Grauwackenzone und Tirolikum („tirolisch-norisches System") im Gegensatz zu früheren Ansichten (etwa G. Wessely in F. Brix & O. Schultz [Red.] 1993, Beil. 8, wo die Grauwackenzone noch an die höheren Kalkalpendecken geknüpft ist).

5.5 Unterostalpin und Tatrikum

Diese Zonen beschränken sich auf den südöstlichsten Zipfel des Marchfeldes und die Bohraufschlüsse decken einen stratigraphischen Umfang von der Obertrias bis in den Unterjura ab. Zum unterostalpinen Semmering-Mesozoikum dürfte das Bohrprofil der Bohrung Orth 1 gehören. In verkehrter Lagerung reicht es stratigraphisch von einem Dolomit der Mitteltrias über bunte Schiefer, Quarzite und bunte dünne Dolomitlagen des „Keuper", der auch für die unterostalpine Obertrias im Semmeringgebiet typisch ist und hier im Verband mit dem korallenführenden Rhätium steht, bis in den Unterjura mit dunklem mergeligen Kalk.

Einer unterostalpin-zentralkarpatischen Einheit im Allgemeinen gehören die Bohrungen Breitensee U2, Marchegg 1 und Eckartsau 2 an. Sie haben bunten Keuper, z. T. mit Quarzit, erbohrt.

Eindeutig in die Tatriden zu stellen ist die Bohrung Stopfenreuth U1, bei der Karbonate angetroffen wurden, die denen der Hainburger Berge entsprechen, zum Teil im großen Steinbruch der Hollitzer Baustoffwerke in Deutsch-Altenburg anstehen und als Mitteltrias mit einem auflagernden Blocksediment des Jura identifiziert wurden (G. Wessely 2006). Sie gehören somit zur untersten Einheit des Tatrikum, der Borinka-Einheit.

In dieser Einheit kommt auch die Lokalität Marianka an der Westflanke der kleinen Karpaten zu liegen, in der einst die „Mariathaler Schiefer" des Lias abgebaut wurden. In der Warmwasserbohrung Engelhartstetten Th 1 wurde ein Äquivalent dieser Schiefer erbohrt (J. E. Goldbrunner et al. 2005). Ihr mikropaläontologisches Kennzeichen sind massenhaft Schwammnadeln (Spiculen) in den Schlämmproben.

6. „Erstes Stockwerk" – Das Wiener Becken

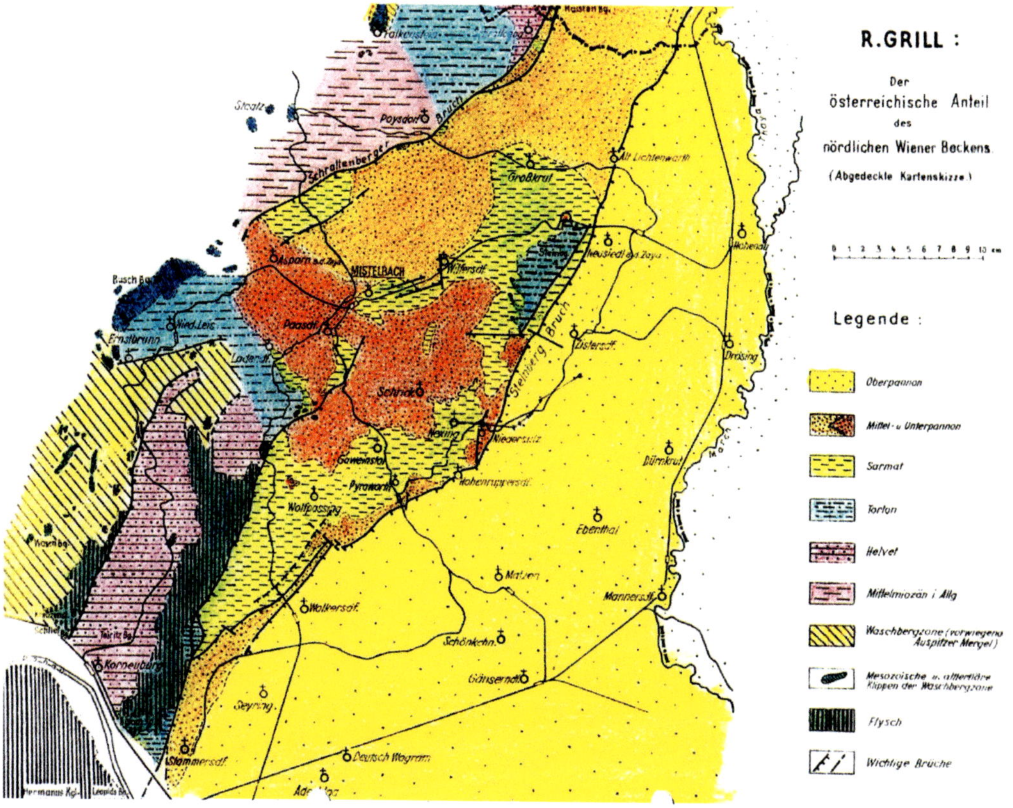

Abb. 43: Eine klassische Karte des Neogens des östlichen Weinviertels (R. Grill 1951, koloriert). Nicht nur Geistesarbeit eines herausragenden Geologen, sondern auch viel Fußarbeit.

Rudolf Grill (Foto: Geologische Bundesanstalt)

6.1 Splitter zur Erforschungsgeschichte

Für die geologische Erforschung des östlichen Weinviertels ist ein Name von großer Bedeutung: Rudolf Grill. Er hat als prominenter Geologe der Geologischen Bundesanstalt nicht nur die gesamte Oberflächengeologie des nördlichen Weinviertels Österreichs kartie-

"Erstes Stockwerk" – Das Wiener Becken

Karl Friedl (Foto: OMV AG)

Abb. 44: Historische Strukturkarte des Zentralen Wiener Beckens 1: 75.000 (K. Friedl 1956)

rungsmäßig erfasst (Abb. 43) und mit detaillierten Erläuterungen versehen, sondern hat in enger Verbindung mit den frühen Explorationsaktivitäten die Bohraufschlüsse in seine Arbeiten miteinbezogen, alles auf einem nachhaltigen paläontologisch-stratigraphischen Fundament (R. Grill 1941–1971). Bleibende Ergebnisse in dieser Hinsicht haben uns auch A. Papp und E. Thenius hinterlassen.

Der liebe Gott soll dem Erdölpionier und großen Kenner des Wiener Beckens, Karl Friedl, bei seiner Ankunft im Himmel eine Karte vorgelegt und ihn gefragt haben, um welches Gebiet es sich hier handle. Friedl musste passen und bekam zur Erklärung, es sei das Wiener Becken, wie es wirklich ist. Natürlich ist die Geschichte unsinnig, denn niemand hat das Wiener Becken knapp unter der Oberfläche besser erforscht (K. Friedl 1932–1956), mit einer derartigen Unzahl von Seichtbohrungen (Cf-Bohrungen [„Counterflush"]) mit umgekehrtem Spülungsfluss in der Bohrung (im Bohrgestänge aufwärts) und bis zu 300 m Tiefe Tiefbohrungen abbohren lassen, Strukturkarten angefertigt (z. B. die Strukturkarte des Zentralen Wiener Beckens 1956, 1: 75.000, Abb. 44), diese mit profundem geologischen Wissen interpretiert und bis zu mittleren Tiefen reichende Ölfelder entdeckt, natürlich teilweise unter Mitwirkung einer sehr effizienten Geologengeneration, darunter Janoschek, Braumüller, Kollmann und andere. Und dies noch ohne Anwendung seismischer Messungen. Es wurden genaue Dokumentationen verfasst, auf die wir heute gerne zurückgreifen. Dass man mit vorangeschrittener Technik größere Tiefen erreichen konnte und damit das geologische Bild vollständiger wurde, tut dem keinen Abbruch. Friedl erfasste erstmals die Bedeutung des Steinbergbruchs und der großen, erdölreichen Hochzonen. All dies war eine der wesentlichen Grundlagen für spätere Deutungen des Beckenbaues. Die Erstphase der Exploration auf Kohlenwasserstoffe ist in zahlreichen Abhandlungen von K. Friedl, ebenso durch R. Janoschek in F. X. Schaffer 1951 und vielen anderen, besonders bildhaft aber im Buch „Öldorado Weinviertel" (G. Ruthammer 2013) zusammengefasst.

Mit der Erstellung einer Strukturkarte der Oberkante des Sarmatium (Abb. 45), der Oberkante des Aderklaaer Konglomerates und vielen Detailkarten unter akribischer Verwendung aller verfügbaren seismischen Messungen trug weiterhin H. Unterwelz zur Kenntnis der Beckenfüllung bei. A. Kröll und ein Geologenteam aus Österreich und z. T. der einstigen Tschechoslowakei verfertigten unter vielen anderen geologischen, vor allem strukturellen Dokumentationen ein geologisch-geophysikalisches Kartenwerk der Basis der Beckenfüllung (Abb. 46). Dies waren Grundlagen für spätere Deutungen des Beckens, entstanden als ein Zerrungsbecken durch einen „pull apart"-Effekt (L. H. Royden 1985) mit den typischen Bruchmustern, der Anordnung der Hochzonen und „Depozentren", also tiefen, sedimentärfüllten Einsenkungen.

Es wird hier nicht im Detail über die Geschichte der geologischen und paläontologischen Erforschung des Weinviertels berichtet, es kann aber verwiesen werden auf die zusammenfassenden Werke „Erdöl in Österreich" 1957 und „Erdöl und Erdgas in

„Erstes Stockwerk" – Das Wiener Becken

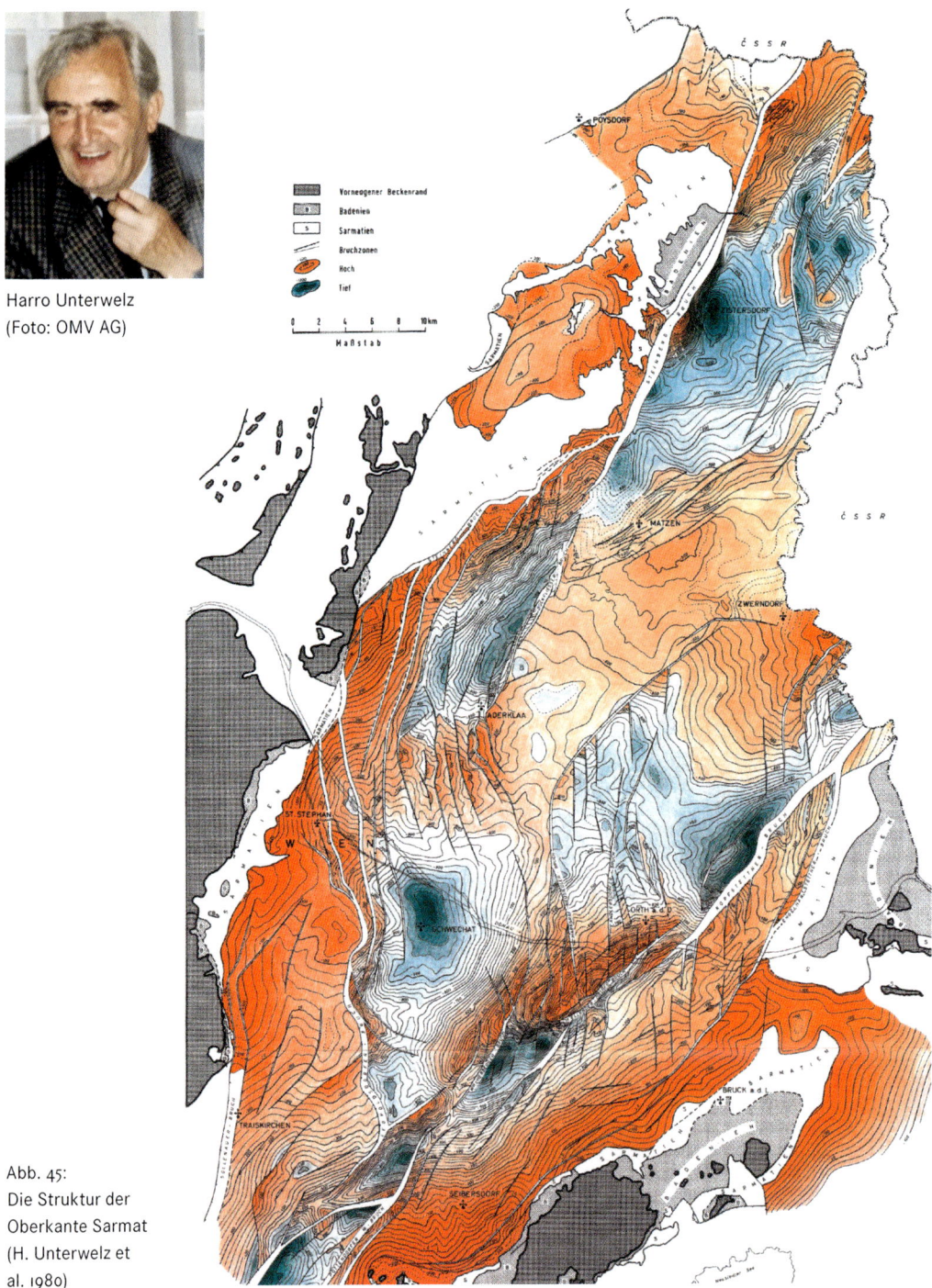

Harro Unterwelz
(Foto: OMV AG)

Abb. 45:
Die Struktur der
Oberkante Sarmat
(H. Unterwelz et
al. 1980)

Splitter zur Erforschungsgeschichte

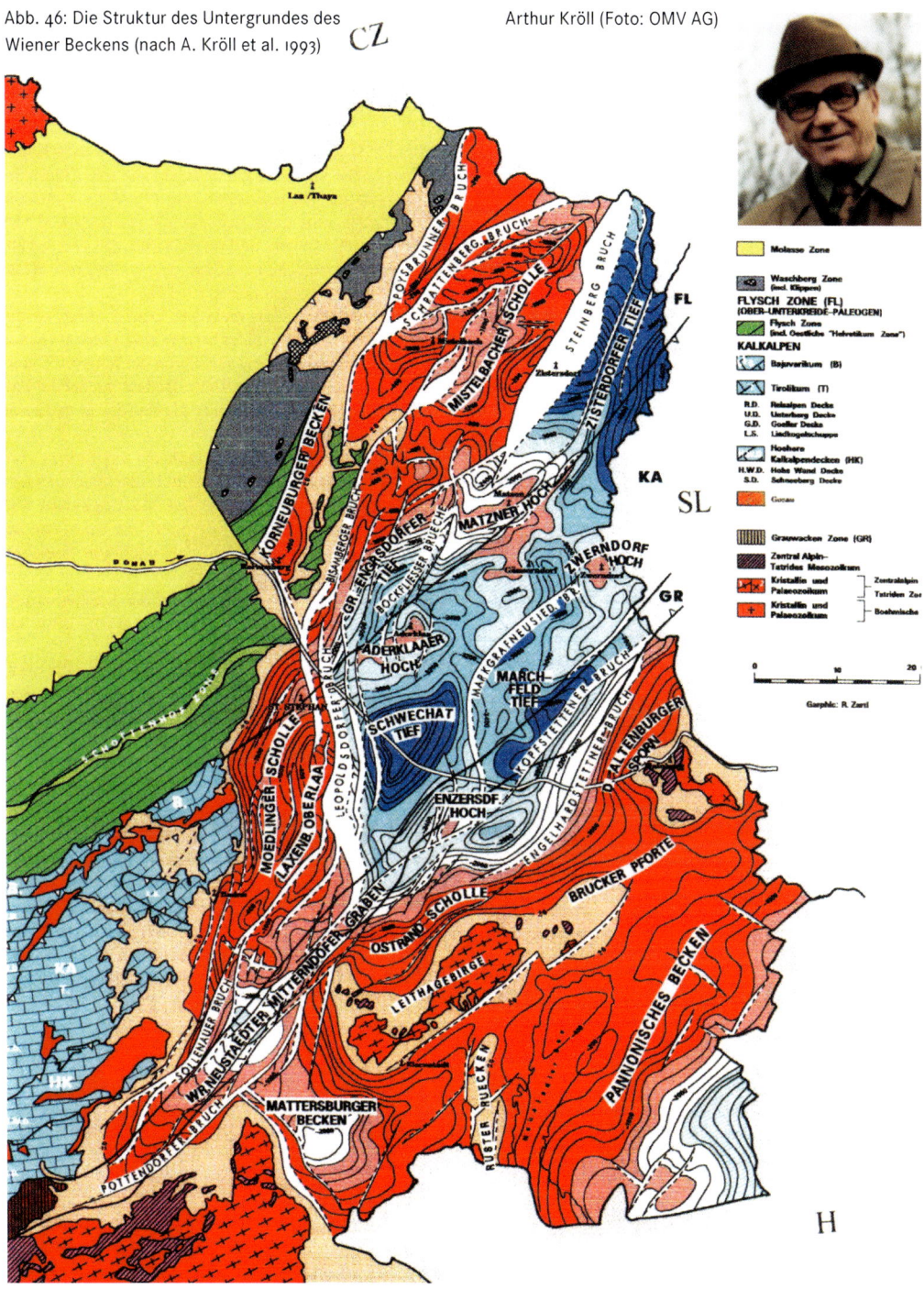

Abb. 46: Die Struktur des Untergrundes des Wiener Beckens (nach A. Kröll et al. 1993)

Arthur Kröll (Foto: OMV AG)

Österreich" 1980 und 1993, gestaltet von Autorengruppen und herausgegeben von O. Schultz & F. Bachmayer bzw. von F. Brix & O. Schultz im Verlag des Naturhistorischen Museums Wien. Dass die geologisch-geophysikalischen Dokumentationen laufend neue Ergebnisse zeitigen, belegen viele hervorragende neuere Artikel und Darstellungen. Auch gehaltvolle und sehr illustrative populärwissenschaftliche Dokumentationen bringen das Wiener Becken des Weinviertels einem breiteren Publikum näher.

6.2 Entwicklungsgeschichte

Wie kommt es zu einem derart tiefen Einsinken der Erdkruste in einer für Zerrungsbecken so typischen Art: Rhombische Form, tiefe Mulden, gefüllt mit mächtigen Sedimenten, große Brüche, die oft kulissenartig angeordnet sind? Wenn man auch diese Kennzeichen einem klassischen, bilderbuchartigen Zerrungs-("pull apart")-mechanismus (L. H. Royden 1985) zuschreiben kann, fehlt es dennoch an einer lehrbuchmäßigen simplen tektonischen Vorgabe – an den beiden „master faults", die das Becken begrenzen. Vielmehr sind es mehrere Faktoren, die diesen Effekt bewirken: einmal die Situation an der Basis unter den Alpen mit alten Brüchen am südöstlichen Rand der Böhmischen Masse als Lenkungsfaktor, des Weiteren die Tatsache, dass das Ende der Überschiebungszeit der Alpen-Karpatenstirn vom Südwesten nach Nordosten immer jünger wird (Abb. 47). Während beispielsweise bei Korneuburg die Überschiebung bei etwa 18 Millionen Jahren aufhörte, lag dieses Ende bei Laa erst bei 17 Millionen Jahren, in der Slowakei bei 16 Millionen Jahren, in Polen bei 15 Millionen Jahren (R. Jiricek 1979, 2002). Dies bewirkte eine schräge Zerrung und Freiraumbildung mit Einsenkung der Kruste, wobei bei dieser Bewegung große Brüche entstanden und dabei auch tektonisch bestehende Flächen wieder benützt wurden (Abb. 48).

Abb. 47: Die Lage des Wiener Beckens im Ostalpen-Westkarpaten-Abschnitt mit Angabe des Alters der Überschiebung an der Alpen-Karpaten-Stirn nach R. Jiricek 1990

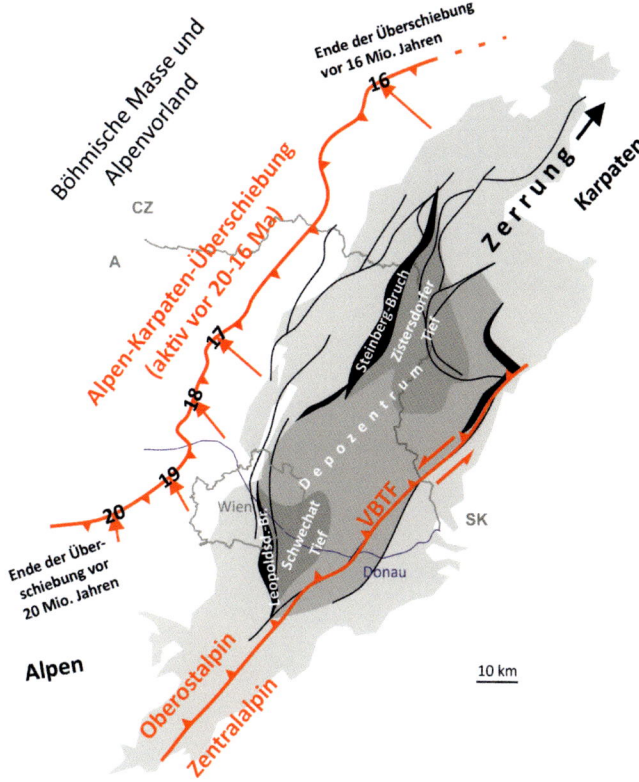

Abb. 48: Der „pull apart"-Mechanismus im Wiener Becken

Die Phasen der Entwicklung des Wiener Beckens gliedern sich, wie G. Wessely (2006) anführt, in ein Proto Wiener Becken und ein Neo Wiener Becken. Das Proto Wiener Becken begann schon, als die alpin-karpatischen Decken sich noch auf dem Vormarsch befanden. Die Sedimente der Molassezone (Eggenburgium, Ottnangium, z. T. auch Karpatium) griffen auf den Deckenkörper über und wurden schon an Brüchen eingesenkt. Es ist das Gebiet des heutigen nördlichen Wiener Beckens und des Korneuburger Beckens (Abb. 49). Die Sedimente wurden einst „inneralpiner Schlier" genannt (F. X. Schaffer 1951, R. Grill 1968). Da die Überschiebung noch anhielt, wurden sie am Rücken der Überschiebungsdecken noch „buckelkraxen" oder „piggy back" weitergetragen. Es handelt sich um marine bis brackische Sande und Mergel. Sie sind unter den ehemaligen Namen Burdigal, Ottnang und Helvet bekannt.

Im Karpatium dehnte sich das Becken weiter gegen Süden aus, und zwar in Form eines Süßwassersees, der das Gebiet südlich des Matzener Rückens bedeckte und großteils vom Süden her mit Sediment aus den Alpen beliefert wurde. Es sind dies die „Gänserndorfer Schichten", (Gänserndorf-Member nach M. Harzhauser et al. 2020 mit basalen Grobsedimenten, offensichtlich als Rinnenfüllungen, und die „Aderklaaer Schichten", Aderklaa-Formation mit Schönkirchen-Member), entsprechend den soge-

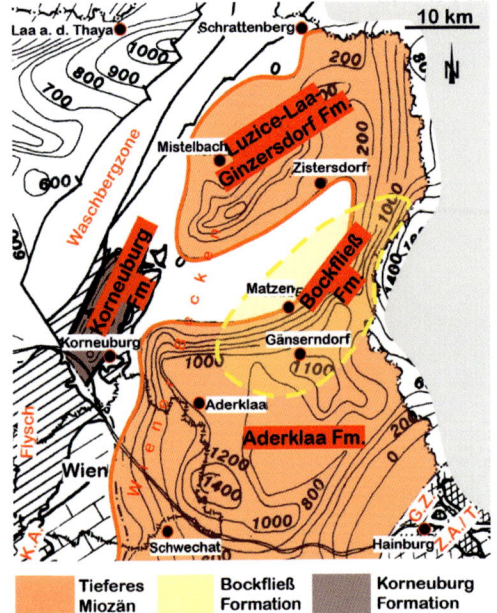

Abb. 49: Die Verbreitung des tieferen Miozän im Wiener Becken des östlichen Weinviertels (Grundlage: R. Jiricek und P. Seifert in D. Minarikova & H. Lobitzer [eds.] 1990, modifiziert)

nannten Ostrakodenschichten, wie sie in der Slowakei als „Laberschichten" (N. Kreutzer & V. Hlavaty in D. Minarikova & H. Lobitzer [eds.] 1990), auftreten.

Mit Ende des Karpatium erfolgte eine kräftige Erosionsepoche, und Bodenbewegungen bewirkten Schrägstellungen, sodass dann die nächstjüngeren Schichten die älteren kappten (M. Weissenbäck in G. Wessely & W. Liebl [eds.] 1996) und nun „diskordant" über diesen liegen. Dieses tektonische Event entspricht der „steirischen Phase". Das Becken hatte zu dieser Zeit schon die heutige Form mit seiner Anordnung der Schollen, der Absenkungsgebiete und Hochzonen angenommen. Die großen strukturellen Blöcke des östlichen Weinviertels sind die Poysbrunner Scholle und die Mistelbacher Scholle mit dem ausgeprägten Steinberghoch und der Pirawarther Hochzone. Der Beckenuntergrund liegt auf dieser Scholle zwischen 0 und minus 500 m Seehöhe. Auf der Tiefscholle reicht der Beckenuntergrund im Zistersdorfer Tief bis minus 5.500 m, im Großengersdorfer Tief bis über minus 3.500 m. Der zentrale Beckenteil enthält das ausgedehnte Matzener Hoch, das Aderklaaer Hoch und das Zwerndorfer Hoch. Gegen die Donau zu liegen das Schwechater Tief, das Marchfeld-Tief und die Lasseer Senke. In vorliegender Abhandlung wird weiterhin die Auffassung von einem einheitlichen Wiener Becken vertreten, wenn auch mit zwei verschiedenen Altersetagen, so doch strukturell nur aus unterschiedlichen Subsidenzblöcken oder Schollen bestehend, ohne diese als eigene Becken auszuweisen.

Eine entscheidende Bedeutung bei der Beurteilung der Verbreitung und Subsidenz der einzelnen Elemente des Beckens sind neben den Strukturkarten und Schnitten, die eine räumliche Darstellung des Beckens ermöglichen, die Isopachen- bzw. Mächtigkeitskarten (Abb. 50). Sie geben uns Auskunft über die Entwicklung des Subsidenzgeschehens, damit auch über die Sedimentkubaturen, die das erste Stockwerk beinhaltet.

Über die Verbreitung des tieferen Miozän geben uns neben den klassischen Arbeiten, vor allem von R. Grill 1961 bis 1971, R. Janoschek 1951, R. Jiricek & P. Seifert in D. Minarikova & H. Lobitzer [eds.] 1990, und in neuester Zeit jene von M. Harzhauser et al. 2020 Auskunft. Entsprechend der noch alpinen Beanspruchung dieser tieferen Sedimenteinheiten vom Eggenburgium bis zum Karpatium als „piggy back"

– Proto Wiener Becken – sind die Paläostrukturen heterogener, damit ist auch die Erfassung der wahren Mächtigkeiten schwieriger.

Vom mittleren bis zum höheren Miozän zeigt sich ein einheitlicheres Bild über das Wiener Becken (R. Jiricek und P. Seifert in D. Minarikova & H. Lobitzer [eds.] 1990), ausgedrückt in paläogeographischen Karten mit Isopachen. Wenn auch diese Mächtigkeitskarten geglättete Übersichten – ohne Verzeichnungen von Bruchdurchgängen – darstellen, geben sie doch wesentliche Informationen über die Kubatur und die strukturelle Entwicklung des Neo-Wiener Beckens.

Im Badenium beherrschen zwei Depozentren das Absenkungsgeschehen: Das Zistersdorfer Tief mit einem Ausläufer nach Mähren entlang des Steinbergbruchs (Mächtigkeit bis über 2.300 m) und das Schwechater Tief entlang des Leopoldsdorfer Bruches (Mächtigkeiten bis über 1.600 m) mit einem Bruchteil an Mächtigkeiten auf Hoch- und Randzonen. Diese Depozentren fügen sich neben den großen Brüchen in die Vorstellung eines „pull apart"-Modells. Die Mächtigkeitsverhältnisse setzen sich im Sarmatium fort (Zistersdorfer

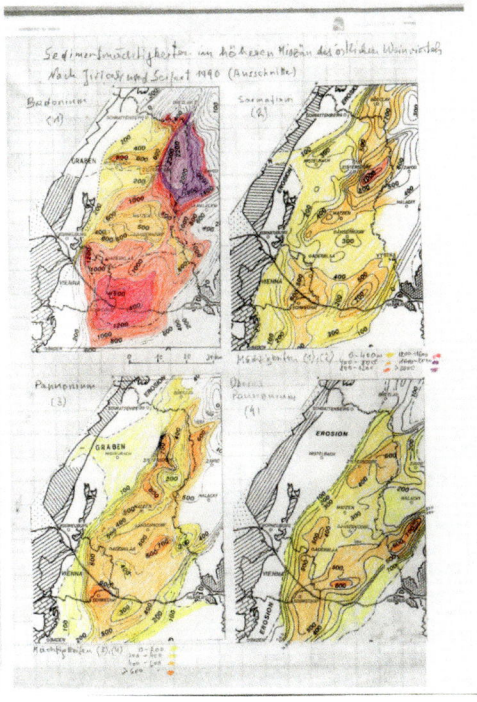

Abb. 50: Karte der Linien gleicher Sedimentmächtigkeit im Badenium, Sarmatium und Pannonium des Wiener Beckens (Arbeitsskizze von G. Wessely nach R. Jiricek und P. Seifert in D. Minarikova & H. Lobitzer [eds.] 1990

Tief bis über 1.000 m, Schwechater Tief über 600 m), im Unter- und Mittelpannon über 700 m, im Schwechater Tief an die 600 m, in beiden Tiefzonen kommen noch 400 bis 500 m Oberpannon dazu. Viele im Detail festgehaltene Mächtigkeitsstudien wurden vor allem von N. Kreutzer (1971–1986, 1993 in F. Brix & O. Schultz und N. Kreutzer & V. Hlavaty in D. Minarikova & H. Lobitzer [eds.] 1990) durchgeführt.

Eine Rolle im Pannonium spielt zunehmend die Tiefzone des Marchfeldes, und im Oberpannon zeichnet sich schon stärker die langgestreckte Einsenkung entlang der negativen „flower structure", VBTF („Vienna Basin Transform Fault"), einer Blattverschiebung, die ja bis in die rezente Zeit wirksam ist, ab.

Der jüngsten Tektonik sind die quartären Einsenkungsbecken zu verdanken (nach den Arbeiten u. a. von A. Beidinger, K. Decker, E. Hintersberger, B. Salcher, H. Peresson), wie das Lasseer Becken, das Obersiebenbrunner Becken und das Aderklaaer Becken. Den pleistozänen Beckenfüllungen – 100 m Pleistozän im Lasseer Becken, 50 m im Obersiebenbrunner Becken, 25 m im Aderklaaer Becken – stehen wenigen

Meter der Gänserndorfer Terrasse bzw. der Schlosshofer Terrasse (vermutlich ebenfalls Gänserndorfer Terrasse) gegenüber.

6.3 Brüche

Die Brüche, die das östliche Weinviertel durchziehen, können verschieden alt sein, wobei die älteren Brüche auch den ältesten Anteil des Wiener Beckens bis zum Karpatium, nämlich den nördlicheren Abschnitt, betreffen. Hier geht es nicht nur um Abschiebungen, sondern auch vermehrt um seitliche Verschiebungen, da ja noch die Kräfte der alpinen Überschiebung wirksam waren. Einen Einblick in das ältere Bruchgeschehen vermittelt das Korneuburger Becken, wo dessen westliche Bruchbegrenzung, der Schliefbergbruch, synsedimentär mit dem Karpatium angelegt ist und die asymmetrische Struktur dieses Beckenteiles bewirkt (Abb. 51).

Die dominanten Brüche wie der Bisambergbruch, der Steinbergbruch, die Pirawarther Brüche und der einsetzende und erst im südlichen Wiener Becken an Sprunghöhe gewinnende Leopoldsdorfer Bruch sind eher jüngerer Entstehung.

Der Steinbergbruch hat eine Sprunghöhe von 6.000 m, der Leopoldsdorfer Bruch ein solche von 4.500 m. Das Einfallen der Bruchflächen beträgt durchschnittlich 60°. In der Tiefscholle erfolgt eine „schaufelförmige" Verflachung (Listrizität). Durch das Wegzerren der Scholle mit dem daraus entstehenden Raumüberschuss am Bruch kommt es zum Abkippen der Schichten gegen den Bruch und der Bildung einer als

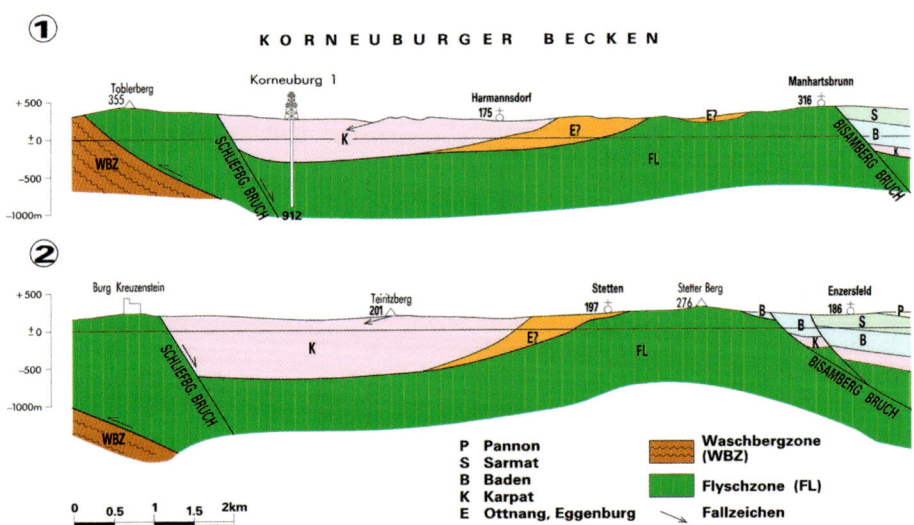

Abb. 51: Beispiel einer Bruchbildung im tieferen Miozän: Das Korneuburger Becken im Querschnitt (aus G. Wessely 1998)

„Rollover" bezeichneten Antiklinale (Abb. 52), deren First auch eingebrochen sein kann (Mühlberg). In einer älteren Phase bei Absenkung entlang von Hartgestein auf der Hochscholle tritt auch Schleppung auf. All diese Strukturen bewirken Fallenbildung für Kohlenwasserstoffe in der Tiefscholle entlang des Steinbergbruches. Fast ausnahmslos sind die Brüche gleichzeitig mit dem Sedimenteintrag (synsedimentär) entstanden, und die abgesenkten Bereiche erhielten oft ein Vielfaches an Sedimentmächtigkeit als die seichteren, und dies bei stratigraphisch weitgehend identischem Umfang der Sedimente, allerdings meist mit abweichender Fazies und mit Kondensationen und Schichtlücken auf der Hochscholle.

Zu den dominanten südost- oder ostfallenden Brüchen gesellten sich gegenfallende „konjugierte" Brüche, wie das Aderklaaer und Bockfließer Bruchsystem. An letzterem ist sehr schön die Kulissenanordnung zu sehen (Abb. 53), weil das System durch viele Ölbohrungen erfasst wurde. Bei gleichbleibender Sprunghöhe ergänzen sich die Einzelbrüche zu einer Gesamtsprunghöhe. Hört der eine Bruch bei 0 m Sprunghöhe auf, hat der Parallelbruch das Maximum (400 m). Zwischen den Brüchen verbinden die Flächen der Horizonte die Tiefscholle mit der Hochscholle. In der Tiefe vereinigen sich die Brüche zu einem einzigen großen Bruch (Abb. 54). Diese Anordnung spiegelt die, wenn auch nicht

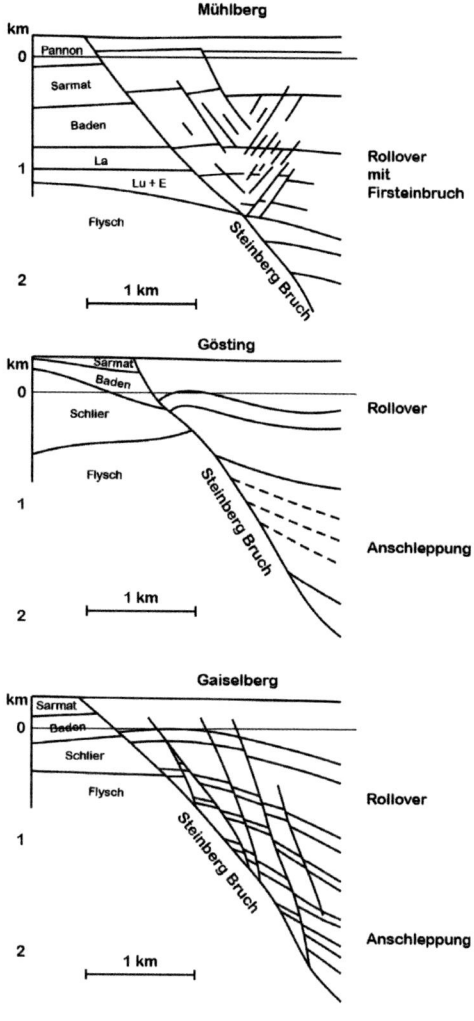

Abb. 52: Strukturbildungen am Steinbergbruch (nach H. Stowasser 1966)

sehr große, seitliche Bewegung der Krustenteile wider. Eindrucksvoll war das Beispiel eines konjugierten Bruches im Anriss beim Bau der Nordautobahn bei Ulrichskirchen aufgeschlossen.

Ein spezifisches, sehr junges Bruchsystem ist entlang des Matzener Rückens mit nord- und südfallenden konjugierten Brüchen entwickelt (N. Kreutzer in F. Brix & O. Schultz [Red.] 1993). Möglicherweise spielt eine Aktivität der darunterliegenden invertierten Kalkalpenüberschiebung auf die Flyschzone eine Rolle.

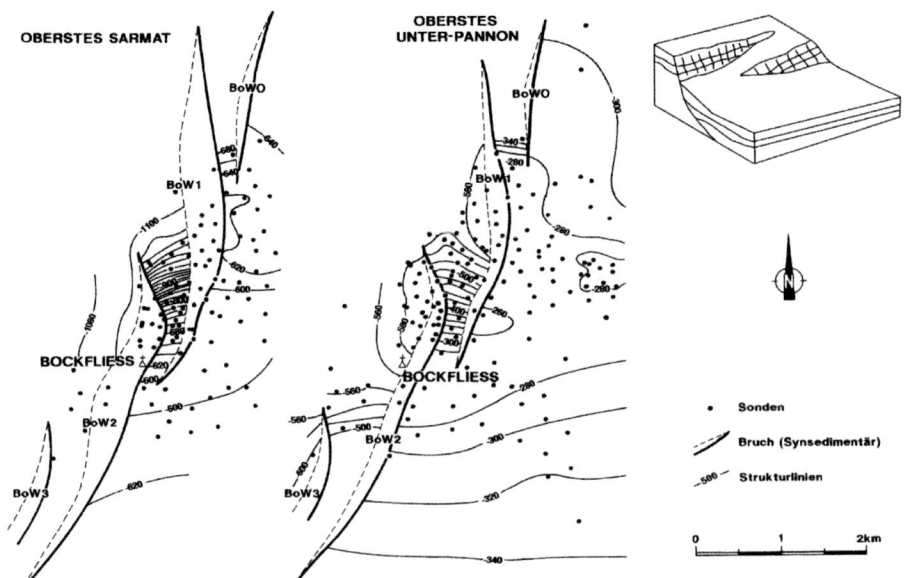

Abb 53: Die Kulissenanordnung der synsedimentären Bockfließer Brüche (aus G. Wessely in F. Brix & O. Schultz [Red.] 1993)

Eine andere Art von Störung bildet die VBTF („Vienna Basin Transform Fault" nach K. Decker & H. Peresson 1996), vormals bei G. Wessely 2006 auch als GLOGMIL (Gloggnitz-Mitterndorf-Lasseer Blattverschiebung) bezeichnet. Sie erstreckt sich vom Mürztal in den Alpen bis in den Westteil der Karpaten. Entlang dieser Störung schiebt sich ein südöstlicher Teil der Erdkruste an einem ortsgebundenen nordwestlichen Teil gegen Nordosten vorbei. Wenn man auf der Nordwestscholle steht und auf die Südostscholle blickt, bewegt sich letztere nach links, also linkslateral. Berechnungen können eine Gesamtgeschwindigkeit der Bewegung liefern. Jedoch ist diese Bewegung zeitlich und räumlich nicht gleichförmig. Die Störung lässt sich in mehrere Abschnitte gliedern: Im Wiener Becken in das Mitterndorf/Schwadorf-Segment (Abb. 46), das Arbesthal-Segment, das Lassee-Marchegg-Segment, das Zohor-Segment und mit Erstreckung in die Karpaten Dobra das Voda-Segment (A. Beidinger, K. Decker, K. H. Roch 2010, A. Beidinger & K. Decker 2011). Die Störung verläuft nur annähernd geradlinig, leichte Bögen bewirken Unterschiede im seitlichen Andruck an die Schollen. Bei Dehnung herrscht Einsenkung an parallelen oder oft kulissenartig angeordneten Brüchen bzw. Abschiebungen, bei Pressung kommt es zu Aufschiebungen. In Querschnitten ergibt sich durch die Störungen und Schichtneigungen das Bild von Blumenkelchen („flower structures"). In Dehnungsregimen kommt es zu einer negativen flower structure, bei der die Schichten an z. T „konjugierten" Brüchen (Abb. 55) eingesenkt sind, in Kompressionsregimen zu einer positiven flower structure, bei der das Innere der Blume hochgepresst ist. In den genannten Segmenten des Wiener Beckens überwiegen negative flower structures.

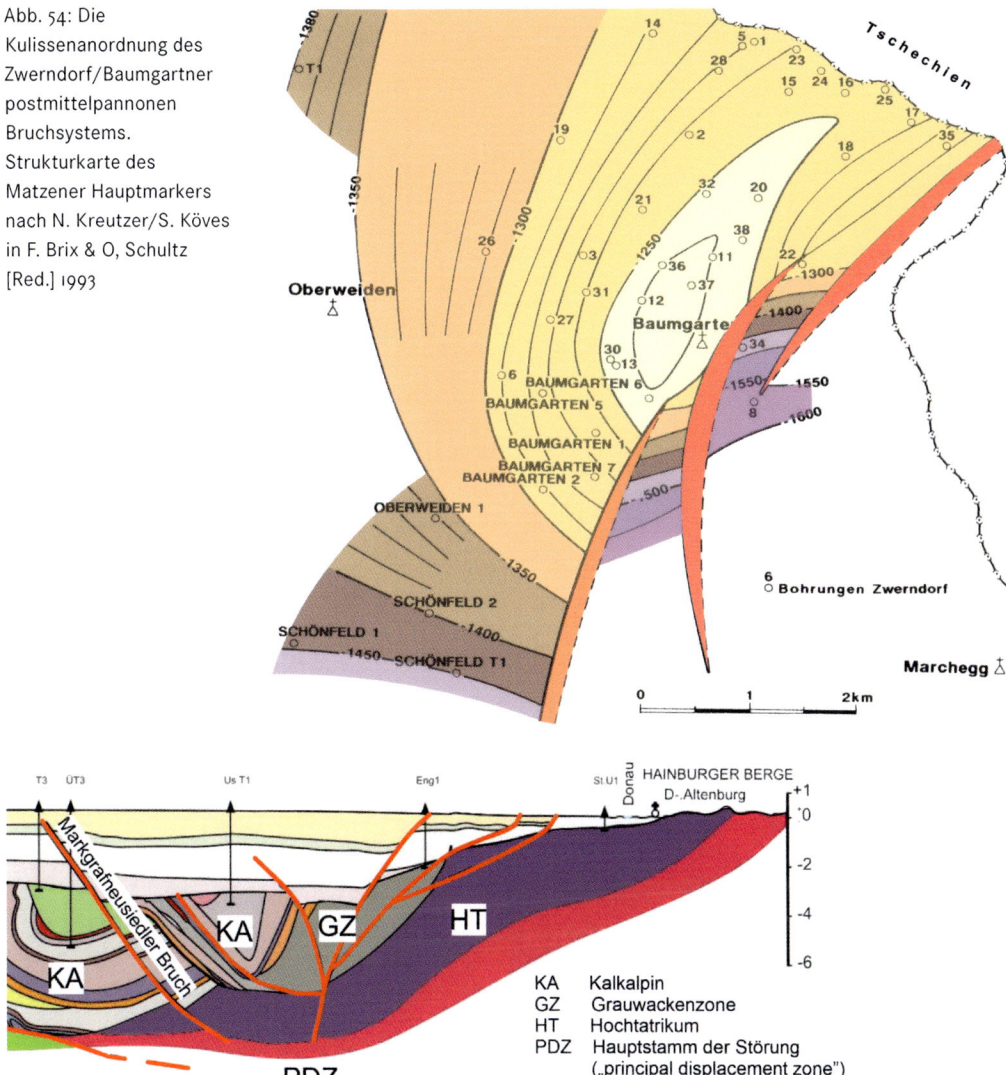

Abb. 54: Die Kulissenanordnung des Zwerndorf/Baumgartner postmittelpannonen Bruchsystems. Strukturkarte des Matzener Hauptmarkers nach N. Kreutzer/S. Köves in F. Brix & O, Schultz [Red.] 1993

Abb. 55: Die „flower structure" der VBTF-(GLOGMIL-)Blattverschiebung im Übersichtsschnitt (aus G. Wessely 2006, modifiziert)

Im Dobra-Voda-Segment in den Karpaten herrscht Kompression. In den flower structures des Wiener Beckens liegen die Blumenkelche im Miozän-, Pliozän und Quartär, ab dem Beckenuntergrund vereinigen sich die Brüche zu einer Störung, der „PDZ", der Principal Deformation Zone, ab der auch die Erdbebenherde entstehen.

Entlang der Segmentierung bilden sich im Quartär langgestreckte Becken wie die Mitterndorfer Senke und das Lasseer Becken. Sie sind mit plio-/pleistozänen Se-

"Erstes Stockwerk" – Das Wiener Becken

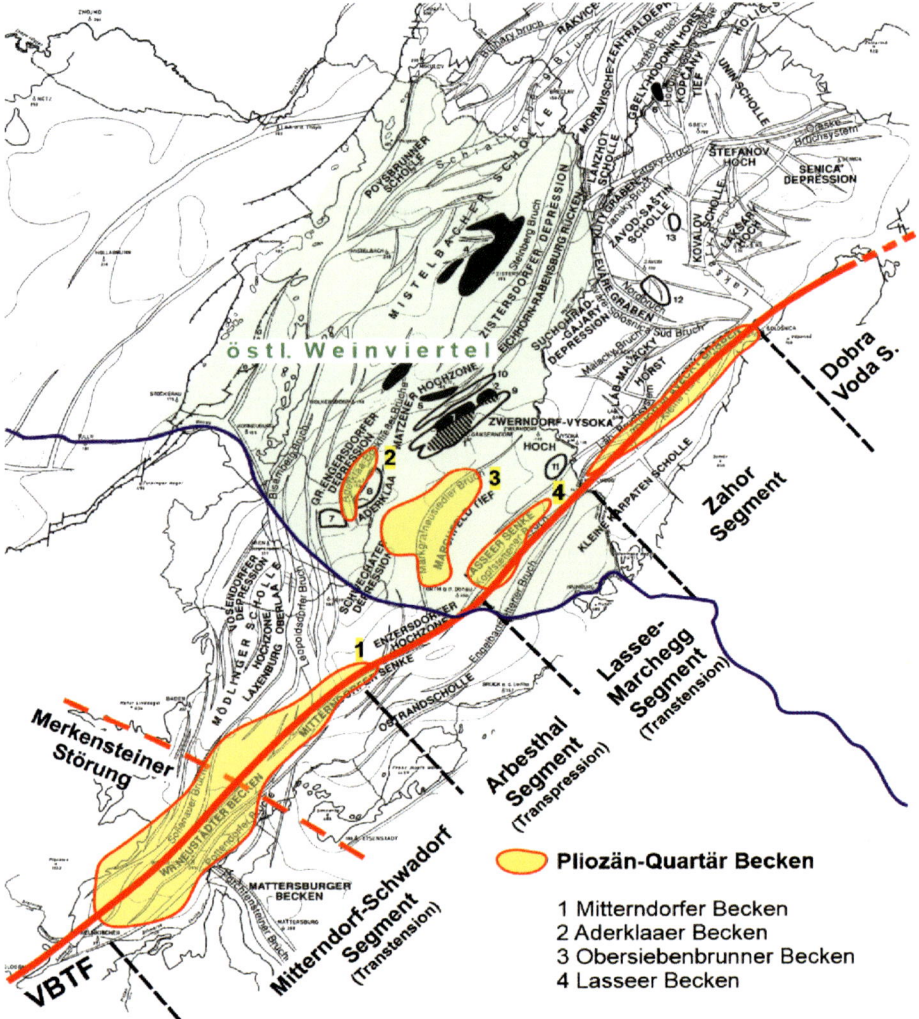

Abb. 56: Der Verlauf der Störung „VBTF" und Segmente (nach A. Beidinger & K. Decker 2011 auf Übersichtskarte A. Kröll et al. 1993)

dimenten wie Donau- oder anderen Flusssedimenten gefüllt und belegen dadurch eine junge Reaktivierung bestehender Störungselemente. Der Querschnitt des Lassee-Marchegger Segmentes ist gekennzeichnet durch eine asymmetrische Anordnung in der flower structure, mit einem dominanten Bruch in der Ostflanke neben mehreren Störungen geringerer Größenordnung (B. Salcher et al. 2012, K. Decker et al. 2002, 2004, 2015). Im Oberflächenbereich erfolgten umfangreiche Studien durch A. Beidinger & K. Decker 2011. Es wurden zahlreiche Aufschlüsse erfasst, seismische Schnitte ausgewertet, morphologische Bodenanzeichen wie „scarps" (Böschungslinien) verfolgt und die Form der dreiseitigen „Schlosshofer Platte" neu interpretiert (bruchbedingt an der Nordostseite, erosionsbedingt an der Nordost- und Südwestseite). Auch wurde Bezug auf die Möglichkeit genommen, dass die Ursache des Erdbebens von Carnuntum im 4. Jh. in den Störungen entlang des Lasseer Beckens zu suchen ist (A. Beidinger, K. Decker, K. H. Roch 2010). In einem weiteren Sinn und zum System der VBTF-Blattverschiebung gehört der ebenfalls im Miozän angelegte Markgrafneusiedler Bruch (Abb. 58). In einem Bogen umfasst er das Obersiebenbrunner Quartärbecken. Mit ausgedehnten Grabungsarbeiten, sedimentologischen, sedimentpetrographischen, morphologischen Untersuchungen, Altersdatierungen und seismischen Interpretationen wurde von einer Arbeitsgruppe der Bruch und sein System untersucht und vor

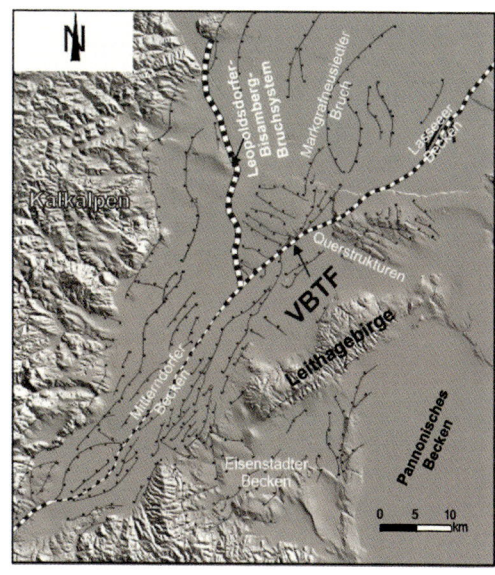

Abb. 57: WNW-ESE-Querstrukturen („intrabasinal hills") u. a. nach gravimetrischer Indikation (verändert, nach B. Salcher 2008)

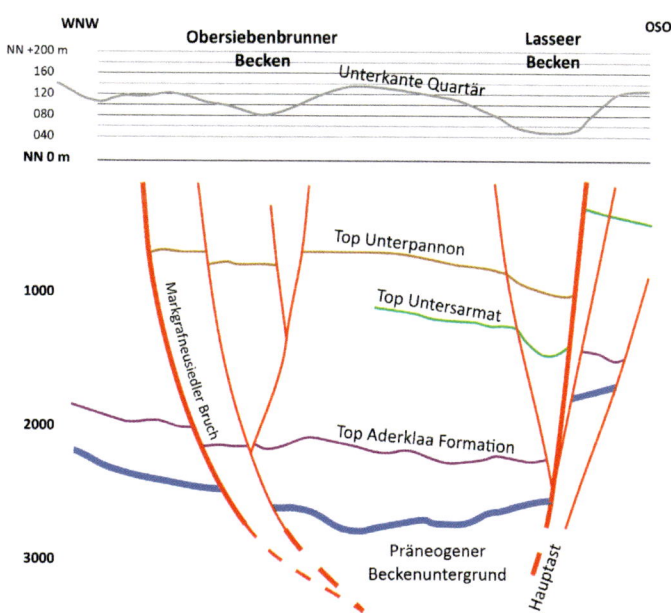

Abb. 58: Detailschnitt durch die „flower structure" von Lassee und die Markgrafneusiedler Störung. Darüber die Tiefenlage der Quartärbecken von Obersiebenbrunn und Lassee (nach A. Beidinger & K. Decker 2011)

allem seine Relevanz für Seismizität festgestellt (E. Hintersberger, K. Decker, J. Lomax, Ch. Lüthgens 2018). Es konnten fünf bis sechs Bebenereignisse, welche die Erdoberfläche betrafen, festgestellt und zeitlich eingeordnet werden. Die Ereignisse fanden während der letzten 120.000 Jahre mit Magnituden von etwa 6 bis 7 statt, das jüngste vor ungefähr 14.000 Jahren. Wenn auch in historischer Zeit keine derartigen Beben am Markgrafneusiedler Bruch festgestellt wurden, sind die Folgerungen für die Möglichkeit ihres Auftretens angesichts der Entfernung von 15 km von der Großstadt Wien zu überdenken.

Noch bleibt die Frage offen, inwieweit ein überregionales Störungssystem, dem auch die Merkensteiner Störung, die Schwechattalstörung und sicher weitere tektonische Linien mit WNW-ESE- Richtung angehören, den VBTF tangieren. Ansätze sind bei B. Salcher et al. 2012 zu finden. Dabei kommt eine wichtige Rolle Methoden wie der Gravimetrie zu (Abb. 57).

Auf Vertikalbewegungen an der Alpen-/Karpatengrenze im Plio- und Pleistozän wird zuletzt bei St. Neuhuber et al. 2020, ausgehend von den Hainburger Bergen, Bezug genommen.

6.4 Sedimente

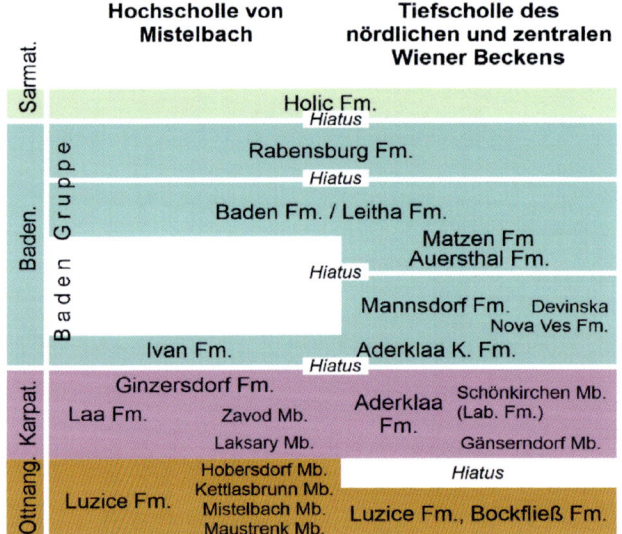

Abb. 59: Stratigraphie im Miozän des Wiener Beckens in Neufassung nach M. Harzhauser et al. 2020

Vermutlich kein Becken der Welt hat eine größere Fülle an stratigraphischer, paläontologischer und lithologischer Forschung aufzuweisen als das Wiener Becken (bspw. A. D'Orbigny, A. 1846, M. Hörnes 1848, M. Hörnes & P. Partsch 1856, M. Hörnes & A.

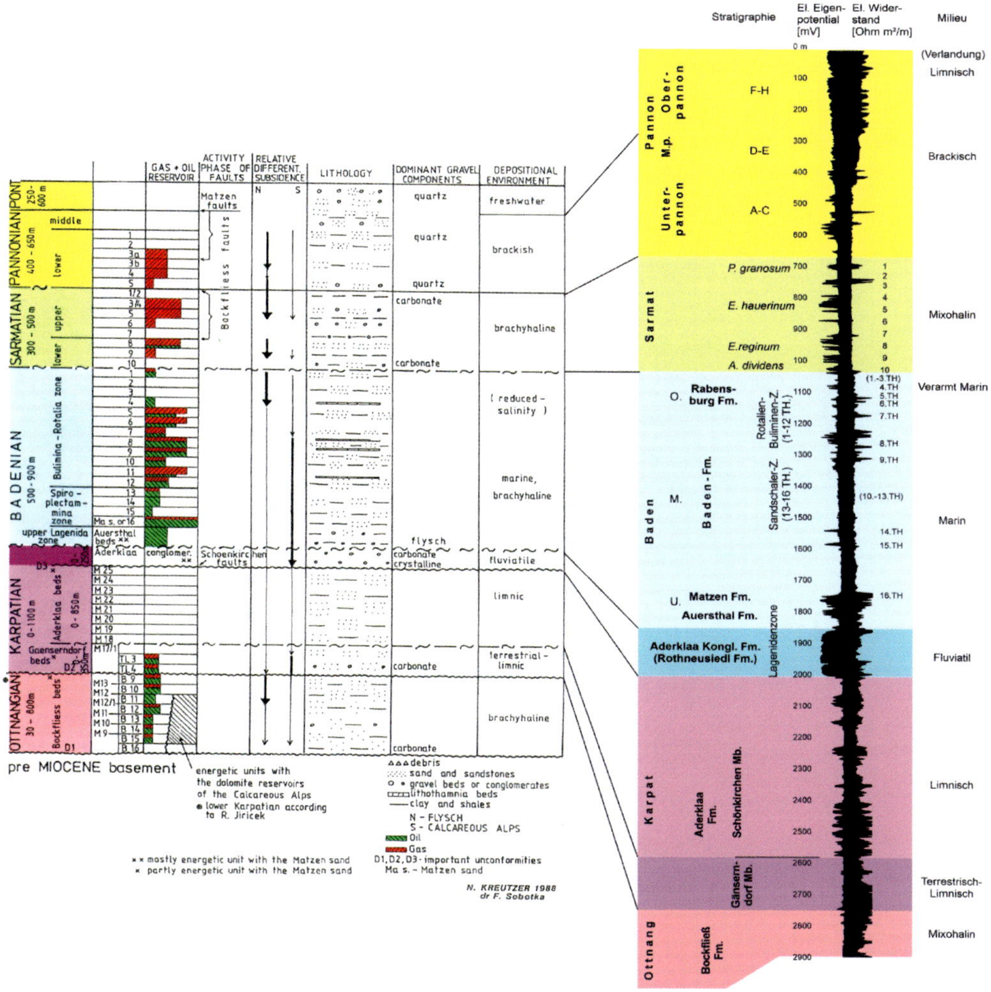

Abb. 59: Stratigraphie im Miozän des Wiener Beckens in Neufassung nach M. Harzhauser et al. 2020

Norbert Kreutzer (Foto: OMV AG)

Reuss 1870, R. Hörnes & M. Auinger 1879–1891, A. Papp 1968, A. Papp et al. 1974, 1978). Dazu trugen Universitäten, die Geologische Bundesanstalt, Museen und vor allem die Exploration von Kohlenwasserstoffen, die räumlich die dritte Dimension erschlossen hat, mit den vielen geologischen Aufnahmen von Bohrkern- und Spülprobenmaterial, den geophysikalischen Bohrlochmessungen, der Seismik, der Gravimetrie und Magnetik bei. Auf unzählige umfassende Bände und Teilarbeiten kann hier verwiesen werden, teils auf bestehende Ergebnisse und Darstellungen aufbauend, teils mit neuen Erarbeitungen (R. Fuchs et al. 2001, R. Fuchs & W. Hamilton 2004, W. Hamilton & N. Johnson 1996, N. Kreutzer 1971–1993). Es wurde hier danach getrachtet, den aktuellen Ergebnissen Rechnung zu tragen, jedoch ohne die früheren Errungenschaften und ihre Urheber aus den Augen zu verlieren. Der Zukunft stehen noch reichlich Erkenntnisse bevor, Ungeahntes wartet noch in den Archiven zur Bearbeitung.

Wichtige Schritte zu einem geordneten stratigraphischen Gesamtgebäude des Wiener Beckens wurden in den letzten Jahren durch eine Autorenschaft, bestehend aus Naturhistorischem Museum, dem universitären Bereich und den angewandten Sparten der Kohlenwasserstoffexploration gesetzt. Für das Badenium u. a. durch M. Harzhauser et al. 2020, für das Sarmatium u. a. durch M. Harzhauser & W. E. Piller 2003/2004 und für das Pannonium u. a. M. Harzhauser 2003, M. Harzhauser et al. 2004a und schließlich A. Borzi et al. 2022 (Abb. 59/60).

6.4.1 Eggenburgium, Ottnangium, Karpatium

Diese ältesten Sedimente der Füllung des Wiener Beckens i. w. S. liegen in dessen nördlichem Teil und wurden stratigraphisch (F. Steininger & J. Senes 1971) und zuletzt strukturell (M. Hölzel et al. 2010) ausführlich beschrieben. Sie kommen auf der Poysbrunner Scholle bei Poysdorf und Schrattenberg an die Oberfläche und sind durch etliche Bohrungen erschlossen worden. Sie sind in ihrer Ausbildung ähnlich dem „Schlier" der Molasse-Zone und sind über einem sich noch bewegenden Alpen-/Karpatenkörper abgelagert und mit diesem „piggy back", also „buckelkraxen", weitertransportiert worden.

Bei all diesen Formationen handelt es sich um Sandstein-/Grobklastika-/Mergelfolgen, die Mächtigkeiten jeweils bis zu mehreren Hundert Metern erreichen. R. Grill 1968 hat sie u. a. aus Bohrungen von Großkrut und Reinthal beschrieben.

Es zählen dazu „Schliermergel" und „Schlierbasisschichten" im Steinberggebiet (Abb. 62). Darüber würden altersmäßig der „Fossilarme Schlier" und „Oncophoraschichten" folgen und schließlich die marinen und limnischen Schichten des Karpatium. R. Grill 1968 hat eine mikropaläontologische Gliederung erstellt, die aus Foraminiferen besteht: „Planulariaschichten" des Eggenburgium, *„Cyclammina-Bathysiphon*-Schlier", *„Elphidium-Cibicides*-Schlier" des Eggenburgium-Ottnangium,

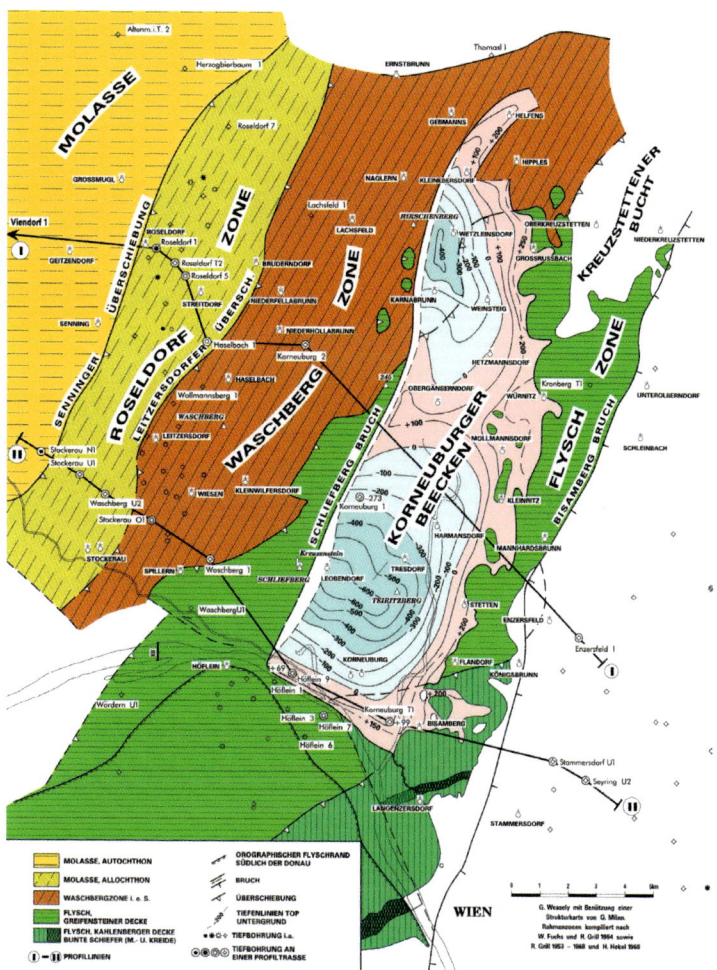

Abb. 61: Korneuburger Becken – Strukturkarte der Unterkante; Beckenfüllung aus tieferem Neogen (aus G. Wessely 1998)

„Schichten mit *Uvigerina bononiensis primiformis*" des marinen Karpatium, „Schichten mit *Rotalia beccarii*" der Korneuburger Schichten.

Bei Harzhauser et al. 2020 liegt auf der Mistelbacher Scholle im obersten Eggenburgium und im Ottnangium die Lužice-Formation mit dem Maustrenk-Member, dem Mistelbach-Member (bis 240 m mächtig), dem Kettlasbrunn-Member (bis 300 m mächtig), dem Hobersdorf-Member (bis 150 m mächtig), dem Laksary-Member, dem Závod-Member und dem Glinzersdorf-Member. Auf der Tiefscholle (nördliches und zentrales Wiener Becken) wird im Ottnangium Lužice-Formation und Bockfließ-Formation angeführt. Letztere ist nach einer umstrittenen Zuordnung im Ottnangium gelandet (Harzhauser et al. 2020): Die Rotalien, Cytherideen etc. sind Ausdruck einer süßwasserbeeinflussten, brackischen Ablagerungsbedingung.

Abb. 62: Kamm-Muschel aus einem Bohrkern des Basisschliers vom Feld Maustrenk (Foto G. Ruthammer)

Das Karpatium ist durch die Korneuburg-Formation (Abb. 61) ausführlich repräsentiert (M. Harzhauser et al. 2002).

Die Sedimentationsgeschichte, der Umfang und die Art der Sedimentfüllung des Korneuburger Beckens (u. a. F. Rögl 1998) mit seiner Lage im Bereich eines Ästuars wurde in zwei Bänden einer Monographie (Herausgabe K. Sovis u. B. Schmid 1998) durch eine Autorengruppe in vielen Artikeln dargelegt. Die Schilderungen reichen von der Rekonstruktion des Lebensraumes als Ästuarbereich mit seiner Flora, von der die Mangroven-Flächen hervorzuheben sind, neben einer umfangreichen Liste anderer Pflanzenreste inklusive Pollenkörnern bis hin zu einem reichen Bestand an Tierformen mit Muscheln, Schnecken, Seepocken und vielen anderen Makro- und Mikrofossilien. Die Hauptattraktion der Fossilienwelt Stetten ist das weltweit größte fossile Austernriff, das auf einer Fläche von 495 m² freigelegt wurde. Die Austern erreichen eine Länge von 80 cm. Hier wurde die größte fossile Perle der Welt in einer Muschel der Gattung *Mytilus* gefunden. Die Perle ist 45 mm groß (Abb. 63).

Südlich des Matzener Rückens von Aderklaa bis Zwerndorf – Oberweiden dehnte sich der limnische Sedimentationsraum der Aderklaa-Formation aus. Sie transgrediert teils noch auf die Bockfließer Schichten und gegen Süden direkt auf den kalkalpinen Beckenuntergrund zu. Zunächst in Form des Gänserndorf Mb. (bis 300 m mächtig) mit dem basalen Gänserndorfer Konglomerat und dann mit dem Schönkirchen Mb. (bis 1.500 m mächtig). Die Sedimente bestehen aus grauen, selten bunten Mergelstrecken mit einer Reihe von Sandsteinhorizonten (die in Aderklaa gasführend sind). Für diese limnischen Sedimente sind die großen, glatten Ostrakoden typisch, die man beim Anschlagen der Bohrkerne schon makroskopisch erkennen kann. Bemerkenswert sind in den Proben der Kerne von Schönkirchen-Tief, aber auch von Zwerndorf/Oberweiden in den Feinstfraktionen kleinwüchsige Foraminiferen wie Globigeriniden, Buliminen und im Einzelfall eine *Uvigerina bononiensis*, was in kleingeseigerter Form aufgearbeitetes Material aus marinem Karpatium sein muss.

Die Mächtigkeitszunahmen entlang der Depressionen und Brüche weisen auf synsedimentäre Absenkungen hin.

Abb. 63: Das Austernriff und die Riesenperle von Stetten im Korneuburger Becken (Foto M. Dockner)

6.4.2 Badenium

Das Badenium wurde lange Zeit „Torton" genannt, nach der Typlokalität Tortona in Italien, bis man erkannte, dass die Typlokalität einer viel jüngeren Zeit entstammt und in unserer Stratigraphie im Pannonium liegen würde. Geblieben sind in der „Erdölwelt" für die Sandhorizonte die Abkürzungen TH (Tortonhorizont). Auch die biostratigraphische Gliederung mithilfe von Foraminiferen nach R. Grill (1941, 1943) in die Abschnitte Lagenidenzone, Sandschalerzone, Buliminen-Bolivinenzone, Rotalienzone (Abb. 65) ist weitgehend geblieben. Die Gliederung beruht auf ökologischer Grundlage und spiegelt die Phasen der Salinitätsentwicklung im Becken wider, von hochmarinem bis zu fluviatil stärker beeinflusstem Milieu. Bereichsweise können Abweichungen vorliegen, so zeigt das Auftreten von Rotalien fluviatile Verhältnisse an (wie am Beispiel Pirawarth), wo anderswo Hochmarin herrscht. Dennoch wird diese Gliederung beckenweit bevorzugt angewendet. Die Beziehung von der Zusammensetzung der Mikrofaunen zum Paläo-Environment (vollmariner Mergel zu hyposalinen Verhältnissen in Sandsteinen) hat Ch. Rupp 1986 aufgezeigt. Stratigraphisch nützlich haben sich auch Formen der Familie Uvigerinidae erwiesen

(Abb. 66), deren evolutionäre Entwicklung A. Papp & K. Turnovsky 1953 ausführlich beschrieben haben. Zur Foraminiferengliederung kommen Gliederungsmöglichkeiten nach Makro- und Nannofossilien, aber auch nach astronomischen Gesichtspunkten (zusammengefasst bei M. Harzhauser et al. 2004).

In das Gewirr der verschiedenen Bezeichnungen nach Lithologien, paläontologischen Kriterien, geographischen Begriffen etc. wurde durch M. Harzhauser et al. 2020 ein stratigraphisches Gebäude vorgestellt, das eine einheitliche Gliederung nach Formationen darstellt und auf Basis geophysikalischer Bohrlochdiagramme, lithologischer und paläontologischer Kriterien, seismischer Profile und deren stratigraphischer und sequenzstratigraphischer Interpretation beruht.

6.4.2.1 Sedimente

Die Sedimente des Badenium sind sehr verschiedenartig, je nach Einzugsbereich und morphotektonischer Lage: Vom Hinterland bringen Flüsse reichlich Material in das Becken. An den Rändern und auf Hochzonen bildet sich Leithakalk. Spärlich sind Reste von klastischen Küstensedimenten (Abb. 64).

Das beste Beispiel für eine mächtige Flussablagerung ist das Aderklaaer Konglomerat des tieferen Badenium. Die nordwestliche Verbreitungsgrenze des Aderklaaer Konglomerates liegt zwischen Dürnkrut und Wien. Im Gebiet Matzen setzt es entlang der Südflanke des Matzener Rückens ein. Das Aderklaaer Konglomerat liegt diskordant über gekappter Unterlagerung, wobei die Erosion entlang von Hochzonen mehrere Hundert Meter ausmachen kann (M. Weissenbäck in G. Wessely & W. Liebl [eds.] 1996).

Die Komponenten des Aderklaaer Konglomerates verweisen auf ein Herkunftsgebiet aus Kalkalpen und Kristallin. Im Raum östlich von Wien besteht es überwiegend aus Dolomit, vor allem Hauptdolomit mit wenig Rundung der Komponenten. Dies spricht für eine rasche Schüttung aus einem ausgedehnten Hauptdolomitgebiet, wie es im Südwesten des Wiener Beckens unweit des Beckenrandes vorliegt. Kristallingerölle treten hier kaum auf, diese sind im Osten der Verbreitungszone des Konglomerates häufiger. Die Komponenten sind partien- oder lagenweise unterschiedlich stark durch kalkiges Bindemittel verkittet. Das Ausmaß dieser porositätsvermindernden Verhärtung ist unterschiedlich, ein System dafür ist schwer feststellbar.

Ein weiterer Konglomeratfächer kommt aus dem Westen und breitet seine Fracht über das zentrale Becken aus. Einsehbare Zeugen der Sedimentationsrichtung sind Rinneneinschnitte („Canyons"), wie sie im Steinberggebiet in seismischen Profilen festgestellt wurden (J. Rieder 2016). Ein Aufschluss in Hörersdorf bei Mistelbach gibt Einblick in grobe, fast ausschließlich polymikte kalkalpine Schotter knapp unter Mergeln des Untersamat (E. Wegerer &. G. Wessely 2008).

Abb. 64: Die Verteilung der Sedimentarten im Badenium des Wiener Beckens (R. Sauer et al. 1992)

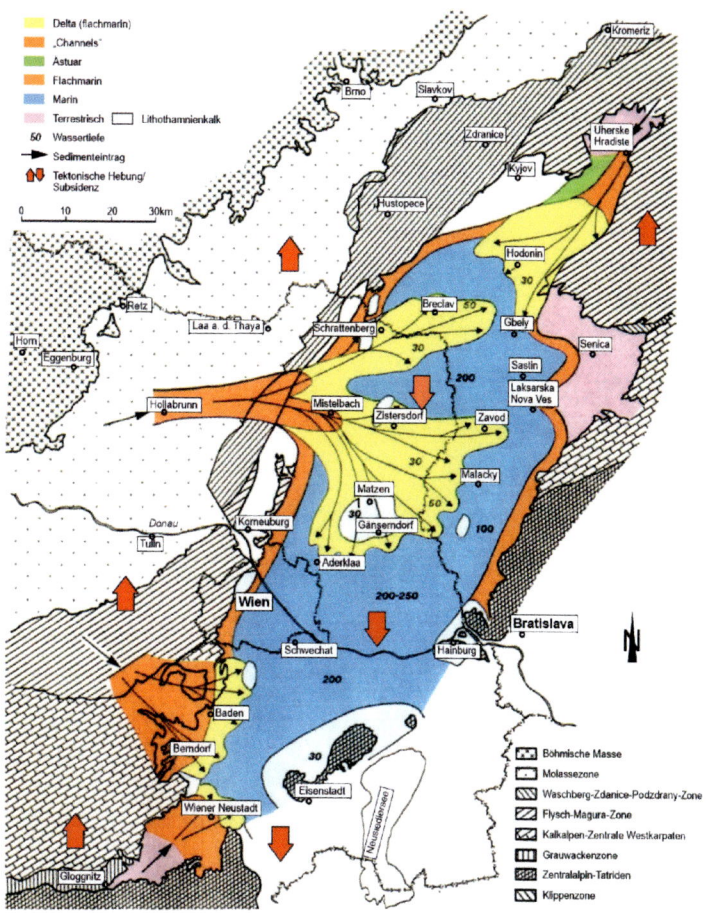

Beckenwärts erfolgen fächerartig große Mengen von Sandschüttungen (R. Jiricek und P. Seifert in D. Minarikova & H. Lobitzer [eds.] 1990), wie beispielsweise die Fächer von Matzen oder Zwerndorf. Silt- und Schlammsedimente lagern sich in morphologisch tieferen Arealen ab. Eine Übersichtsdarstellung der Verteilung von Schlamm- und Sandfazies wurde von M. Weissenbäck in G. Wessely & W. Liebl [eds.] 1996 gegeben. In den südlich an Matzen anschließenden Bereichen dominiert in den tieferen Abschnitten des Badenium die Mergelfazies. Nur abschnittsweise reichen Schübe mächtiger Sandablagerung, hinein, beispielsweise im Raum Aderklaa/ Hirschstetten/Breitenlee.

Auf hochgelegenen, seichten Stellen wie Inseln und ruhigen, randlichen Küstengebieten wächst Leithakalk (Leitha-Formation). Diese „Nulliporenkalke" auf Hochzonen sind an der Oberfläche bei Steinebrunn/Herrenbaumgarten, am inselförmi-

Abb. 65: Mikrofauna des Badenium als Grundlage der Zonengliederung von R. Grill (aus A. Papp & M. Schmid 1985 und I. Cicha et al. 1998):
Rotalienzone: 1 *Ammonia beccarii*, 2 *Bolivina dilatata dilatata*;
Bulininen-Bolivinenzone: 3 *Bolivina dilatata maxima*, 4 *Bulimina elongata elongata*;
Sandschalerzone: 5 *Bathysiphon tauinensis*, 6 *Bathysiphon filiformis*, 7 *Martinottiella communis*, 8 *Ammodiscus miocenicus*, 9 *Ammobaculites agglutinans*, 10 *Spirorutilus carinatus*, 11 *Textularia mariae*, 12 *Textularia gramen*;
Lagenidenzone: 13 *Lenticulina glypeiformis*, 14 *Lenticulina cultrata*, 15 *Dentalina acuta*, 16 *Laevidentalina elegans*, 17 *Nodosaria hispida*, 18 *Lagena clavata*;
0,52 mm Größe.

gen Steinberg bei Zistersdorf (Abb. 67, 68, 69) und als Nulliporensande in Zwischenhorizonten in Tiefbohrungen des Feldes Matzen (N. Kreutzer 1978) vertreten.

Grobe bis blockartige Küstensedimente werden von R. Grill 1968 am Bisambergzug genannt, ansonsten fehlen sie mangels Küsten mit ausgesprochenen Hartgesteinen.

Die Sand- und Schlammablagerungen (Abb. 70) in der Tiefscholle werden nach Formationen gegliedert, im tieferen Teil des Badenium als „Mannsdorf-Formation", in höheren Abschnitten als „Baden-Formation" und „Rabensburg-Formation" bezeichnet (M. Harzhauser et al. 2020).

Im Badenium des Matzener Raumes spielt der WSW-ONO verlaufende Matzener

Abb. 66: Stratigraphisch bedeutsame Formen der Foraminiferengattung *Uvigerina* nach A. Papp & K. Turnovsky 1953. 1 *U. macrocarinata*, 2 *U. grilli*, 3 *U. venusta*, 4 *Pappina neudorfensis* (ehem. *Uvigerina liesingensis*); ca. 0,5–1 mm Länge. Aus A. Papp & M. Schmid 1985.

Abb. 67: Versteinerungen im Lithothamnienkalk des Steinberges, konserviert in einer Stützmauer der Brücke der ehemaligen Stammersdorfer Bahn in Großinzersdorf

Abb. 68: Steinkerne aus dem Lithothamnienkalk des Steinberges

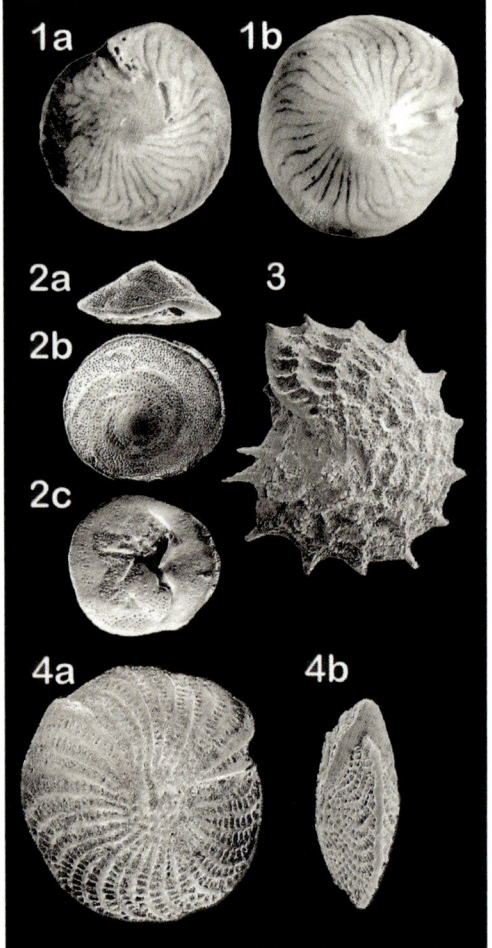

Abb. 69: Foraminiferen des Badenium aus dem Seichtwasserbereich: 1 *Amphestegina mammilla*. 2 *Asterigerina planorbis*, 3 *Elphidium aculeatum*, 4 *Elphidium crispum*. Aus I. Cicha et al. 1998. 1 ca. 2,5 mm, 2–4 ca. 0,5–1 mm.

Rücken eine große trennende Rolle. Seine Hochlage äußert sich auch dadurch, dass darauf immer wieder Lithothamnien führende Horizonte auftreten, deren Bildung nur im Seichtwasser möglich ist und die so für eine permanente Schwelle sprechen, an der auch an manchen Stellen Erosion bis in den Flyschuntergrund stattfinden konnte.

Im Norden des Matzener Rückens herrschten Sand-/Mergelabfolgen, im Süden setzt ab dem Südosthang des Rückens, wie erwähnt, das Aderklaaer Konglomerat ein.

Im Raum Auersthal liegen über dem Aderklaaer Konglomerat die an die 100 m Mächtigkeit erreichenden Auersthaler Schichten („Auersthal-Formation"), in denen die Mikrofauna einen Wechsel von mariner und limnischer Ausbildung anzeigt: große Ostrakoden führende Mergel wechseln mit Lagen, die eine marine Mikrofauna führen. Darüber liegt der „Matzener Sand" oder 16.TH, („Matzen-Formation" in neuer Fassung), ein dreißig bis fünfzig, gelegentlich hundert Meter Mächtigkeit erreichender Seichtwassersand. Mit ihm beginnt im Raum Matzen die Sand-/Mergelfolge mit der Horizontierung in 16 Sandhorizonte mit einigen Nulliporengrus führenden Zwischenhorizonten im Feld Matzen, beschrieben in zahlreichen Arbeiten, vor allem von N. Kreutzer (u. a. in D. Minarikova & H. Lobitzer [eds.] 1990, S. 114, 115). Er kompilierte die Sedimentsabfolge des Badenium zu einem Gesamtbild eines Sedimen-

Abb. 70: Muscheln und Schnecken des Badenium aus uferferneren Schlamm- und Sandablagerungen. Aus Bohrkernen von Matzen, Bockfließ und Pirawarth (aus G. Wessely 2006)

tationsvorganges, der auf einer Abfolge von Seespiegelschwankungen beruht, die transgressive und regressive Sedimentkeile („wedges") bewirken. Eine eingehendere sedimentologische Fassung erfolgte von R. Fuchs & W. Hamilton in J. Golonka & F. J. Picha [eds.] 2006: New Depositional Architecture for an old Giant: The Matzen field, Austria. Eine Fortführung der sedimentologischen, sequenzstratigraphischen Studien, auch mithilfe der Seismostratigraphie findet vor allem derzeit durch W. Siedl u. a. statt (M. Harzhauser et al. 2020); diesbezügliche Ergebnisse lieferten auch Ph. Strauss et al. 2006.

Für die Festlegung der Bezugszeiten spielen zeitgleiche „Marker" eine wichtige Rolle: Vulkanische Asche wurde zur Zeit großer Ausbrüche gleichzeitig mit dem Wind über große Flächen des Kontinents verteilt und im Sediment abgelagert. Hier wurde es in Bentonitlagen umgewandelt, die in elektrischen Bohrlochmessungen ausgezeichnet erkennbar sind. Einer dieser Marker ist der „Matzener Hauptmarker" (die Marker gibt es übrigens schon seit dem tieferen Miozän bis zum Ende des Badenium, und sie korrelieren mit Vulkanausbrüchen im Paratethysgebiet (vgl. Nehyba, S. & Roetzel, R. 1999). In Matzen enthalten die 16 Horizonte Öl und Gas. Generell nimmt der Sandeintrag vor allem in der Rotalienzone gegen die Grenze zum Sarmatium zu. Diese Zone wurde von der Autorengruppe M. Harzhauser et al. 2020 mit der Bezeichnung „Rabensburg-Formation" versehen. Die Sedimentmächtigkeiten der Baden-Formation und Rabensburg-Formation bewegen sich oft in einem Ausmaß bis über 1.000 m, je nach der Position in Subsidenzbereichen.

6.4.2.2 Mächtigkeitsverhältnisse

Nicht nur die Unterschiede in der sedimentären Ausbildung, auch die Unterschiede in der Mächtigkeit können groß und dehnbar sein (R. Jiricek und P. Seifert in D. Minarikova & H. Lobitzer [eds.] 1990), was auf der unterschiedlichen Subsidenz des

"Erstes Stockwerk" – Das Wiener Becken

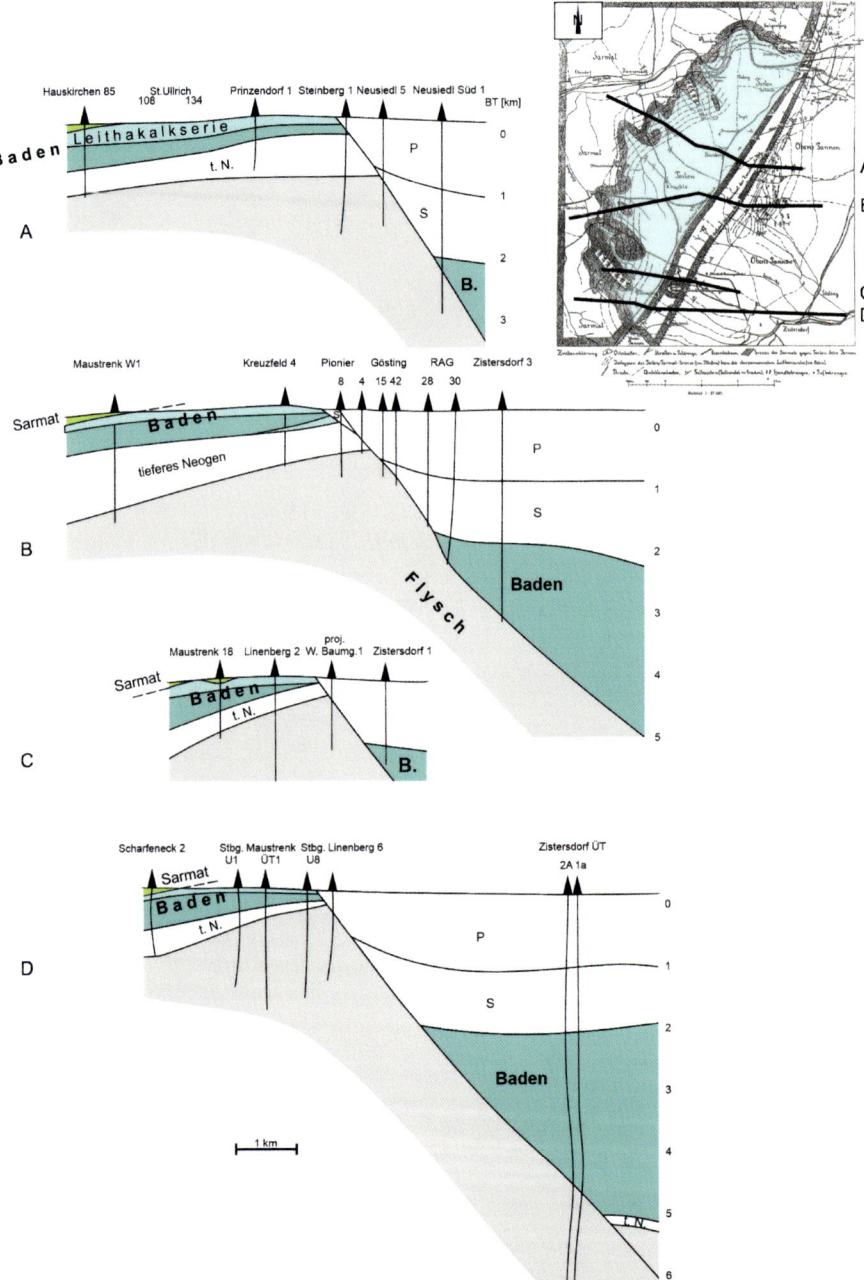

Abb. 71: Der Mächtigkeits- und Fazziesunterschied im Badenium auf der Hochscholle mit Leithakalk-Kappe und Tiefscholle des Steinbergbruches nach der geologischen Karte von K. Friedl 1937 und Schnitten über den Steinbergrücken

Meeresbodens in Hoch- und Absenkungszonen beruht. Die Unterschiede auf Hoch- und Tiefschollen sind erheblich (Abb. 71). Das Aderklaaer Konglomerat ist auf der Hochscholle des Leopoldsdorfer Bruches etwa 35 bis 50 m und auf der Tiefscholle im Schwechater Tief weit über 350 m mächtig, der Unterschied beträgt also mehr als das Zehnfache! Der Mächtigkeitsunterschied des Badenium zwischen der Hochscholle und der Tiefscholle des Steinbergbruches beträgt bis zum Fünf- bis Siebenfachen! Dabei entfallen von den 500 m auf der Hochscholle auf den gewachsenen Leithakalk am Top etwa 30–50 m, darunter liegen Mergel oder Sande mit eingeschwemmten Nulliporen. Diese verzahnen sich von der Hochzone gegen Westen mit Sand- und Schlammsedimenten. Gegen Osten zu, am Steinbergbruch, sind sie scharf abgeschnitten. Die Dauer der Ablagerung der Sedimentarten ist sehr unterschiedlich. Am meisten Zeit steckt in den Leithakalken. Sandsteine und Grobklastika werden schneller sedimentiert als die Tonmergel der Schlammfazies auf der Hoch- und Tiefscholle.

6.4.3 Sarmatium

6.4.3.1 Sedimente

Die zeitliche Gliederung der Sedimente des Zeitabschnittes Sarmatium (Abb. 72) hat ihre Grundlage in der Zusammensetzung der Fauna dieses Zeitabschnittes, die die Veränderung der Lebensbedingungen widerspiegelt. Sie ist geprägt von der Verminderung des Salzgehaltes im offenen Meerwasser, die sich schon im oberen Badenium, der Rotalienzone, abzeichnete.

Schon frühzeitig konnte man Alterseinstufungen der Sedimente nach Muscheln und Schnecken vornehmen: E. Veit 1943 hat die Schichtfolge in „Rissoenschichten", „Erviliaschichten" und „Mactraschichten" gegliedert, ähnlich A. Papp (u. a. 1950, 1954, 1956), bei ihm liegt zuunterst die Mohrensternien-Zone. R. Grill 1968 konnte die Gliederung nach Foraminiferen hinzufügen (Abb. 73): *Elphidium reginum*-Zone, *Elphidium hauerinum*-Zone, *Nonion granosum*-Zone. Eine Schärfung und Ergänzung erfuhren diese Aufstellungen durch M. Harzhauser & W. E. Piller 2004 durch die Einführung der Begriffe „Formationen" und „Member" mit ihren lithostratigraphischen, topographischen und biofaziellen Inhalten und ihrer Einordnung in das internationale stratigraphische Gebäude.

Auch im Sarmatium kann man verschiedene Ablagerungsbereiche unterscheiden: Flussmündungen, deren Strömungsrinnen noch weit ins Becken erkennbar sind (seismische Profile im Bereich Hohenruppersdorf, Rinneneinschnitte in Matzen) (N. Kreutzer 1974, 1990 in D. Minarikova & H. Lobitzer [eds.], R. Fuchs & W. Hamilton in J. Golonka & F. J. Picha [eds.] 2006, G. Wessely 2006).

„Erstes Stockwerk" – Das Wiener Becken

Alter [ma]	Epoche	Stufe	Biozone (Zentrale Paratethys)	
			Mollusken	Foraminiferen
11,6	Miozän	Sarmat	Sarmatimactra vitaliana	Porosononium granosum
			obere Ervilia	Elphidium hauerinum
			untere Ervilia	
			Mohrensternia	Elphidium reginum
12,7				Anomalinoides dividens

Abb. 72: Stratigraphische Gliederung des Sarmatium im Rahmen des Mittel- und Obermiozän der zentralen Paratethys nach M. Harzhauser & W. E. Piller 2004

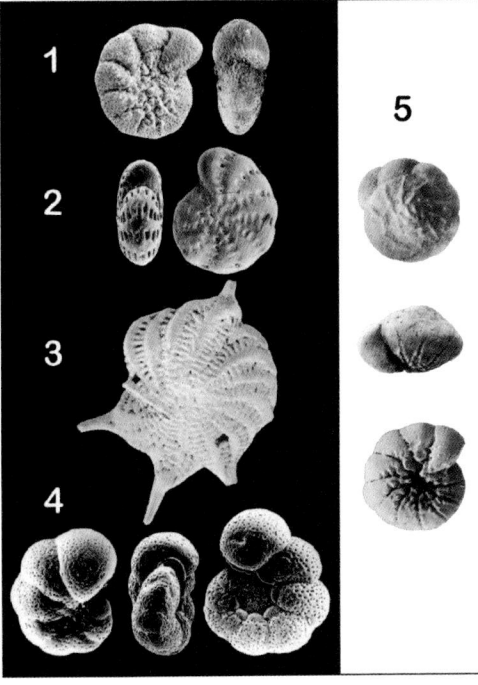

Abb. 73: Mikrofauna des Sarmatium als Grundlage für die Zonengliederung von R. Grill (aus A. Papp & M. Schmid 1985 und I. Cicha et al. 1998): 1 *Porosononium granosum*, 2 *Elphidium hauerinum*, 3 *Elphidium reginum*, 4 *Anomalinoides dividens*, 5 *Ammonia beccarii* (= *Rotalia beccarii*); 1, 2 und 5 ca. 0,5 mm, 3 ca. 1 mm, 4 ca. 0,7 mm

Die Sedimentfächer breiten sich weiterhin ins Becken aus und schaffen Abfolgen von Sanden und Tonmergeln, seltener von Konglomeraten.

Die Serie von Sandhorizonten lässt wieder in groben Zügen Korrelationen zu, die in den verschiedenen Explorationsgebieten unterschiedlich beziffert wurden.

Die Horizontbezeichnungen der Sande, vor allem in den Öl- und Gasfeldern in der Tiefscholle entlang des Steinbergbruches (R. Janoschek 1951, Abb. 8) reicht vom ersten bis zum 20. Sarmathorizont. Im zentralen Wiener Becken um Matzen und Aderklaa werden zehn Sarmathorizonte unterschieden. Die Alterseinstufungen nach Mikrofaunen ergeben, dass hier der achte bis zehnte SH. (Sarmathorizont) in das Untersarmat mit der *Anomaloides-dividens*-Zone und der *Elphidium reginum*-Zone zu stellen sind und der 7. bis 3./4. SH. der *Elphidium-hauerinum*-Zone, die Horizonte darüber der *Porosononion-granosum*-Zone angehören. Die Grenze des Sarmatium zum Badenium ist schwer zu fassen. Bei erhöhter sandiger Ausbildung ist in der Mikrofauna *Ammonia beccarii* vertreten.

Eine umfassende Darstellung der Gliederung der sarmatischen Sandhorizonte aus dem Tiefschollenbereich des nördlichen und des zentralen Wiener Beckens, ihre Eingliederung in bestehende internatio-

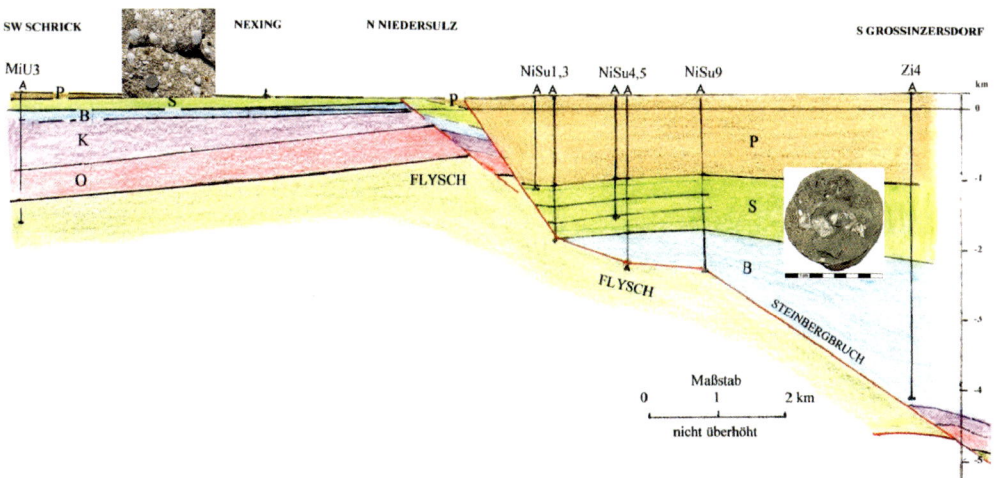

Abb.74: Schnitt Nexing – Niedersulz: Große Fazies- und Mächtigkeitsunterschiede im Sarmatium auf der Hoch- und Tiefscholle des Steinbergbruchs nach A. Papp & F. Steininger in J. Boda et al. 1974, erweitert.

Abb.75: Die klassische Lokalität Nexing in neuem Glanz auf Informationstafeln im Aufschluss: Lehrstück in Paläontologie, Paläoökologie und Sedimentologie. Arrangiert von einer Arbeitsgruppe der Universität Wien, Leitung Doris Nagel und NHM, Leitung Mathias Harzhauser, mit Unterstützung der Landesregierung N. Ö.

nale Systeme der Stratigraphie und Formationsabgrenzungen mit Berücksichtigung sequenzstratigraphischer und globaler geomagnetischer Aspekte geben Harzhauser & W. E. Piller 2004.

Küsten- und Inselbereiche, wie sie auf der Mistelbacher Scholle, vor allem am Steinberghoch vorliegen, zeigen eine völlig andere Ausbildung der Sedimente. Hier dominieren Seichtwassersedimente mit ihren spezifischen Ablagerungs- und Lebensbedingungen. Die Wellenbewegung war stärker, was zu Schillanhäufungen in strömungsbedingt schräg gestellten Schichten in Nexing führte (Abb. 75, 76). Weiters kam es zur Bildung der Oolithe (u. a. Hauskirchen), welche auch auf Bewegtwasser hinweisen (Abb. 77). Die aus Algen- und Bakteri-

Abb. 76: *Cerastoderma latisulcum nexingense*

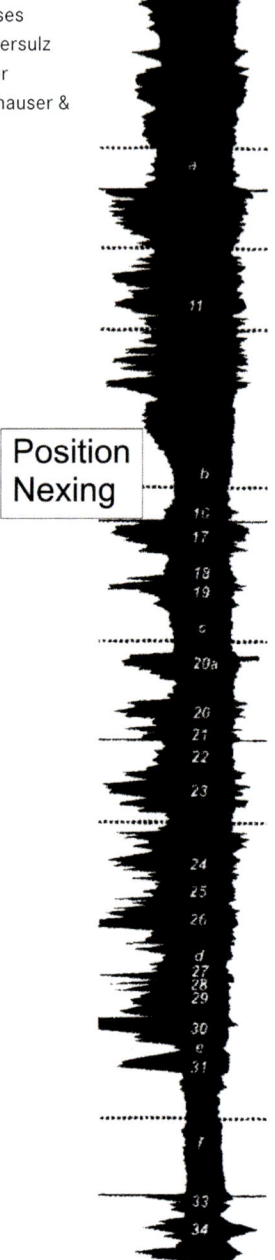

Abb. 78: Stratigraphische Zuordnung des Aufschlusses Nexing im Bohrprofil Niedersulz 5 in der Schlammfazies der Tiefscholle (nach M. Harzhauser & W. E. Piller 2004)

Abb. 77: Der Oolith vom Typ Hauskirchen als Baumaterial. Hier als Kellerentlüftungsstein (Großinzersdorf Nr. 21); Größe der Ooide ca. 0,5-1mm

ensubstanz bestehenden Schalen der Ooide können so rundum angelagert werden. Für bestimmte Organismen wie Kalkalgen sind optimale Bedingungen gegeben. Es ist vorstellbar, dass in diesen Plattformbereichen in abgeschnürten Positionen durch Verdampfung hypersaline Bedingungen entstehen konnten. Die generelle Salinität im Sarmatmeer ist jedoch reduziert.

Eine stratigraphische Zuordnung des klassischen Aufschlusses von Nexing in die Sandabfolgen des Sarmatium der Tiefscholle haben M. Harzhauser & W. E. Piller 2004 unternommen (Abb. 78).

6.4.3.2 Mächtigkeitsverhältnisse

Wie im Badenium ist ein Unterschied nicht nur in der Fazies, sondern auch in der Mächtigkeit zwischen Paläohochzonen und abgesenkten Bereichen festzustellen. Beispiel dafür ist wieder die Hoch- und Tiefscholle des synsedimentären Steinbergbruches, wie sie sich im Profil Schrick – Nexing – Niedersulz – Großinzersdorf darbietet (Abb. 74): Reich an geringmächtigen Sedimenten des Seichtwassers ist die Hochscholle, also die Mistelbacher Scholle, mit den Schillablagerungen und den Oolithvorkommen (M. Harzhauser et al. 2003). Dabei sind auch häufige Erosionsvorgänge in Rechnung zu stellen. Im Bereich Niedersulz ergibt sich ein bis zu siebenfacher Unterschied in der Mächtigkeit des Sarmatium von Hochscholle und Tiefscholle des synsedimentären Steinbergbruches.

6.4.4 Pannonium

6.4.4.1 Sedimente

Im Pannonium brachten weiterhin Flüsse reiches Sedimentmaterial in das Becken (Abb. 83), und es bildete mit den Schlamm- und Sandablagerungen mächtige Abfolgen (siehe Mächtigkeitskarten R. Jiricek und P. Seifert in D. Minarikova & H. Lobitzer [eds.] 1990). Strukturbedingte Unterschiede in der Mächtigkeit setzen sich aus den unterlagernden Formationen fort.

Die Aussüßung des Meerwassers schreitet weiter voran, marine Mollusken und Foraminiferen sind verschwunden, dominierende Arten unter den Muscheln sind Congerien und Mythilopsiden (M. Harzhauser & O. Mandic 2004), und unter den Schnecken sind es Melanopsiden (Abb. 79). Für das Pannonium ergab sich sehr frühzeitig (Th. Fuchs 1875) eine Gliederungsmöglichkeit dieser Fossilien in Unter-, Mittel- und Oberpannon. Dazu trat in der Ära der Aufschlusstätigkeit von Kohlenwasserstoffen eine Hilfe für die Datierung der Sedimente durch Ostrakoden, mikroskopisch kleine Muschelkrebse (Abb. 80) mit großer Formenfülle (K. Kollmann 1960). Ab dem Oberpannon sind nur wenige glatte Arten vertreten. Bei K. Friedl 1932 entsprach dem Unterpannon die Zone der *Melanopsis impressa*, die Zone der *Congeria ornithopsis* und *Congeria partschi*, dem Mittelpannon die Zone der *Congeria subglobosa* und dem Oberpannon die lignitische, blaue und gelbe Serie, wobei letztere der bunten Serie aus dem südmährischen Raum entspricht. A. Papp 1949 versah die Zonen des Unterpannon mit den Buchstaben A bis D, jene des Mittelpannon mit E und die des Oberpannon mit F bis H. Später wurde D ebenfalls in das Mittelpannon gestellt. Zwischenstadien in den Zuordnungen (beispielsweise F bis H in das „Pont" oder D und E in das Oberpannon) wurden wieder rückkorrigiert. Von A. Papp erfolgten weitere Arbeiten über das Pannon (u. a. 1951, 1953). Mit der

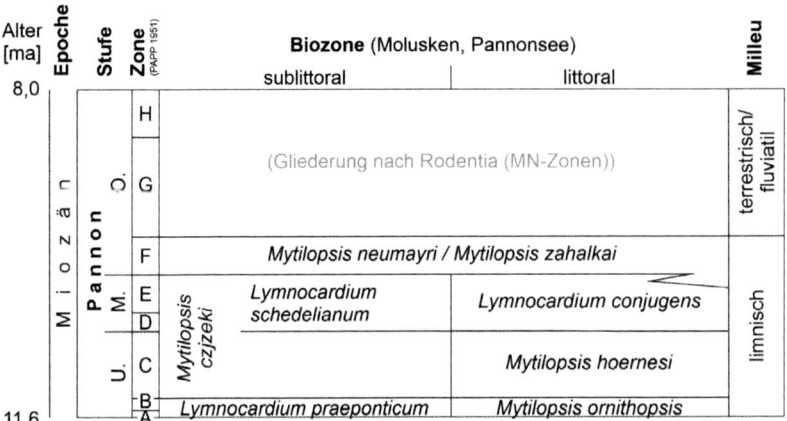

Abb. 79: Die Gliederung des Pannoniums des Wiener Beckens nach M. Harzhauser et al. 2004a

Abb. 80: Vertreter der Ostrakodenfauna des Pannonium im Wiener Becken (aus G. Wessely 2006)

Übersicht über die stratigraphische Abfolge des Pannoniums im Wiener Becken von M. Harzhauser, G. Daxner-Höck & W.E Piller 2004b wurde eine paläontologisch, lithofaziell, zeitlich und erdmagnetisch fundierte Darstellung gegeben.

In die Schlamm- und Sandablagerungen des Pannonsees, gelegentlich auch des Sarmatium schnitten sich die Rinnen der Flüsse, vornehmlich der Urdonau ein. Es ist der „Hollabrunn/Mistelbacher Schotterkegel". Nach R. Grill 1968, S. 93, gehört er der Zone C an. Diese Einstufung wurde durch A. Borzi et al. 2022 bestätigt und präzisiert. Die Sedimente der Zone C bestehen auf der Hochscholle aus Schottern bzw. Konglomeraten. Sande und Tonmergel kommen dabei in ruhigeren Arealen und Totarmen zur Ablagerung. Diese Urdonau verbreitete sich auf der Hochscholle bei Mistelbach flächenhaft bis zum Steinberghoch, das eine Art Barriere bildete, vor der sich die grobe Schotterfracht entlud. Zum Unterschied von früheren Geröllzusammensetzungen überwiegten nun Quarzgerölle aus der Böhmischen Masse. Die Donau hatte ihr Einzugsgebiet aus den Alpen nach Norden verlegt. Im Deltabereich verbreiteten sich Rinnen und Totarmfüllungen, eine reiche Wirbeltierfauna entwickelte sich, die ihren Niederschlag in zahlreichen Publikationen gefunden hat (H. Zapfe 1949 bei Gaiselberg, weiters E. Thenius, D. Nagel, später G. Daxner-Höck). Hervorzuheben sind Fundpunkte um Kettlasbrunn und Gaiselberg mit einer Liste von Wirbeltieren bei Grill 1968, S. 92. Ausführlich mit Listen der Pflanzen und Tiere sind in einem Ausstellungskatalog zu einer Sonderausstellung 1986 im Krahuletz-Museum Eggen-

Abb. 81: Das *Deinotherium giganteum*, ein „potenzielles Wappentier des Weinviertels" aus den unterpannonen Augebieten der Urdonau bei Kettlasbrunn und Gaiselberg (Rekonstruktion E. Thenius [wissensch. Leitung] & E. Neubauer [Künstlerin]). Originalgemälde im Archiv des Institutes für Paläontologie, Universität Wien)

burg, verfasst von F. Rögl, F. Steininger & W. Vasicek, „Riesen der Vorzeit" beschrieben. An Tieren sind hier das riesenhafte *Deinotherium giganteum* (Abb. 81) genannt, ein Vorläuferverwandter des Elefanten mit einer Schulterhöhe von vier Metern (das von den Autoren des Katalogs als „geologisches Wappentier des Weinviertels" vorgeschlagen wurde), der Urelefant *Tetralophodon* („Mastodon"), das Krallentier *Chalicotherium*, das dreizehige Pferd Hipparion, Nashörner, Tapire, Wildschweine, Zwerghirsche, Antilopen, Säbelzahnkatzen, Hyänen etc. und eine Flora aus dichten Auwäldern und Kräutern. Das Klima war warm, gemäßigt, feucht und frostfrei. Ein Zahn eines Dryopithecinen aus dem Pannon von Mariathal bei Hollabrunn belegt das Vorkommen eines Stammgruppenvertreters der Hominiden (Menschenartigen) im Weinviertel vor ca. zehn Millionen Jahren. Bei E. Thenius in mehreren Büchern (u. a. 1960) und im Kapitel „Die Urdonau von Mistelbach und die Dreizehen-Pferde vom Steinberg" bei Th. Hofmann, M. Harzhauser & R. Roetzel 2019 findet sich eine ausführliche und illustrative Darstellung der Fauna und Flora der Urdonau und das geologische, ökologische und klimatische Umfeld derselben.

„Erstes Stockwerk" – Das Wiener Becken

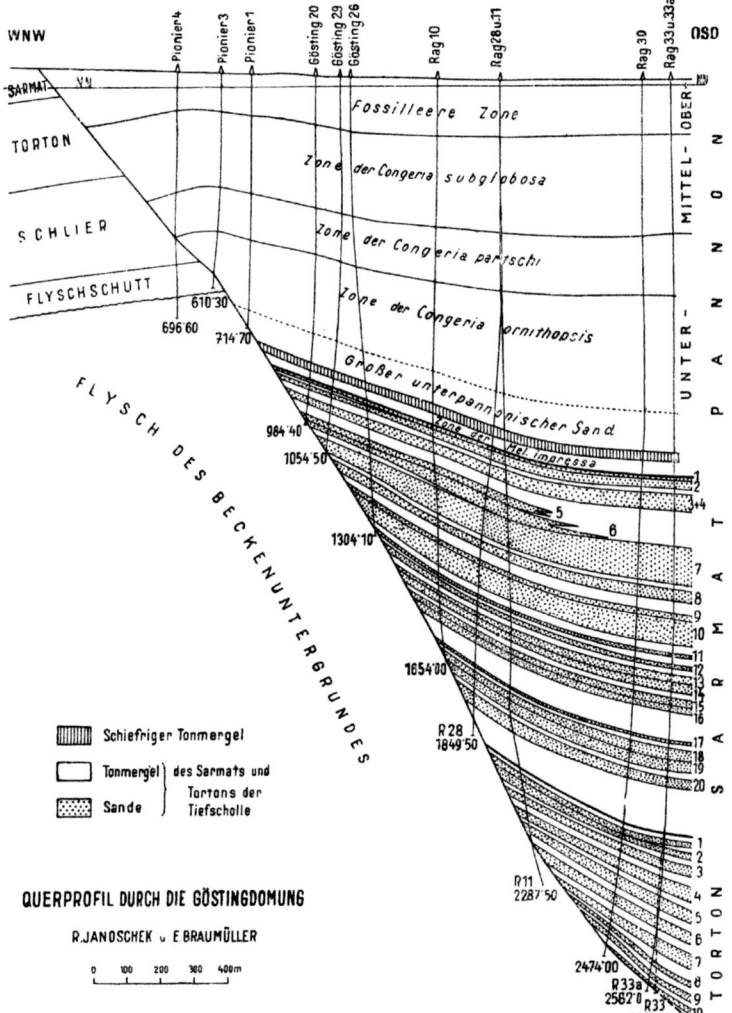

Abb. 82: Die klassische Gliederung der Sandhorizonte des Miozän auf der Tiefscholle des Steinbergbruches (aus R. Janoschek 1951)

Heute ist der ehemalige Verlauf der Urdonau (S. Nehyba & R. Roetzel 2004) oft nur als bewaldeter Hügelzug sehr gut verfolgbar, da die Schotter als erosionsbeständigeres Gestein besser der Abtragung standhalten konnten als die weichere, aus Mergel und Sanden bestehende Umgebung des Pannonsees. Es liegt hier somit ein Beispiel einer Reliefumkehr vor, die zwischen Rinne und Ufer stattfindet (illustriert bei Hofmann et al. 2019). In der Tiefscholle östlich des Steinbergbruches kamen kam es eher zur Ablagerung von Feinmaterial. Auch hier etablierte sich eine Bezifferung der einzelnen Sandhorizonte, beginnend mit dem „großen unterpannonen Sand" bei R. Janoschek 1951, S. 664 (Abb. 82). Eine eingehende aktuelle Darstellung der miozänen Entwicklung des Paläo-Donaudeltas erfolgte 2022 durch A. Borzi, M.

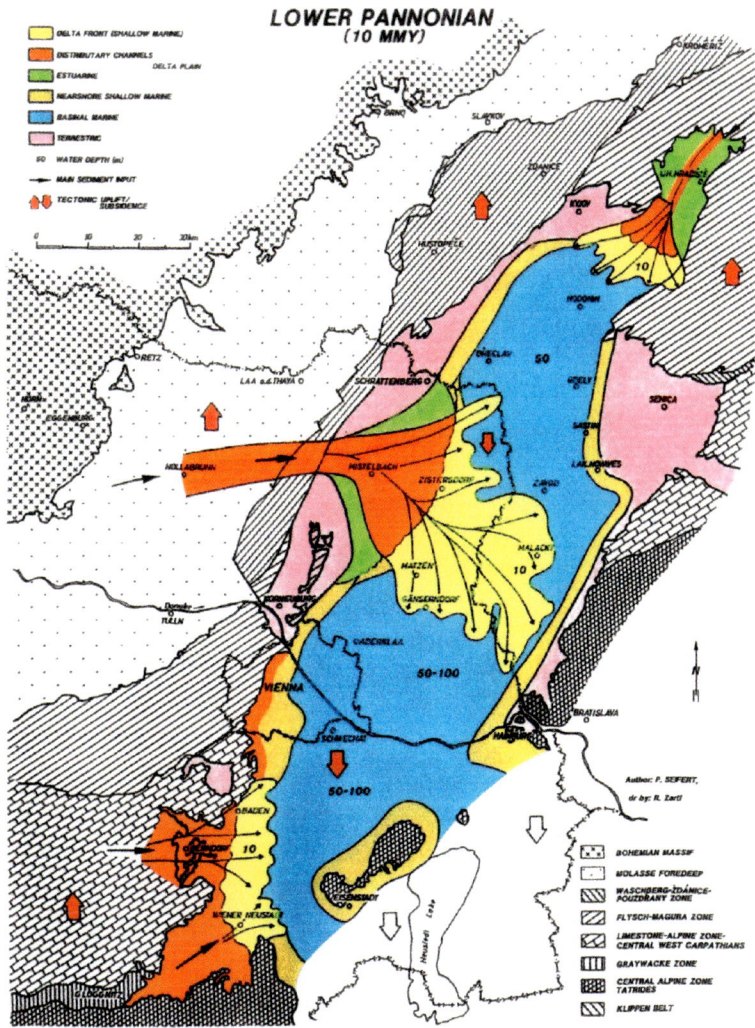

Abb. 83: Der Lauf der Urdonau im Verlauf von Hollabrunn – Mistelbach – Gaiselberg (R. Sauer et al. 1992)

Harzhauser, W. E. Piller, Ph. Strauss, W. Siedl und R. Dellmour (Abb. 84). Demnach fand das Donaudelta in der Tiefscholle des Steinbergbruches submarin seine Fortsetzung in Form von Schüttungskörpern (Loben), von denen im Zuge ausgedehnter 3D-Messungen durch die OMV und aufgrund von elektrischen Bohrlochmessungen innerhalb des „Großen Unterpannonsandes" fünf herauskartiert werden konnten: Zistersdorf-, Matzen-, Markgrafneusiedl-, Aderklaa- und Großengersdorf-Loben. Diese Fächer überlappen einander, haben folgende Ausdehnungen/Mächtigkeiten/Tiefen (Unterkanten) und wurden in Bohrungen von Matzen, Prottes, Spannberg, Bockfließ, Tallesbrunn und Zwerndorf angetroffen.

Lobus	Fläche [km²]	Mächtigkeit [m]	Tiefe [m]
Großengersdorf	35	230	1000
Aderklaa	35	140	600
Markgrafneusiedl	75	140	600
Matzen	170	120	750
Zistersdorf	70	115	730

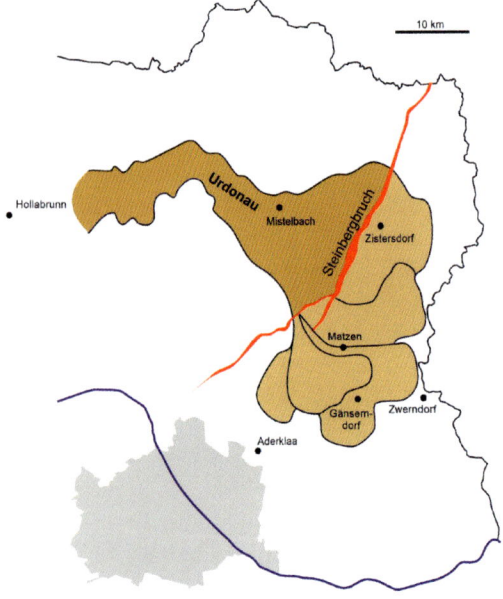

Abb. 84: Die Sandfächer der unterpannonen Urdonau im Tiefschollenbereich des nördlichen Wiener Beckens (nach A. Borzi et al. 2022)

Ein Bezug zu Hoch- und Tiefständen des Meeres wurde hergestellt, und es wurden die genauen stratigraphischen Zuordnungen zu den Mollusken-Biozonen der *Mytilopsis hoernesi*- und *Mytilopsis ornithopsis*-Zone (Zonen B und C nach Papp 1951) bzw. der Bzenec-Formation des Unterpannon getroffen.

Im Raum Matzen unterscheidet man unter dem sandreichen Oberpannon einige Mittelpannon- und fünf Unterpannonhorizonte, die vor allem bei N. Kreutzer (in D. Minarikova & H. Lobitzer [eds.] 1990, S.105) Gegenstand näherer Untersuchungen waren. Demnach lassen sich durch Korrelationen von Bohrlochmessungen Rinnenbildungen feststellen, die sich überschneiden und kappen können.

Das Mittelpannon ist eher mergelig entwickelt und weist einen hohen Fossilreichtum auf. Der Einsatz von hellem Muschelgrus in seichten Cf-Bohrungen galt als wichtiger Strukturmarker der Bohrleute, „wenn die Spülung weiß wurde". Damit war der kreidige Schalengrus von Schnecken und Muscheln des Mittelpannon gemeint.

Ab dem Oberpannon tritt gänzliche Aussüßung ein. Die Sedimente bestehen zum großen Teil aus Sand und Silt mit reger Kreuzschichtung aufgrund zahlreicher Strömungsänderungen. Die Verbreitung und Mächtigkeit ist heute vor allem auf die Tiefscholle östlich des Steinbergbruchs und seiner südöstlichen Äquivalente entlang des Leopoldsdorfer Bruches begrenzt. Das Schichtglied ist sehr gut bekannt, weil es von hunderten Seichtbohrungen (Cf-Bohrungen und K-Bohrungen) durchbohrt wurde, um die darin enthaltenen Marker an der Grenze zum Mittelpannon für strukturelle Zwecke auszuwerten. Unzählige Strukturkarten wurden vor allem von K. Friedl hergestellt. So konnten schon Hoch- und Tiefzonen ermittelt werden, wie

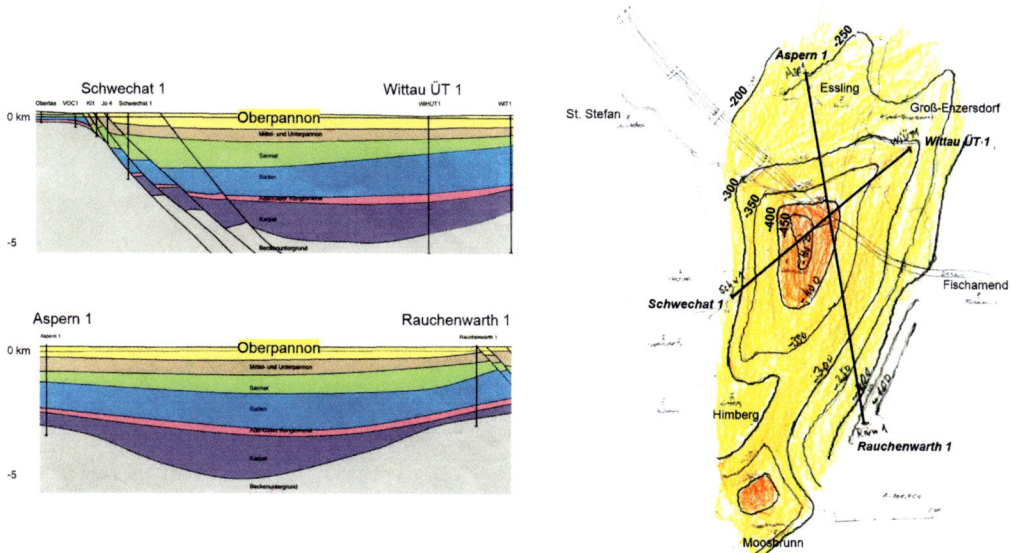

Abb. 85: Die Einsenkung des Oberpannon im Schwechater Tief, Strukturschema der Unterkante mit Schnittpaar (Godfrid und Viktor Wessely 2012)

etwa das Matzener Hoch, ohne dass schon eine Hilfe durch seismische Messungen bestand. Dies wurde durch eine weithin anhaltende Abfolge ermöglicht, die sich in eine „Lignitische Serie", eine „Blaue Serie" und darüber eine „Bunte" oder „Gelbe Serie" gliedert. Die Blaue Serie inklusive Lignitischer Serie (Zone F nach A. Papp 1949, S. 8) besteht aus dunkel gefärbten Sanden, Mergeln und Tonen mit Lignitbändern und Schotterlagen und enthält somit brauchbare Leithorizonte. Bei Mühlberg und jenseits der Grenze wurde und wird Kohle abgebaut. Der mit der Kohle assoziierte Pyrit dürfte für austretende Schwefelwässer (St. Ulrich, Pirawarth) in Verbindung zu bringen sein. Darüber liegt die Bunte Serie mit bunten Tonmergeln, Sanden und einigen Süßwasserkalklagen. Die bunten Farben (rot-violett, grün) rühren von einem hohen Eisen-/Mangangehalt in den Seeablagerungen her. Der fluviatile Charakter äußert sich in den Sandlagen durch unruhige Lagerungen. Ihre Dominanz, wie im Marchfeld und im Schwechater Tief (M. Bernhard 1993), deutet auf Sedimentation durch die oberpannone Donau hin, die vom Nordwesten kommend durchziehen musste. Im Schwechater Tief erreicht das Oberpannon einen Tiefgang von 500 m und enthält ein ausgedehntes Süßwasserreservoir (Abb. 85) mit einem Sand/Ton-Verhältnis von ca. 1:3. Experten sehen dies als fossiles Trinkwasservorkommen an („Notwasser", M. Bernhard 1993). Es bildet ein bis in jüngste Zeit noch absinkendes Teilbecken („Schwechater Loch") mit noch wenig Kompaktion.

6.4.4.2 Mächtigkeitsverhältnisse

Von entscheidender Bedeutung ist die Tatsache, dass die Sedimentmasse des Oberpannon in der Tiefscholle des Steinbergbruches und Leopoldsdorfer Bruches besonders mächtig entwickelt ist und auf den Hochschollen weitgehend fehlt. Dies hätte allerdings durch Erosion einer geringeren Bedeckung erfolgen müssen; am Rand des südlichen Wiener Beckens liegen neben Süßwasserkalken Streifen von Oberpannon mit Kleinsäugerresten bis in Seehöhen von 300 m (u. a. G. Daxner-Höck 1996).

6.4.5 Pliozän

Durch zahlreiche Strukturbohrungen wurde eine in der Mächtigkeit schwankende, bis zu 60 m erreichende „Rote Lehmserie" festgestellt, die diskordant über Oberpannon in Muldenzonen liegt (R. Janoschek 1951, S. 625–626), aber auch in dünnen Lappen über den Steinbergbruch zwischen der Gaiselberger und der Sulzer Struktur greift und weiter östlich der Eichhorner Platte auftritt. Es handelt sich um ziegelrot gefärbte Lehme mit charakteristischen, stecknadelkopfgroßen limonitischen Konkretionen. Mitunter sind rotbraune Schotter und helle kreidige konkretionäre Lagen eingeschaltet. Die Eichhorner Platte hat nach R. Janoschek die jüngsten tektonischen Bewegungen mitgemacht. R. Grill 1968 nennt noch weitere Verbreitungen südlich Erdpreß und zwischen Niedersulz und Hohenruppersdorf.

6.4.6 Pleistozän und Holozän

Die Sedimente des Quartärs (Pleistozän und Holozän) wurden im Weinviertel in großen Mengen von Flüssen, aber vor allem vom Wind herantransportiert und abgelagert.

6.4.6.1 Flussablagerungen

Im Süden des östlichen Weinviertels, wo das Gelände tiefer und flacher wird, herrscht das Regime der eiszeitlichen bis rezenten Donau.

Noch ist nicht ganz gesichert, wie die Verlegung der Donau in den jetzigen Verlauf vor sich gegangen ist. Zeitlich muss die Urdonau ihren Deltabereich noch vor Bildung der „Roten Lehmserie" im Pliozän verlassen haben und nach Süden gewandert sein.

Bei H. Häusler 1994 (in G. Blühberger 1996) ergibt sich eine Zwischenposition des Verlaufs quer über das Korneuburger Becken und über den Königsbrunner Sattel (Abb. 86) anscheinend im Pliozän, für den Verlauf durch die Wiener Pforte handelt es sich um einen Zeitabschnitt im Mindel/Riss Interglazial. Die eigentlichen Zeugen der Verlegungsgeschichte sind wegerodiert.

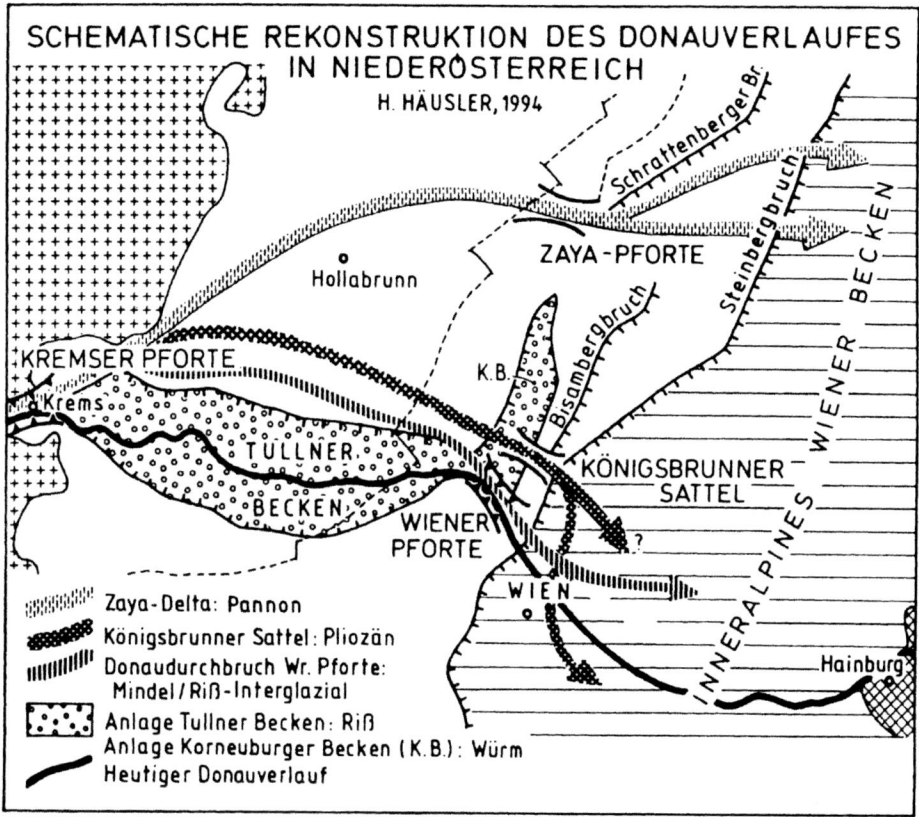

Abb. 86: Schema der Verlegung der Donau in die Wiener Pforte (H. Häusler in G. Blühberger 1996).

Festeren Boden betritt man im Gebiet von Wien. Hier hat sich eine Gliederung der Terrassenschotter nach ihrer Höhenlage etabliert (H. Hassinger, J. Fink, H. Majdan, H. Küpper, R. Grill, E. Thenius). Die Terrassenordnung im Gebiet von Wien und ihre Alterseinstufung im Pleistozän und Holozän ist bei Thenius 1974, S. 178, Tab. 13 als klassische Gliederung zusammengefasst.

Im Wesentlichen hält sich im Wiener Raum südlich der Donau diese Abfolge (Lüthgens et al. 2017). Die Zuordnungen sind feiner geworden, und Änderungen erfolgten durch die Tatsache, dass die Terrassen (Abb. 87, 88, 89) durch junge tektonische Bruchbewegungen in ihrer Höhenlage und Schottermächtigkeit stärker betroffen waren als ursprünglich angenommen (S. Grupe, Th. Payer & S. Pfleiderer 2021). Laufende Informationen darüber erhält man auch in Vorträgen im Rahmen der Wasserwirtschaft der Gemeinde Wien von S. Grupe und Th. Payer. Nach S. Grupe et al. 2021 konnte aufgrund von unzähligen Geländedaten und gestützt durch Tausende Seichtbohrungen ein minutiös genaues Bild entworfen werden (Abb. 1 aus Grupe

„Erstes Stockwerk" – Das Wiener Becken

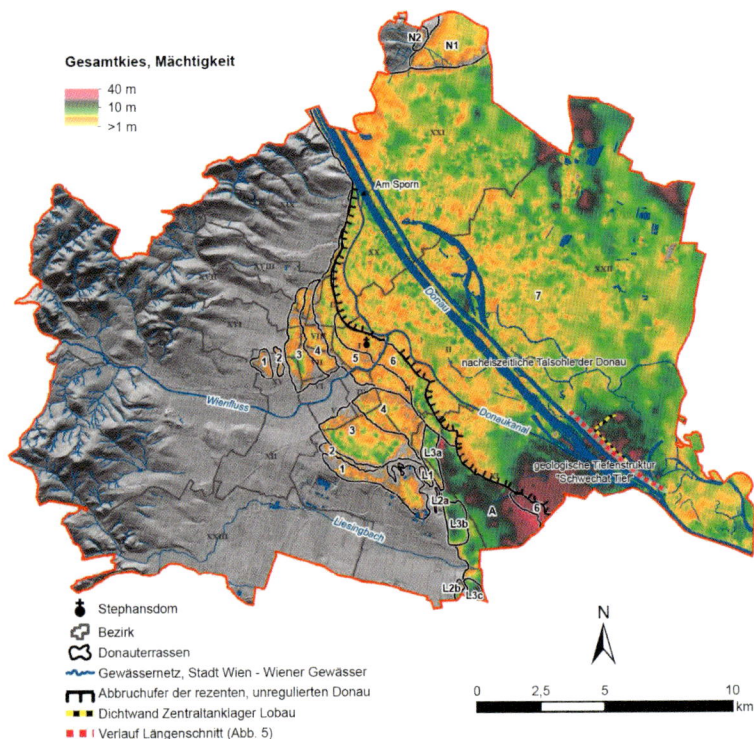

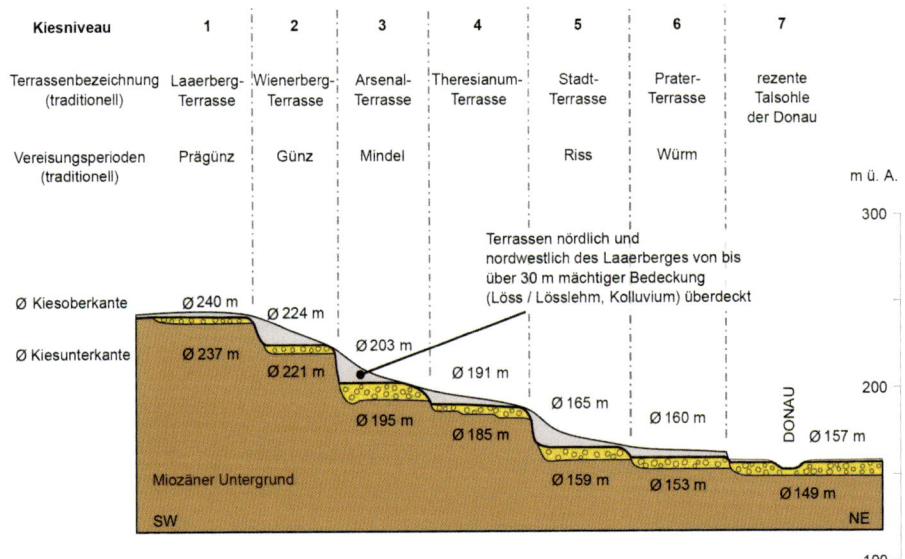

Abb. 87: Die Verbreitung von holozänen (Niveau 7) und pleistozänen Donauniveaus 1–6 auf der Hochscholle des Leopoldsorfer Bruches und L1, L2, L3, A in Wien auf dem abgesenkten Schollensystem des Leopoldsorfer Bruches. N1 und N2 sind die Terrassen westlich Seyring, nördlich der Donau (S. Grupe, Th. Payer & S. Pfleiderer 2021).

Abb. 88: Profil durch die traditionelle Donauterrassenabfolge (Niveaus 1–7) mit den Unter- und Oberkanten und der Bedeckung aus Löss, Lehm und Kolluvium (S. Grupe, Th. Payer & S. Pfleiderer 2021)

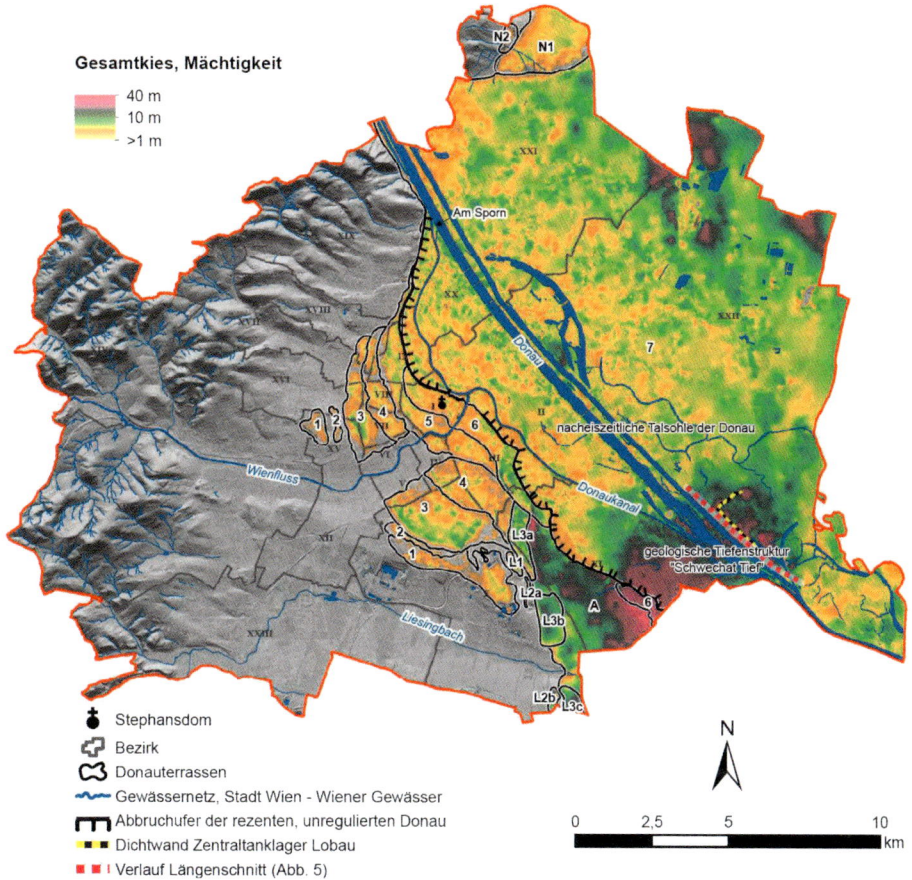

Abb. 89: Mächtigkeitsverhältnisse des Donaukieses in Wien für das Pleistozän und Holozän, im Schwechater Tief inklusive Pliozän. Deutlich ist der jung abgesenkte und mächtige Bereich im Osten des Leopoldsdorfer Bruches im Abschnitt Simmering erkennbar (S. Grupe, Th. Payer & S. Pfleiderer 2021)

et al. 2021). Bis zur Finalisierung des Projektes (2023) wurden ca. 67.000 Bohrungen ausgewertet, 30.500 davon schlossen Donaukies auf. Es wurden nun neben den klassischen Terrassenbezeichnungen Niveaus mit Unterkanten, Oberkanten und Mächtigkeiten der meist aus Quarzkomponenten bestehenden Kiese aufgelistet und Donauterrassentreppen den tektonischen Schollen des Leopoldsdorfer Bruchsystems zugeordnet: pleistozänen Donauterrassen der Hochscholle westlich des Bruchsystems (Niveaus 1 bis 5), Donauterrassentreppen im Bereich des Bruchsystems (L1, L2a, -b, L3a, -b, -c) und östlich des Bruchsystems auf der Tiefscholle (A), pleistozänen Donauterrassen übergreifend westlich und östlich des Bruchsystems (6) und nacheiszeitliche Talsohle der Donau (7). Die Niveaus eins bis sieben entsprechen den klassischen Terrassenbezeichnungen des Wiener Raumes von der Laaerberg-

"Erstes Stockwerk" – Das Wiener Becken

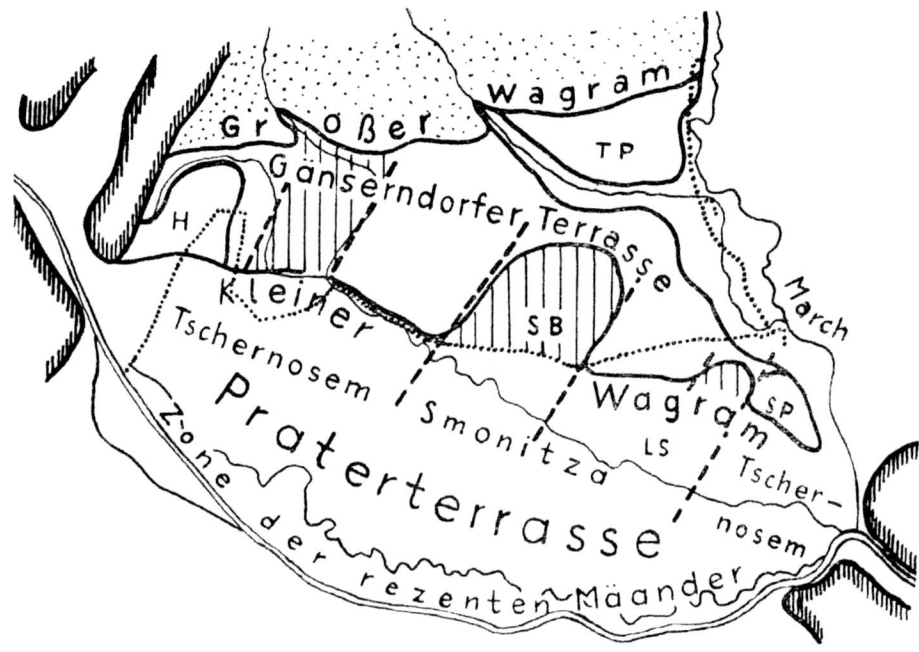

Abb. 90: Die Terrassengliederung im Marchfeld (J. Fink 1955)

Terrasse bis zur Zone der rezenten Donaumäander (Abb. 3 aus Grupe et al. 2021). In den Schollenbereich und die Tiefscholle des Leopoldsdorfer Bruchsystems fällt die klassische Simmeringer Terrasse (Niveau L3 und A). Nördlich der Donau werden mit N1 und N2 („N" = nördlich) die Pleistozänterrassen östlich des Bisambergs bezeichnet (Terrassen westlich Seyring). Die Kiesniveaus entsprechen keinem anderen Terrassen-Niveau des Wiener Stadtgebiets linksufrig der Donau. Dies kann tektonisch bedingt sein, liegen sie doch gleich am Bisamberg-Bruch. Für das Weinviertel kann als Ausgangslage klassischer Terrassengliederung die von J. Fink 1955 und R. Grill 1968 dienen (Abb. 90). Bei einer Korrelation mit der Wiener Terrassengliederung entspricht der an die Donau anschließende Bereich den tiefsten Wiener Terrassen (J. Fink 1955). Die Gänserndorfer Terrasse entspräche der Stadtterrasse. Die Terrassen westlich von Seyring kämen zwischen Stadtterrasse und Arsenalterrasse zu liegen. Auch nördlich der Donau ist sicher noch junge Tektonik in umfangreicherem Ausmaß in Betracht zu ziehen. Die Schlosshofer Platte bleibt in ihrer Zuordnung nicht sicher, eine zeitliche Gleichstellung mit der Gänserndorfer Terrasse ist weiterhin in Erwägung.

In den neueren Untersuchungsergebnissen haben junge bis rezente tektonische Gegebenheiten in die Interpretation der verschiedenen Teile der Terrassenkörper Eingang gefunden (Abb. 91) (vor allem H. Peresson 2006, A. Beidinger, K. Decker, K.

H. Roch 2010, R. Hinsch & K. Decker 2010, A. Beidinger & K. Decker 2011, B. Salcher et al. 2012). Eine Rolle spielen dabei das Aderklaa-Bockfließer Bruchsystem, der Markgrafneusiedler Bruch und die große Wiener-Becken-Blattverschiebung (VBTF=Vienna Basin Transform Fault). Pleistozäne Absenkungszonen sind die Aderklaaer, die Obersiebenbrunner und die Lasseer Senke. Dabei werden Altersanalysen an Schotterkomponenten mittels Radiothermoluminiszenzanalyse (Ch. Lüthgens et al. 2017) angewendet. Für die Gänserndorfer Terrasse (Abb. 92) ergibt sich nach M. Weissl et al. 2017 eine Längsgliederung in eine Gänserndorf T 1 mit dem Aderklaaer Quartärbecken westlich der Aderklaa/Bockfließer Brüche, in eine Gänserndorf T 2 für das hochgelagerte Gebiet westlich des Markgrafneusiedler Bruches, in das Obersiebenbrunner Quartärbecken östlich des Markgrafneusiedler Bruches und das hochgelagerte GDT 3 zwischen Obersiebenbrunner und Lasseer Quartärbecken westlich der VBTF. Im Westen wird die Gänserndorfer Terrasse von den Terrassen „westlich Seyring", im Osten von der Schlosshofer Terrasse begrenzt.

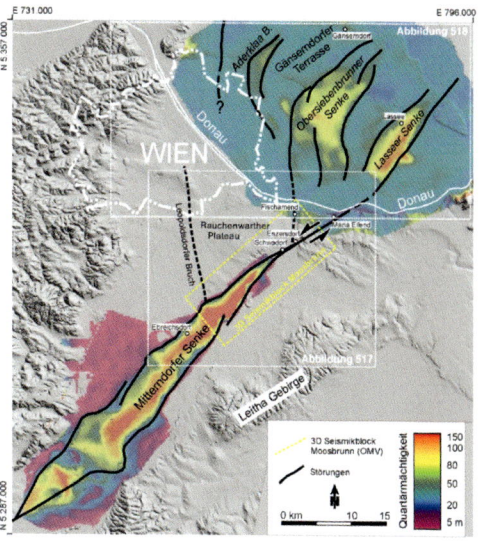

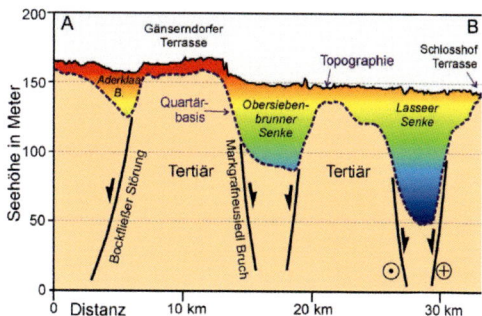

Abb. 91: Die bruchbedingt eingetieften Quartärbecken entlang der linkslateralen Wiener-Becken-Blattverschiebung (H. Peresson 2006); Übersichtskarte und Profil

Eine paläontologische, bislang wenig bekannte Besonderheit der Gänserndorfer Terrasse sind spektakuläre Exemplare von verkieseltem Holz inmitten der Schotter, die von Herrn L. Strayhammer aus einer Schottergrube geborgen wurden und in seiner Kollektion aufbewahrt werden (Abb. 93).

Terrassenelemente der March und Thaya im Norden des östlichen Weinviertels sind nur fragmentär erhalten. Einordnungen derselben in ein zeitliches System wurden u. a. von R. Grill 1968 vorgenommen, in zusammengefasster Form von F. Rögl & H. Summesberger in F. Felgenhauer et al. 1988. Eine Studie von slowakischer Seite – auch mithilfe von sedimentpetrographischen, vor allem schwermineralogischen Untersuchungen – erbrachte wesentliche Zuordnungen nach lithologischen Kriterien (D. Minarikova & P. Havlicek in D. Minarikova & H. Lobitzer [eds.] 1990),

„Erstes Stockwerk" – Das Wiener Becken

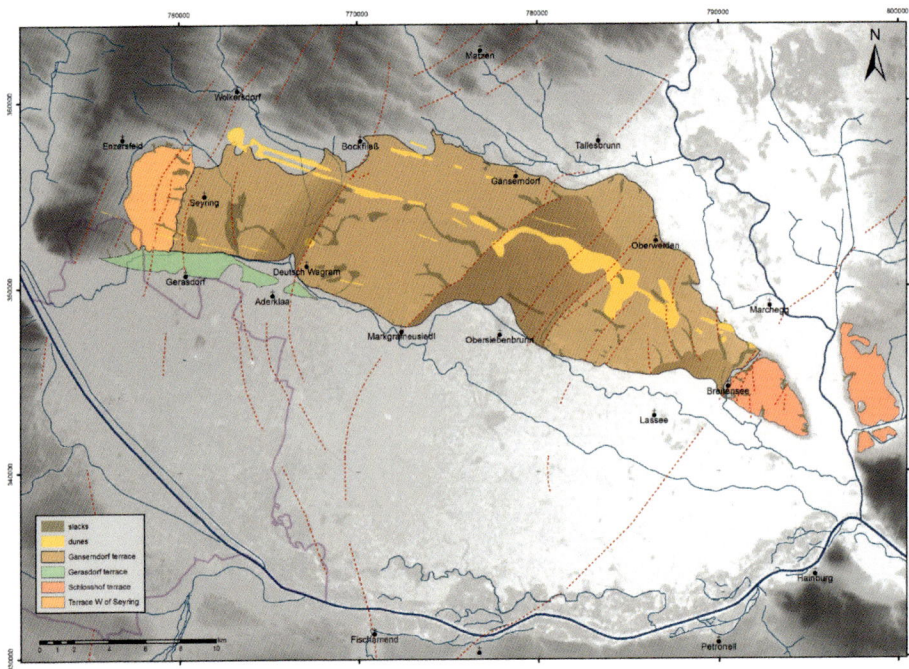

Abb. 92: Die räumliche Gliederung der Gänserndorfer Terrasse. Verändert nach Vorlage für Publikation 2017, M. Weissl

Abb. 93: Die versteinerten Bäume aus der Gänserndorfer Terrasse von Schönkirchen. Sammlung L. Strayhammer

eine Verbindlichkeit ist aufgrund starker tektonischer Verstellungsmöglichkeiten offen.

6.4.6.2 Lösse, Verlehmungszonen, Flugsande

Der größte Teil des Weinviertels ist von Löss bedeckt. Löss ist ein äolisches, durch Wind angewehtes Feinmaterial, das aus Flüssen und Gletscherenden ausgeblasen wurde, das hellbräunlich-grau gefärbt ist und aus Kalkschlammsubstanz mit wechselndem Feinsandanteil besteht (Abb. 95). Sind die Herkunftsgebiete Kalkalpen oder Molasse, überwiegt der kalkig-mergelige Anteil, sind es Kristallin- oder Sandsteingebirge, überwiegt die sandige Substanz mit mehr Quarzanteil, übergehend in Flugsandfelder, wie sie entlang der March in der Slowakei und im Gebiet Oberweiden bis in die Hainburger Berge vorliegen. Die Löss-/Flugsandablagerungen stammen (Sp. Verginis 1995) aus Kaltzeiten der Eiszeit bis Voreiszeit. Die Kaltzeitsedimente werden immer wieder von braungefärbten Lagen (Verlehmungszonen) unterbrochen, die aus Warmzeiten bzw.

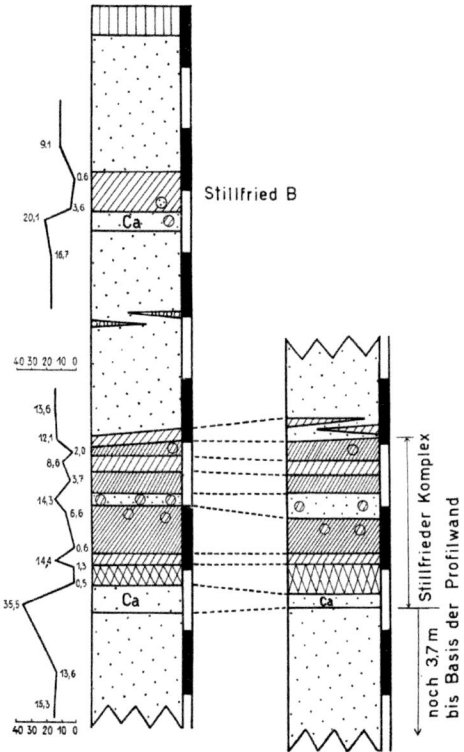

Abb. 94: Die fossilen Böden im Löss der klassischen Lokalität Stillfried (J. Fink 1955)

Zwischeneiszeiten stammen. Die braune Färbung rührt von Bodenbildung und ehemaliger Vegetation her. Die Bedeutung des Windtransportes und auch der Spuren von Winderosion (einschließlich der Windkanter an Geröllen) konnten K. Sebe et al. 2015 eindrucksvoll feststellen.

Mithilfe von Altersdatierungen können Lösskomplexe und Verlehmungszonen verschiedener Lokalitäten korreliert werden. Dazu bilden Wirbeltierfunde, Landschnecken, aber auch chemisch-physikalische Untersuchungen wie Isotopenbestimmung, vor allem durch die C14-Methode aus organischer Substanz, wertvolle Werkzeuge. In jüngeren Abschnitten der Eiszeit kommen menschliche Knochenfunde und Artefakte hinzu, die vom Spätglazial bis in das Holozän reichen (Altsteinzeit bis Neuzeit).

Im östlichen Weinviertel ist als wichtige Lokation mit internationalem Standard für den Zeitabschnitt Pleistozän–Holozän Stillfried anzuführen (Abb. 94, 103), wo schon seit langer Zeit Studien, Ausgrabungen und Seichtbohrungen durchgeführt werden und daher schon reichlich Wissensmaterial zur Verfügung steht (u. a. J. Fink

"Erstes Stockwerk" – Das Wiener Becken

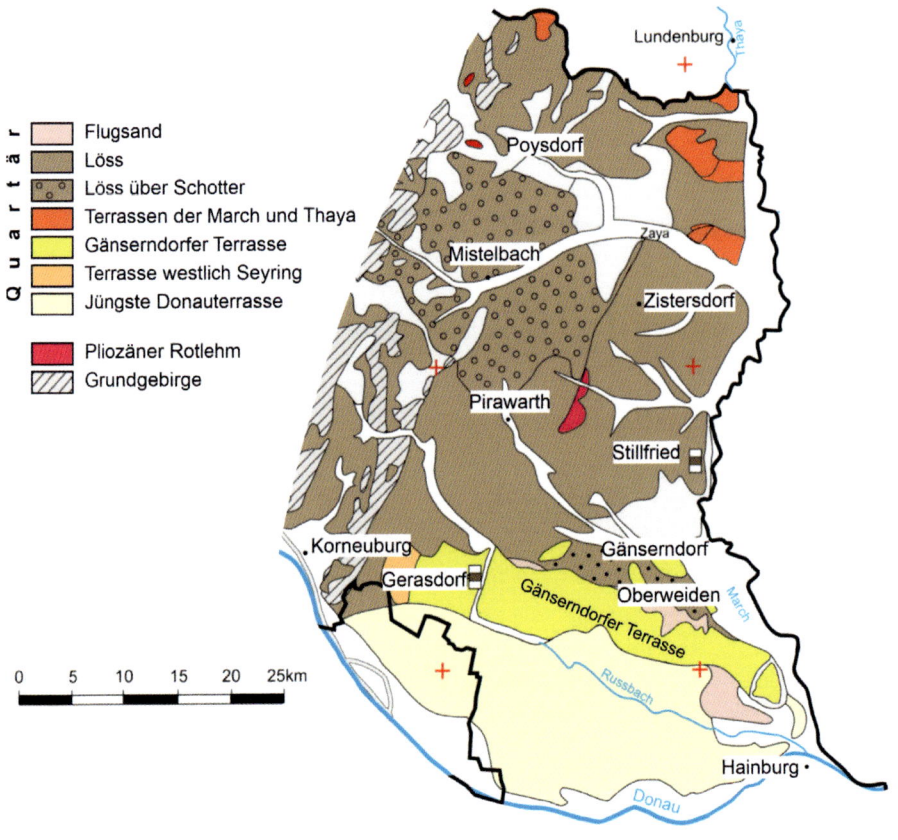

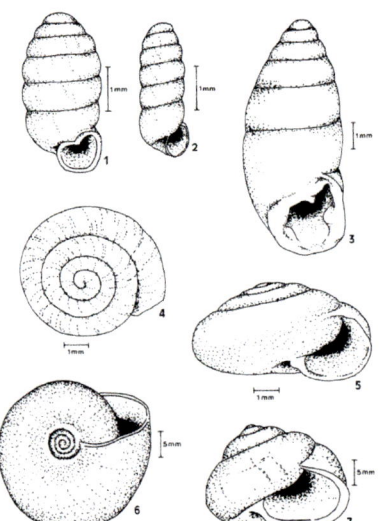

Abb. 95: Weitere Zeugen der Eiszeit und Nacheiszeit: Löss und Flugsand im Weinviertel (nach G. Wessely 2006, Ausschnitt)

Abb. 96: Lössschnecken, Zeichnung aus F. Rögl & H. Summesberger in F. Felgenhauer et al. 1978

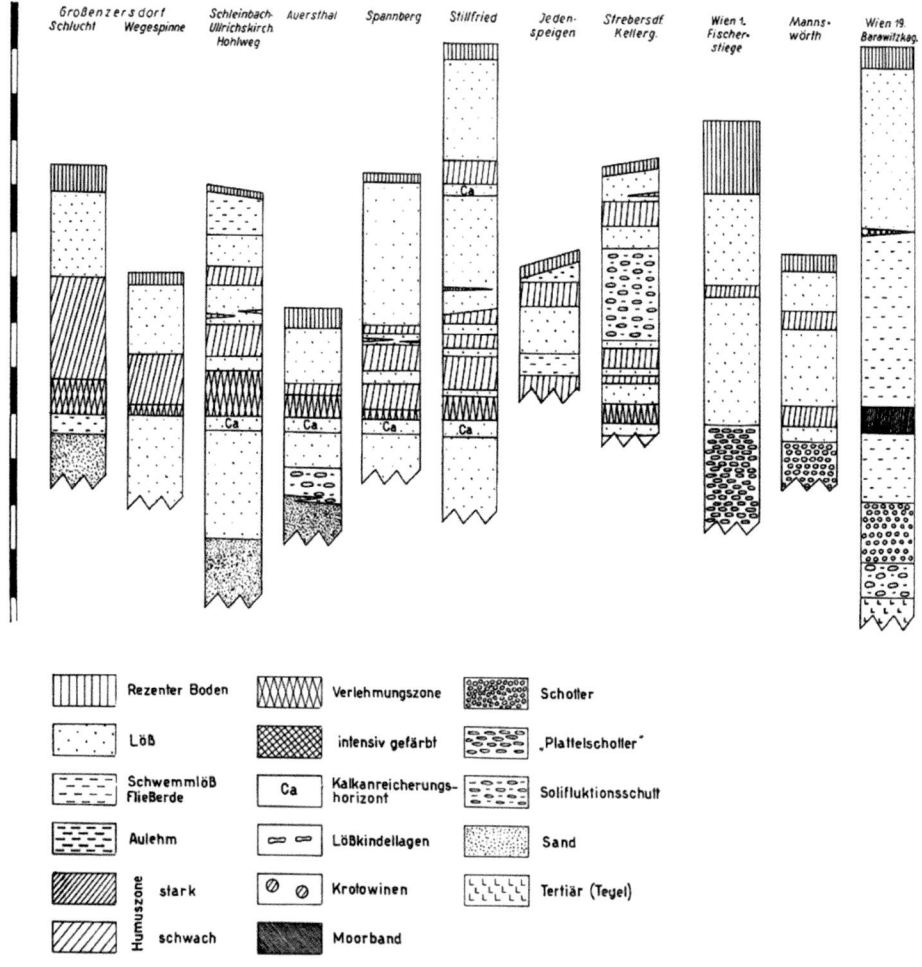

Abb. 97: Lössprofile im Weinviertel (J. Fink 1955)

1955, R. Grill 1968, F. Rögl & H. Summesberger in F. Felgenhauer et al. 1988 vom geologischen Aspekt, G. Antl in F. Felgenhauer et al. 1988 vom archäologischen Aspekt). Lössstrecken und Paläoböden waren Gegenstand zahlreicher Darstellungen. Der Löss an der Basis der Profile von Stillfried fällt in die Riss-Kaltzeit. Schneckenfaunen (Abb. 96) in den Lössstrecken, wie *Columella*, *Succinea* und *Pupa* geben Auskunft über die paläoklimatischen, eiszeitlichen Verhältnisse. Die Bodenbildungen der Stillfrieder Komplexe mit ihren braunen Verfärbungen sind in das Riss/Würm-Interglazial zu stellen (Komplex Stillfried A), in eine Warmphase der Würmeiszeit Stillfried B. Holzkohlelagen und Knochen von Beutetieren sind Spuren menschlicher Aktivitäten. Die Reichweite der Information liegt vom Frühwürm vor etwa 100.000

Abb. 98: Ein bemerkenswerter Aufschluss an der Abzweigung von der „Brünner Straße" nach Pirawarth mit Löss und braunen Lagen über fossilführendem Sarmat (*Elphidium hauerinum*-Zone)

Abb. 99: Ein Ausschnitt vom Wechsel eiszeitlicher Kalt- und Warmphasen an der Böschung der Nordautobahn bei Ulrichskirchen, vermutlich dem Komplex „Stillfried A" zuordenbar

Jahren bis ins Spätwürm (mit Horizonten Stillfried A bis B) und weiters bis in die Gegenwart; darüber gibt eindrucksvoll Stillfrieds riesiges Bodenabziehbild als „Lackprofil" einer Grabungswand mit Schichten von der Altsteinzeit bis in die Gegenwart des Anthropozän (dieser geologische Zeitbegriff ist derzeit noch in Diskussion) mit Gegenständen aus dem Zweiten Weltkrieg (Abb. 104) Auskunft. Die Grabungen dauern noch immer an, die Funde sind im Museum Stillfried zu bestaunen.

Zähne und Skelettteile von Säugetieren wie etwa dem Mammut von Bullendorf oder von Waidendorf, nach dem auch der „Mammutkeller" benannt ist, finden sich in weiter Verbreitung (Abb. 100, 101). Weitere wichtige Lössprofile, ebenfalls mit internationaler Bedeutung, werden von Fink 1955 genannt, ebenso von R. Grill 1968 (S.125), z. B. Weinsteig und Oberfellabrunn (Abb. 97).

Sedimente

100: Mammutrekonstruktion durch Werner Schmid und Fragmente von Mammutzähnen der Sammlung Leopold Strayhammer

Abb. 101: Der Keller, in dem das Mammut von Waidendorf gefunden wurde

Abb. 102: Flugsanddünen des Marchfeldes (Naturschutzgebiet Oberweiden)

Abb. 103: Das Museum in Stillfried a. d. March mit Exponaten von der Altsteinzeit bis heute

Durch in neuerer Zeit angerissene, vorübergehend offene Straßenböschungen – wie beispielsweise großflächig an der Nordautobahn bei Ulrichskirchen (Abb. 99) oder sehr anschaulich an der Abzweigung der Straße von der Brünner Straße nach Pirawarth (Abb. 98) – konnten Lößprofile aufgenommen, und letztere Lokalität konnte auch eingehender studiert werden (die Auswertung erfolgt gerade durch die Gruppe St. Neuhuber). In diesem Zusammenhang ist das Vorliegen einer Dissertation mit dem Thema „Paläoböden auf Löss" von K. Wriessnig 2013 von Bedeutung.

Der Löss ist infolge seiner Standfestigkeit ausgezeichnet für das Anlegen von Höhlen – in früheren Zeiten waren es Erdställe (u. a. E. Bednarik 1997) – geeignet, seit jeher die Anlage von Weinkellern mit dem Gepräge der Weinviertler Tradition (Abb. 105).

Die jüngsten Sedimentkörper des Marchfeldes sind die Flugsanddünen, die nicht nur morphologisch das Landschaftsbild wie z. B. von Oberweiden prägen können (Abb. 102), sondern auch spezifische Besonderheiten der Flora und Fauna beherbergen (H. Wiesbauer & K. Mazzucco 1997).

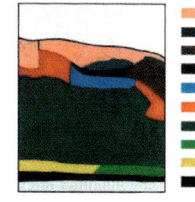

Abb. 104: Abfolge der Vergangenheit im Raum Stillfried, festgehalten an einem großen „Lackabzugbild" (aus G. Wessely 2006)

Abb. 105: Weinviertler Vertreter des „Anthropozän" – einst (Foto Ernst Wessely) und jetzt (Foto G. Wessely)

7. Ein Blick zum Nachbarn: die Kleinen Karpaten „vo da Weit'n"

Wilhelm Karl Ritter von Haidinger – Erster Direktor der k. k. geologischen Reichsanstalt auf der Haidinger Medaille (Foto: Geospere Austria ehem. Geologische Bundesanstalt)

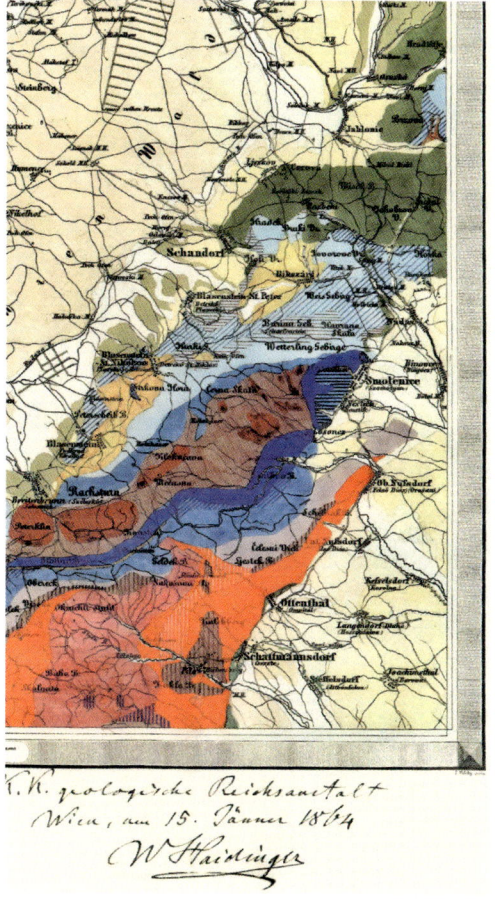

Abb. 106: Geologie der Kleinen Karpaten um Blasenstein (Plavecky Podhorie) aus dem Farbstift von W. Haidinger 1864

Sieht man vom Steinberg bei Zistersdorf gegen Osten, kann man den langen Zug der Kleinen Karpaten zumindest als Silhouette erkennen (Abb. 107). Von Norden nach Süden reihen sich nach landesherkömmlicher Bezeichnung zunächst „Die drei Schwestern", die Spitze des „Kleinen Rachsthurn", das Trapez der „Vysoká", nach langem gleichförmigen Hügelzug der „Thebener Kogel" und dann die Hainburger Berge.

„Die drei Schwestern" sind mit den drei Erhebungen nordöstlich von Plavecký Podhradie zu identifizieren, nämlich von NO nach SW mit dem Gipfel mit der Plavecký-Burg, dem Gipfel Pohanska und dem unbenannten Gipfel südwestlich davon. Der „Kleine Rachsthurn" („Mala Roštún") ist ein Vorberg des „Roštún" (= „Vápenná"), der mit 752 m Höhe der höchste Berg der kleinen Karpaten ist. Der Thebener Kogel markiert als „Devínska Kobyla" das Südende des slowakischen Teils der kleinen Karpaten nahe Bratislava, und jenseits der Donau liegt in den Hainburger Bergen noch ein österreichischer Anteil derselben vor. Bei der Nachforschung über die Geologie der Kleinen Karpaten tauchte (dank freundlicher Kommunikation mit Albert Schedl) eine Karte des prominenten Geologen W. Haidinger (1864)

Ein Blick zum Nachbarn: die Kleinen Karpaten „vo da Weit'n"

Abb. 107: Die Silhouette der Kleinen Karpaten, vom Rochusberg bei Stillfried/Mannersdorf gesehen

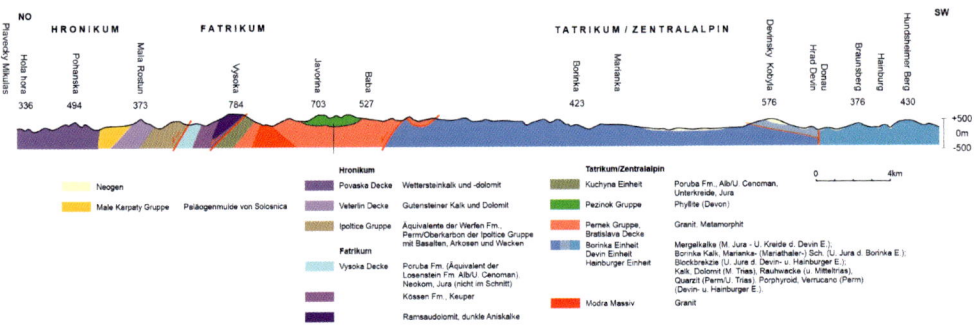

Abb. 108: Das geologische Profil durch die Kleinen Karpaten von Plavecky Mikulas bis Hainburg; Grundlage D. Plasienka et al. 2011

Einen schönen Ausblick auf die kleinen Karpaten hat man von der Rochuskapelle bei Stillfried.

auf, ein sehr frühes geologisches Belegstück über diesen Gebirgszug (Abb. 106). Über die Karpaten wurde umfangreich publiziert. Als Beispiel seien M. Kovac et al. 1991 im Allgemeinen und von österreichischer Seite A. Pahr 2000 genannt.

In der Folge sind die Informationen der Geologischen Karte (1: 50.000) der Kleinen Karpaten entnommen, die von einem Autorenkollektiv (D. Plašienka et al. 2011, Zusammenstellung, Redaktion und Edition M. Polak) hergestellt wurde (Abb. 108, 109). Vorläufer dieser Arbeit sind die Publikationen von D. Plašienka 1987, D. Plašienka & M. Putiš 1987, D. Plašienka et al. 1991.

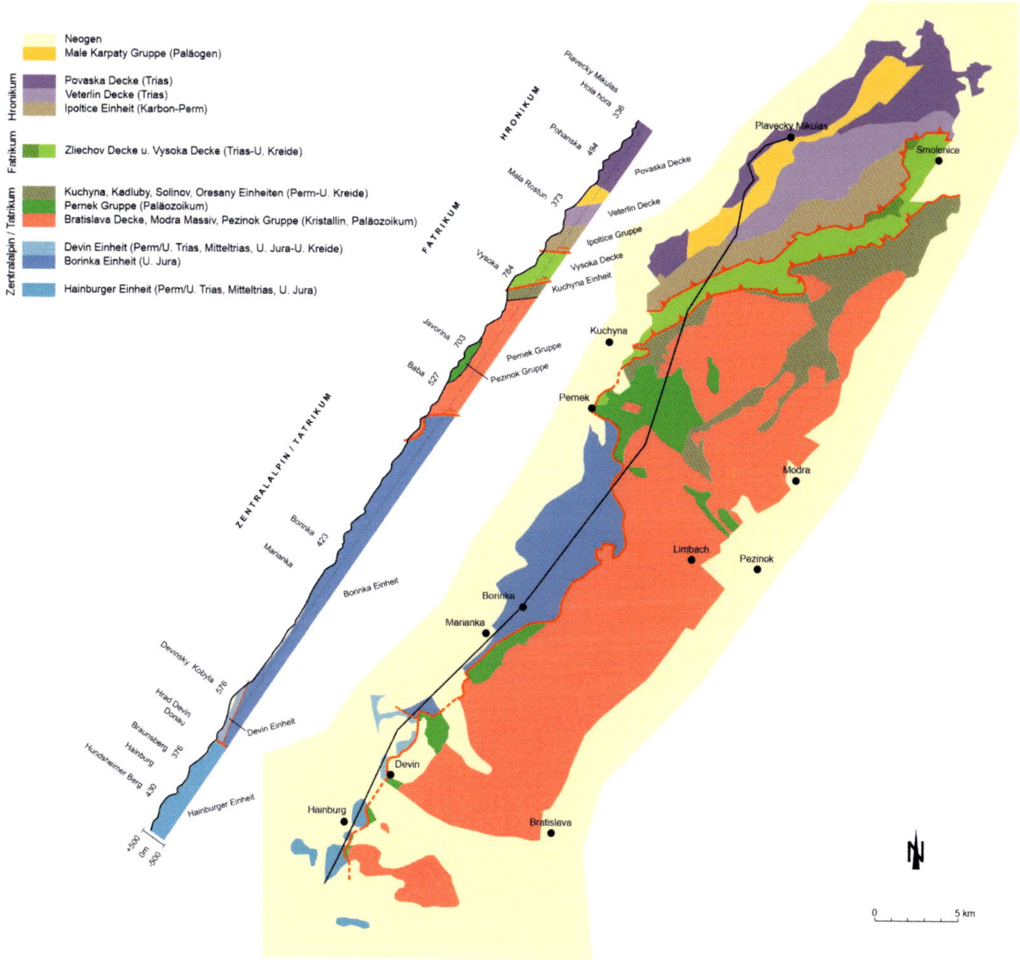

Sedimente

Abb. 109: Tektonische Übersicht über die Kleinen Karpaten mit Profiltrasse; Grundlage D. Plasienka et al. 2011

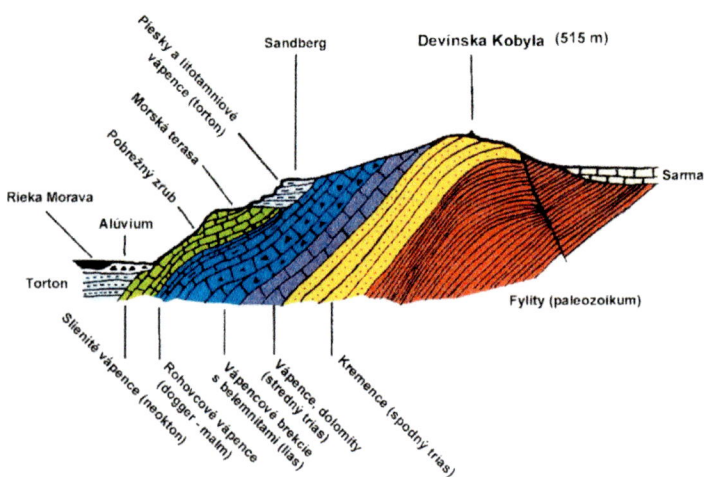

Abb. 110: Teilprofil mit dem Thebener Kogel nach P. Malik & G. Schubert 2012

Demnach beginnt das geologische Profil, das ab den „Drei Schwestern" vom Weinviertel aus sichtbar ist, mit Wettersteinkalken und -dolomiten der „Povazia-Decke des Hronikum" (Jablonica- und Havranica-Einheit). Darüber liegt eine geologische Senke, die mit paläogenen Peliten, Sandsteinen und Konglomeraten des Oligozän/Eozän gefüllt ist. Die Mulde liegt im Südosten auf der Veterlin-Decke. Diese besteht hier im Bereich des Roštún aus Gutensteiner Kalken und Dolomiten. Sie werden von der untertriassischen „Benkovský-Potok-Formation" unterlagert; rötlichen Arkosen, blassrosa Sandsteinen und bunten Wacken, eher vergleichbar mit den alpinen Perm/Untertrias-Schichten. Darunter liegt eine bezeichnende Abfolge von basaltischen, basaltisch-andesitischen, basaltisch-trachyandesitischen Ergussgesteinen und vulkanoklastischen sandigen und konglomeratischen Ablagerungen des Thuringium, Saxonium, Autunium des Perm und schließlich Arkosen und polymikte Wacken des Stefanium (Oberkarbon). Diese Schichten bilden die Überschiebungsbasis der Veterlin-Decke und damit den Übergang vom Hronikum auf das Fatrikum.

Das Fatrikum wird hier von der Vysoká-Decke vertreten. Sie besteht aus Spuren von Werfener Schichten, dunklen Kalken des Anisium der Vysoká-Fm, aus Ramsau-Dolomiten des Ladinium, mächtigem karpathischen Keuper mit seinen bunten Tonen, Quarzsandsteinen, Dolomitlagen und Rauhwacken des oberen Karnium bis Norium. Das Rhätium ist durch Kössener Schichten vertreten. Der Jura liegt außerhalb des Schnittes. Im Unterjura herrschen Crinoidenkalke vom Typ Hierlatzkalk vor, gefolgt von Vilser Kalken des Dogger, Radiolariten, Saccocomakalken und Calpionellenkalken des Malm. Die Unterkreide entspricht der Fazies der Neokom-Schrambachschichten. Der höhere Abschnitt aus Schichten von Kalken, Peliten und Kalksandsteinen der Poruba-Formation ist bemerkenswert, da diese den Losensteiner Schichten nahekommen. Die Schichtfolge endet hier unter der Überschiebung des Hronikum.

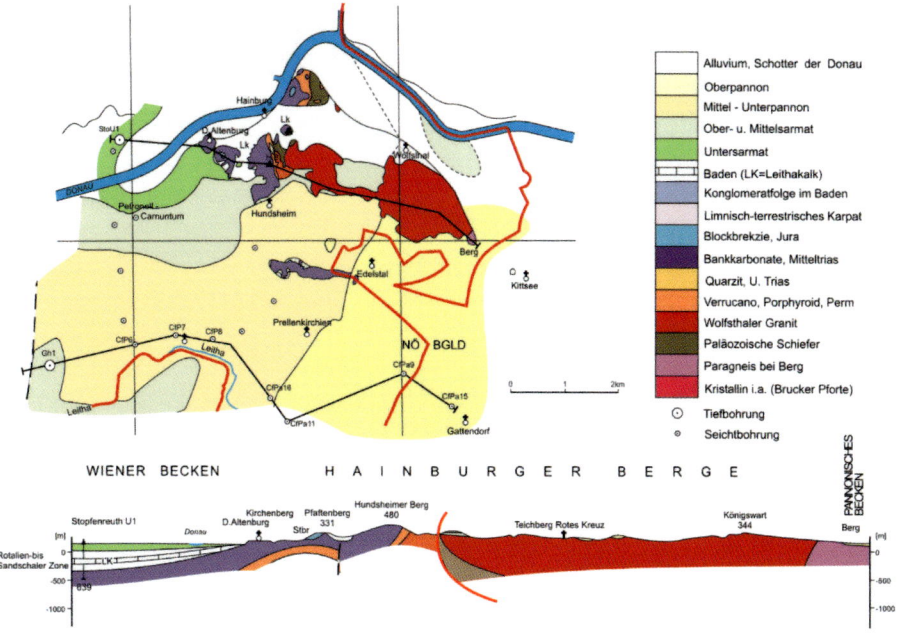

Abb. III: Profil durch die Hainburger Berge (aus G. Wessely 2006, modifiziert 2023)

Unter dem Fatrikum liegt die nach Nordwesten fallende Überschiebung auf das Tatrikum. Den Graniten und Metamorphiten des Tatrikums (mit Phylliten des Devon und Metagabbro-Körpern) liegt eine Jura/Unterkreide-Schichtfolge, die Kuchyňa-Einheit, auf. Sie besteht aus Sandkalken und Spongiolithen des Lias, bioklastischen Kalken und Radiolariten des Dogger und Malm, Hornstein sowie Fleckenmergelkalken der Unterkreide und (!) aus der Poruba-Formation des Albium und Cenomanium mit turbiditischen Sandsteinen, wohl wieder Äquivalente der Losenstein-Formation.

Schließlich taucht als unterstes tektonisches Element die Borinka-Einheit auf, die aus mächtigem Jura besteht, zu einem großen Teil aus sandigem Lias. Als klassisch gut bekannt ist der ehemals sogenannte „Borinka-(Ballensteiner)-Kalk" und der Mangan führende „Marianka-(Mariathaler)-Schiefer".

Das Kristallin des Bratislava-Massivs überschiebt die Borinka-Einheit. Es trägt an der Stirn eine Schichtfolge aus Phylliten und Schiefern der Pernek-Gruppe. Eine Perm-Trias-Abfolge, die bis in den Bereich Malm/Unterkreide reicht und eine Stirnrolle mit inversen Schenkeln bildet. Sie wird als Devin-Einheit beschrieben. Durch viel Neogenverhüllung wird ein Bezug zur Borinka-Einheit schwierig, ebenso das Verhältnis zu den Hainburger Bergen. In ihrem dargestellten Profil über den Thebener Kogel sehen P. Malik & G. Schubert 2012 einen Zusammenhang (Abb. 110). Aber Wolfsthaler Granit und ein Streifen paläozoischer Schiefer in den Hainburger Bergen sind zweifellos die Fortsetzung der Bratislava-Decke mit ihrer Granitmasse. Der permotriassische Sedimentmantel der Hainburger Berge wird nach herrschendem Stand der Borinka-Einheit zugerechnet. Er unterscheidet sich auch von der Devin-Einheit in der Mächtigkeit und teilweise in der Ausbildung. Demnach müsste nun der Wolfsthaler Granit samt hängenden paläozoischen Schiefern die permotriassische Schichtfolge, hier nun „Hainburger Gruppe" genannt, überschieben (Abb. 111).

Der Bau der kleinen Karpaten ist dadurch gekennzeichnet, dass die tektonischen Deckensysteme generell nach Norden einfallen. Es ist hier eine Position der Fernüberschiebung der oberostalpin-fatrischen Masse über den zentralalpin-tatrischen Unterbau einsehbar.

Wenn man auch annehmen muss, dass die Kleinen Karpaten durch eine starke Blattverschiebung an den Kalkalpen nach Nordosten vorbeigeschoben wurden, lassen sich doch Einheiten generell aufgrund bestimmter Gesteinsinhalte vergleichen: In der Vysoká-Decke ist in der Obertrias der „Keuper", eine bunte kontinentale Entwicklung, typisch, die im Bajuvarikum zwar nur in Ansätzen im Hauptdolomit erscheint, stellenweise aber schon mächtiger werden kann, in der Frankenfelser Decke stärker, in der Lunzer Decke in Ansätzen. Entscheidend aber ist der auch in den Kleinen Karpaten als Poruba-Einheit verfolgbare Zug von Losensteiner Schichten, der in der Frankenfelser Decke so typisch und über 400 km verfolgbar ist (M. Wagreich 2001). Das Karbon und die vulkanischen Gesteine des Perm an der Basis der Veterlin-Decke des Hronikums (früher als „Choc Decke" bezeichnet) sind im Tirolikum zwar unbekannt, würden sich jedoch, wenn man sie als stratigraphisch höheren Teil der Grauwackenzone ansieht, in ein norisch-tirolisches tektonisches System einfügen, wie dies bereits beim Kapitel Grauwackenzone ausführlicher angeführt wurde. Die Fazies des tirolischen Mesozoikums findet Entsprechungen in der Veterlin-Decke im Hronikum.

7.1 Die Verbindung von Alpen und Karpaten

Der slowakische Teil des Untergrundes des Wiener Beckens (Abb. 112) schließt an den österreichischen Anteil nahtlos an (A. Kröll et al. 1993, G. Arzmüller, St. Buchta, E. Ralbovsky, G. Wessely in J. Golonka & F. J. Picha 2006) und bildet unter dem Wiener Becken eine Schüsselstruktur, aufgebaut aus den Deckenkörpern der Frankenfels-Lunzer Decke und der Göller Decke mit Auflagen aus Oberkreidesedimenten, die einander im österreichischen und slowakischen Anteil je nach Position weitgehend entsprechen. Als klassische Arbeit im slowakischen Untergrund des Wiener Beckens soll die von J. Kysela 1988 erwähnt sein.

Die räumliche Beziehung zwischen den Kleinen Karpaten und dem Untergrund des Wiener Beckens in der Slowakei soll ein schematischer Schnitt verdeutlichen

Die Verbindung von Alpen und Karpaten

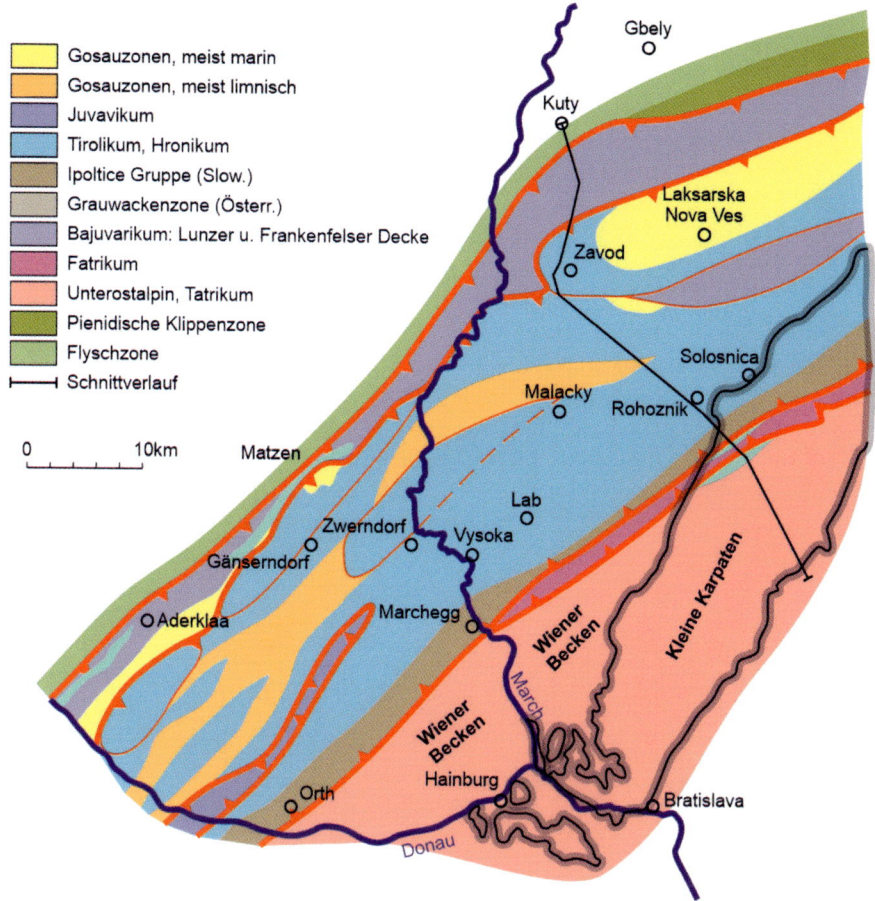

Abb. 112: Verbindende Großstrukturen zwischen Alpen und Karpaten im Untergrund des Wiener Beckens und am Nordwestrand der Kleinen Karpaten. Nach publizierten Karten des Untergrundes aus Österreich und der Slowakei

(Abb. 113), der sich zusammensetzt aus einem Abschnitt Kúty – Borský Jur – Závod – Veľké Leváre nach V. Hlavaty in G. Wessely & W. Liebl [eds.] 1996, einem Abschnitt zwischen Závod und Rohožník nach R. Jiricek & F. Nemetz in A. Kröll et al. 1993 und einem Abschnitt mit den Kleinen Karpaten an der Oberfläche nach D. Plasienka et al. 2011 (Abb. 113). In dieser Kombination ergibt sich als Bauform eine Schüssel ähnlich der im österreichischen Anteil des kalkalpinen Körpers im Beckenuntergrund (Abb. 114): An der Stirn mit Bajuvarikum (Frankenfelser und Lunzer Decke nach V. Hlavatý in G. Wessely & W. Liebl [eds.] 1996), überschoben von Tirolikum mit Hauptkörper, überlagert von einem Rest der limnischen Glinzendorfer Gosaumulde (M. Misik 1994), mit einer Art Südzone analog Zwerndorf/Baumgarten, weiters im Be-

Ein Blick zum Nachbarn: die Kleinen Karpaten „vo da Weit'n"

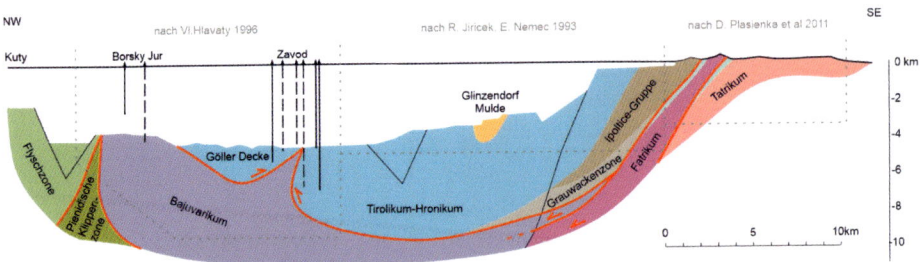

Abb. 113: Schnittschema über den alpin-karpatischen Deckenbau im Untergrund des Wiener Beckens und am Nordwestrand der Kleinen Karpaten.

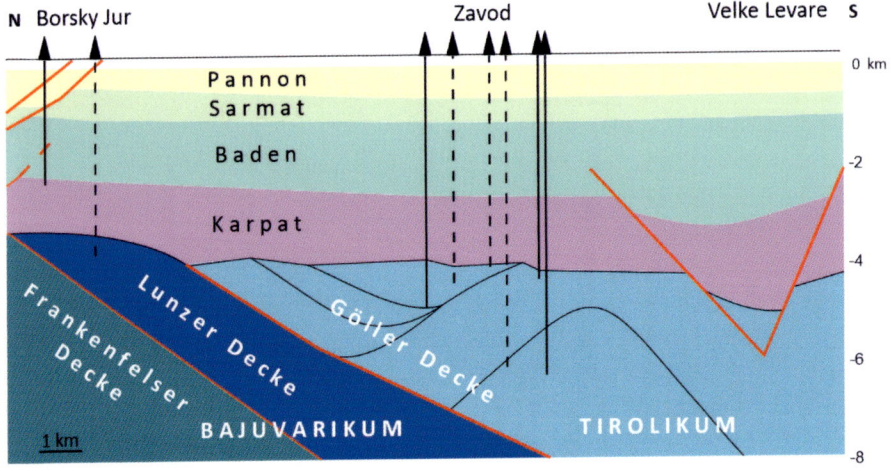

Abb. 114: Schnitt durch das Wiener Becken und den kalkalpinen Untergrund im Raum Borský Jur und Zavod nach V. Hlavaty in G. Wessely & W. Liebl (eds.) 1996

reich Závod mit einer überschobenen Scholle, die z. T. auch invers liegt, bei welcher der Eindruck einer Rücküberschiebung analog Schönkirchen nicht von der Hand zu weisen ist (Abb. 114). Im Zusammenhang mit mariner Gosau könnte an den Typ der Protteser Gosau gedacht werden. Die Zuordnung eines Streifens der Lunzer Decke südlich Lakšárska Nová Ves wäre noch zu diskutieren. Am Karpatenrand (Plašienka et al. 2011) ist das mächtige pyroklastische Perm auffallend, das in der Fortsetzung der Grauwackenzone, vielleicht als oberster, bei uns nicht vorhandener Abschnitt liegt. Der mesozoische Anteil des Fatrikums und des Mantels des Tatrikums mit dem Auftreten der Tiefwasserausbildung vom Typ der Losensteiner Fazies legt einen faziellen Zusammenhang mit dem Bajuvarikum, vor allem der Frankenfelser Decke nahe. Dazu kommt die Keuperfazies in der Obertrias, was die Frankenfelser Decke betrifft. Dass in der sich ergebenden Schüsselform der Kalkalpen im slowakischen

Schnittbild im Südabschnitt noch das Bajuvarikum auftritt und im Nordteil massiv vorliegt, zwingt zur Annahme, dass es im tieferen Teil der Schüssel bis an die Stirn im Norden durchziehen muss, vielleicht zuunterst aber auch abgeschert wurde oder nur ausgedünnt vorliegt.

An der Annahme der Überschiebung des Kalkalpin über das Zentralalpin und die Tatriden wird aber kein Weg vorbeiführen.

Die kalkalpine Stirn stößt im Norden an die steilgestellte Pienidische Klippenzone an. Dies markiert die Grenze zwischen dem europäischen und dem afrikanisch-adriatischen Plattensystem.

8. Tiefbohrungen und ihre Geschichte

Die Geschichte der Tiefbohrtätigkeit geht bis in die Zwanziger- und Dreißigerjahre des vorigen Jahrhunderts zurück und hat in der Literatur schon breiten Niederschlag gefunden. Hervorzuheben sind die Publikationen von K. Friedl, die Bände „Erdöl in Österreich" (Verlag Natur und Technik, Wien, Red. F. Bachmayer 1957), „Erdöl und Erdgas in Österreich" (Verlag des Naturhistorischen Museums Wien und F. Berger, Horn, Red. F. Brix und F. Bachmayer 1980 und Red. F. Brix und O. Schultz 1993) sowie Publikationen, verwoben mit Zeit- und Wirtschaftsgeschichte (F. Feichtinger & H. Spörker 1994, F. Schippek 1959). Sehr instruktiv und illustrativ reichen die Schilderungen von G. Ruthammer (2013) bis über die Fünfzigerjahre hinaus, sodass mit der Geschichte des geologischen Aufschlusses, der auch den Untergrund des Wiener Beckens in vielen Details eingehend durchleuchtet hat (G. Wessely 1974–2003), fortgefahren werden kann. Dabei sollen einzelne Meilensteine zur Auswahl kommen, welche die Schritte in die Tiefe besonders kennzeichnen (Abb. 115). Bei der Exploration im kalkalpinen Untergrund des Wiener Beckens wurden naturgemäß umfangreiche Vergleichsstudien und Probenentnahmen in den Kalkalpen außerhalb des Wiener Beckens vorgenommen. Dabei wurden zahlreiche Exkursionen mit den Lehrmeistern G. Rosenberg und B. Plöchinger, den prominenten „Geburtshelfern" der kalkalpinen ÖMV-Geologie, von der geologischen Bundesanstalt vorgenommen.

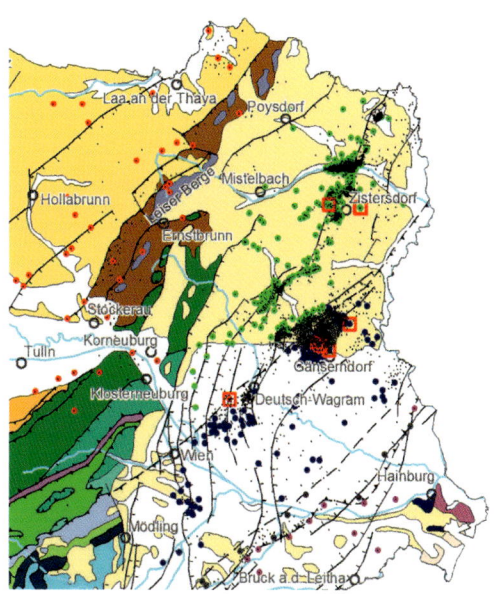

Abb. 115: Übersicht über die Bohrdichte im östlichen Weinviertel. Farbige Punkte: Bohrungen in den Beckenuntergrund. Rot gerahmte Punkte: Bohrungen über 6 000 m Tiefe (aus G. Wessely 2006, Ausschnitt)

Georg Rosenberg (Foto: G. Wessely)

Tiefbohrungen und ihre Geschichte

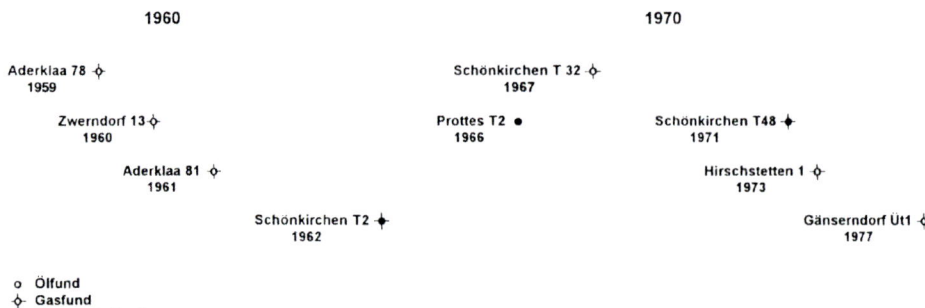

Abb. 116: Abfolge der Fundbohrungen in der ersten Phase der Exploration in den kalkalpinen Untergrund des Wiener Beckens von 1959 bis 1977; aus G. Wessely in F. Brix und O. Schultz [Red.] 1993.

8.1 Der Schritt in den kalkalpinen Beckenuntergrund

Es war im Jahr 1959, als die Bohrung Aderklaa 78 den kalkalpinen Untergrund bei 2.818 m Tiefe erreichte. Es war dies der Hauptdolomit der Lunzer Decke. Ein Test erbrachte Gasführung; es sollte dies zur Erschließung eines Feldes führen, das 2,5 Mrd. m³ Gas erbrachte. Das Gas ist schwach sauer (0,2 Vol.-% H2S, 1,6 Vol-% CO_2-Beimengung). Ein nettes Detail am Rande: Der diensthabende Verantwortliche der Bohrprojekte, der Geologe H. Unterwelz, und der Testexperte Dipl.-Ing. Willibald Wessely riefen den Chefgeologen K. Friedl an, ob sie in der erbohrten Dolomitstrecke einen Test durchführen sollen, es gäbe Chance auf Gaszufluss. Friedl meinte, dies wäre sinnlos, das Gestein sei sicherlich dicht. Auf weiteres Drängen der beiden willigte Friedl „in Gott's Namen" ein. Als der Zufluss einsetzte und das Gas aus der Ausgangsleitung strömte, ließen die beiden über das Telefon für Friedl das Rauschen hören. Da war aber auch Friedl hocherfreut. Die Pointe ist aber nun, dass schon unter der Firma RAG die Bohrung Aderklaa 3 im Jahr 1940 den Hauptdolomit angebohrt, aber nicht getestet hat. Und – besser so – die Bohrung wurde verschlossen.

Josef Kapounek, ehem. Leiter der Aufschlussgeologie der ÖMV (Foto: OMV AG)

Jedenfalls war der Fund 1959 ein Meilenstein in der Kenntnis des Kalkalpin, in diesem Fall der Lunzer Decke, im Untergrund des Beckens. Nicht nur führte dies zu weiteren Bohrungen im Raum der Aderklaaer Hochzone, sondern auch in den Flankenbereichen. Viel später (1977) entstand das Projekt Hirschstetten im Stadtgebiet von Wien in Analogie zu Aderklaa, um im selben Dolomit Gas zu erschließen. Nach dem Fund von Aderklaa blickte man auch

Der Schritt in den kalkalpinen Beckenuntergrund

Abb. 117: Oben: Die Kohlenwasserstoffvorkommen am Relief des kalkalpinen Beckenuntergrundes. Oben die Gasfelder Aderklaa und Hirschstetten. Unten Schönkirchen/Prottes/Reyersdorf. Stand der Ausdehnung der KW-Vorkommen im Förderjahr 1993

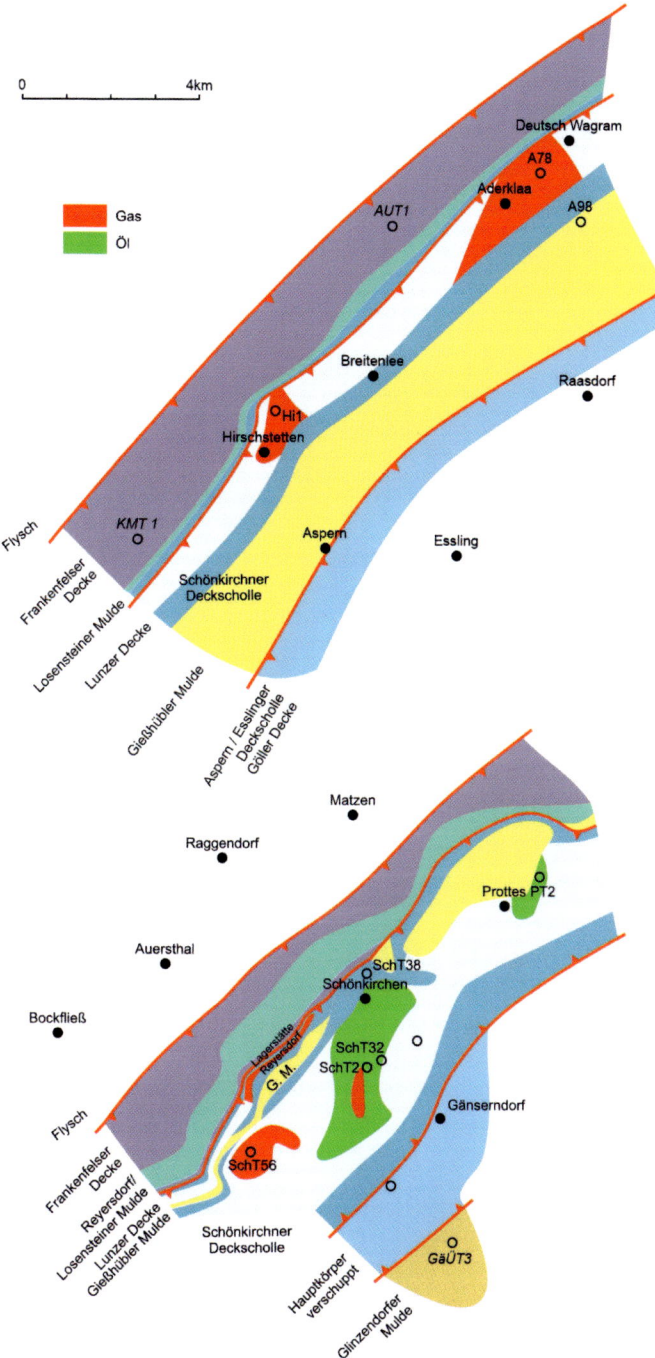

Abb. 118: Hauptdolomit als Speichergestein von Schönkirchen T 32. Die Lamination durch Reihen von Entgasungsbläschen von verwesenden Algen („bird's-eye stucture") zeigt die nahezu senkrechte Lagerung des Hauptdolomits an (aus G. Wessely 2006).

Abb. 119: Klebelog Schönkirchen T 32, 2865–3423 m. Der Hauptdolomit der Göller Decke (ehem. Ötscher Decke) mit deutlichem Farbverlauf (Überlagerung durch Neogenmergel, Unterlagerung durch Opponitzer Kalk). Foto W. Hujer, OMV AG

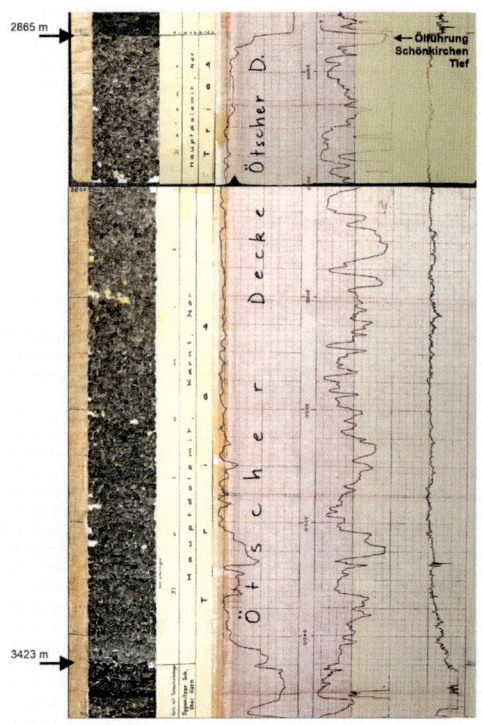

auf andere Hochzonen, die auf kalkalpinem Untergrund liegen könnten (Abb. 116, 117). So erhielt man 1960 durch die Bohrungen im Raum Baumgarten/Zwerndorf schon frühzeitig die geologische Information von den südlicheren kalkalpinen Decken. Gas wurde ab 2.530 m – allerdings nur in bescheidenerem Ausmaß – gefunden. Die Dachsteinkalke, welche die Hochzone einnehmen, stehen steil bis senkrecht, auch sind vermutlich die Kalke dicht, und die Gasführung kommt nur aus den zwischengelagerten Dolomiten. Die Zusammensetzung war die eines Sauergases.

Das nächste Ziel war die Hochzone von Schönkirchen 1962. Die Bohrung Schönkirchen T 1 landete im Hauptdolomit der vermeintlichen Lunzer Decke (Abb. 120). Heute weiß man, dass es sich um die Göller Decke handelt. Man traf nur Salzwasser an, erkannte aber, dass die Bohrlokation nur den Flankenbereich der Hochzone erreicht hatte. Eine spezielle geophysikalische Untersuchung, ein „Sternschießen", fand eine strukturell höhere Position heraus, und die Bohrung Schönkirchen T 2 wurde mit über 100 t Tagesrate ölfündig. Nach der Erschließung der Lagerstätte Schönkirchen Tief mit getrennter Gaslagerstätte Schönkirchen Tief erfolgte auch die Erschließung der Öl- und Gaslagerstätte Prottes Tief (Fundbohrung P T 2), ebenfalls im Hauptdolomit der Göller Decke und der Gosau über dem Protteser Gosau. Viel später wurde noch weiter im Osten bei den Bohrungen Ebenthal T 1 Gas in der Göller Decke gefunden. Die Folgebohrungen all der im Untergrund des Wiener Beckens gemachten Entdeckungen trugen sehr zur weiteren räumlichen Kenntnis des kalkalpinen Baues bei.

Lagen all die Funde auf Hochzonen der Oberkante des Beckenuntergrundes als sogenannte „Relieflagerstätten", verfolgte man schon Ziele im Internbau des Beckenuntergrundes. So kam es 1968 zur Bohrung Schönkirchen T 32, um Internlagerstätten zu erschließen. Die Überlegung von J. Kapounek war, dass es – wie an der Oberfläche in den Kalkalpen – nicht nur in der Lunzer Decke Hauptdolomit gäbe, sondern auch in der darunter liegenden Frankenfelser Decke (Abb. 118, 120). Die Bohrung Schönkirchen T 32 war als vollkommene „wild cat" anzusehen. Keine Geophysik, keine geologischen Lokalkenntnisse konnten das Ergebnis voraussagen. Es wurden nun folgende Grobeinheiten durchbohrt: eine karbonatische Schichtfolge der Göller Decke (vormals eben Lunzer Decke), ein steil stehendes Paket von Oberkreide/Paläozän (Paläozän als „flyschartige" Gosau der Gießhübler Mulde), darunter eine steil stehende, verkehrte Schichtfolge der Lunzer Decke mit Hauptdolomit (Abb. 118), dessen oberste, im Schnitt schmale Spitze gerade noch durchbohrt und bei 6.000 m Tiefe mit Gasführung angetroffen wurde. Einige zig Meter weiter nördlich wäre der Bohrverlauf an der Lagerstätte vorbeigefahren, und die größte Gaslagerstätte Österreichs wäre

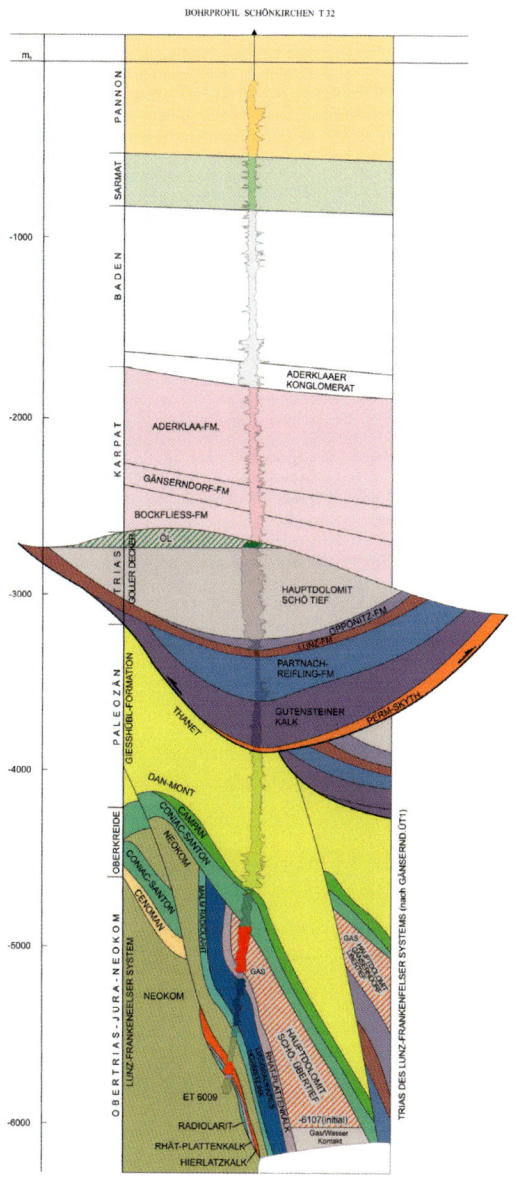

Abb. 120: Profil Schönkirchen T 32: Unter Neogen die rücküberschobene Schichtfolge der Göller Decke als Deckscholle über der sehr steil stehendem Gießhübler Mulde, unter der eine fast senkrecht gelagerte südliche Lunzer Decke mit dem tiefen, großen Gasfeld liegt (aus G. Wessely 2006)

Abb. 121: Schnitt über die Felder Schönkirchen und Reyersdorf, festgehalten an der Außenwand des Erdöl- und Erdgasmuseums in Prottes

unentdeckt geblieben. Ein Gefahrenmoment, die Bohrung abzubrechen, bestand, als sie unter der Göller Decke in das Paläozän der Gießhübler Mulde, die flyschartige Gosau, eindrang. In der Meinung, man hätte schon den zu wenig porösen Flysch erreicht, wollte das damalige Explorationsmanagement nicht weiterbohren lassen, bis erlösende kalkalpine Kalk- und Dolomitkomponenten in den Sandsteinen die Gewissheit erbrachten, dass es sich bei dem Gestein nicht um Flysch, sondern um kalkalpine Gosau handelte, die durchbohrt werden müsse. So erreichte die Bohrung eine Endtiefe von 6.009 m. Bis zur Gasförderung war es nötig, das Speichergestein von Bohr- und Spülungsresten zu säubern und Stimulationen durchzuführen, da ansonsten kein Gaszustrom zu erzielen war (J. Kapounek & Sz. Horvath 1968).

In der Folge wurde das Gasfeld durch mehrere Bohrungen erweitert: Sch T 42, Sch T 62 (A. Kröll & G. Wessely 1972). Diese Erweiterung war bildlich ein Tanz auf der Schneide eines Messers, denn die Verfolgung der schmalen, steil stehenden Zone war eine geologische Herausforderung. Das Streichen des Dolomitzuges konnte kaum durch eine Dipmeter-Messung ermittelt werden, die darüber liegende, ebenfalls steil stehende Gosau bot nur eine vage Unterstützung. Zu Hilfe kam die Feststellung, dass der Bohrmeißel beim Bohrvorgang trachtet, sich stets genau senkrecht auf die Schichtung einzurichten, auch bei starker Neigung Letzterer. So konnte schon mit der Bohrlochneigungs-(Inklinometer-)Messung das Streichen ermittelt werden.

Durch die natürliche Ablenkung des Rollmeißels war aber auch eine Abschätzung des Ausmaßes der Entfernung vom Bohrpunkt gegen die Streichrichtung nötig, was bei dieser Tiefe ebenfalls schwierig ist. Doch gelang dies bei den zwei genannten Erweiterungsbohrungen. Eine dritte – die Bohrung Sch T 52 – fuhr knapp nördlich an der Dolomitspitze vorbei.

Es gab Anzeichen, dass der Schichtstoß der Decke samt der Gosaubedeckung durch Aufschiebungen betroffen ist. Diese Annahme führte zum Ansatz der Bohrung Gänserndorf Übertief 1 (1977) südlich der Lagerstätte Schönkirchen Tief, die in einem durch eine Aufschiebung abgespaltenen Dolomit in der Lagerstätte Gänserndorf Übertief ebenfalls Gas erschließen konnte (Abb. 121).

Eine Erweiterung in Richtung Prottes Übertief konnte nicht den erhofften Erfolg bringen, ebenso wenig ein Versuch, nördlich der Bohrung Sch T 32 ein Analogon zu finden (Sch T 90). Inzwischen (1971) war in einem nördlicheren Hauptdolomitkörper in der Lunzer Decke eine Gas- und Öllagerstätte erschlossen worden. Es handelte sich um eine „Relieflagerstätte" mit Übergang in eine „Internlagerstätte". Der Aufschluss im Reyersdorfer Dolomit, der den Kern der „Reyersdorfer Antiklinale" bildet (Fundbohrung Sch T 38), mündete später in die Aufschlussaktivitäten von Straßhof, womit eine Aufsplittung der Reyersdorfer Antiklinale in mehrere, z. T. getrennte Ölführungen einherging. Ein Gegenstück zu Schönkirchen Tief in der Göller Decke südlich Aderklaa zu finden, war nicht von Erfolg gekrönt. Die Überlegung war, dass unter den Gesteinen der Gießhübler Mulde, die in Aderklaa wie in Schönkirchen das Abdichtungsgestein der aus Hauptdolomit gebildeten „Falle" für Kohlenwasserstoffe bilden würde, es auch im Raum Aderklaa, Breitenlee und Raasdorf zu Gasansammlungen kommen könnte. Nach mehreren durchgeführten Bohrungen mit Tiefen von 4.500 bis 5.000 Metern wurde die Suche eingestellt. Lediglich ein Gasvorkommen südöstlich der Hauptlagerstätte Aderklaa lag unter Sedimenten der Gießhübler Mulde, erschlossen durch die Bohrungen Ad 81 und Ad 98.

Um die Fündigkeit auch anderer Bereiche auszuloten, wurde der kalkalpine Untergrund in Gebieten wie Tallesbrunn, Ebenthal, Ollersdorf, Stillfried etc. abgebohrt.

In der Bohrung Ebenthal T 1 war dies erst später von Erfolg gekrönt, im Hauptdolomit wurde eine Gaslagerstätte als Relieflagerstätte entdeckt. Eine Reihe von Bohrungen im Marchfeld – beginnend von Schönfeld über Untersiebenbrunn, Breitstetten, Andlersdorf bis Schönau – blieb erfolglos. Allerdings war in diesem Bereich noch nirgends das Kalkalpin durchbohrt worden.

All die Bohrungen im Kalkalpin des östlichen Weinviertels haben Detailkenntnisse und Informationen über räumliche Dimensionen erbracht, die in Kombination mit der kalkalpinen Oberflächengeologie eine schon sehr gute Vorstellung über den Bau zumindest der mittleren Tiefen erbracht haben. Für die Kenntnis der größeren Tiefen müssten noch mehr Bohraufschlüsse erfolgen. Dies wurde in eindrucksvoller Weise durch den rezenten großen Gasfund der OMV mit der Bohrung Wittau T 2 bestätigt, durch die eine kalkalpine Internlagerstätte in einer Tiefe von etwa 4.000 m erschlossen wurde. Dass sich die Lagerstättenverhältnisse in kalkalpinen Speichergesteinen auch innerhalb der Kalkalpen als positiv erweisen werden, wird sich nach Versuchsbohrungen zeigen.

8.2 Der Schritt in subalpine Tiefen

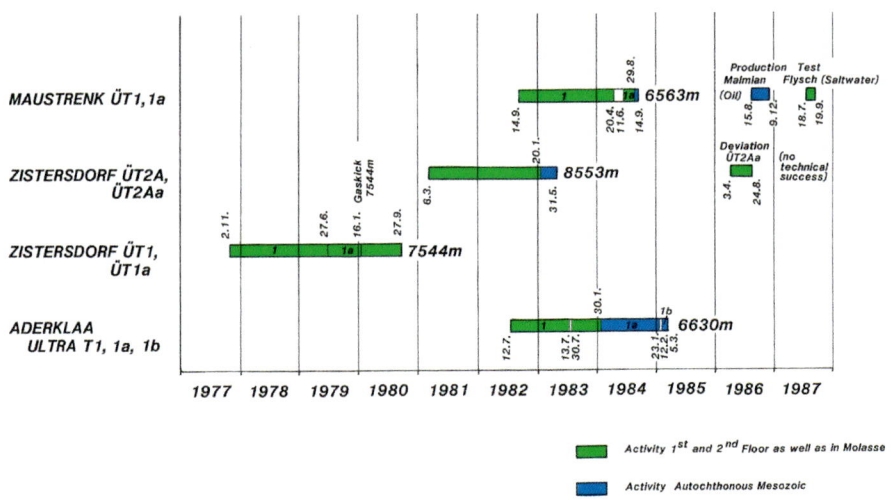

Abb. 122: Abfolge der Bohraufschlüsse im dritten Stockwerk

Hermann Spörker (Foto: OMV AG)

Im damaligen Bestreben, eine neue Dimension an Kohlenwasserstoffreserven zu erschließen und einen laufenden Abfall derselben hintanzuhalten, wurde geplant, die Exploration auf das dritte Stockwerk, das tiefste im Wiener Becken, anzugehen (Abb. 122). Geologisch waren Speichergesteine, wie sie ja in seichteren Zonen im Westen und Südwesten unter der Molasse erbohrt wurden, zu erwarten. Ziele waren zunächst Hochzonen, wie das Steinberg Hoch und das Aderklaaer Hoch (für später waren das Oberlaaer Hoch und das Matzener Hoch angedacht). Knapp außerhalb des Wiener Beckens entstand später ein weiteres Projekt auf dem subalpinen Untergrund, die Bohrung Kronberg T 1. Zu erwähnen bleibt, dass die Bohrung Poysdorf 2 nicht als Übertiefaufschluss zu betrachten ist, aber als eine

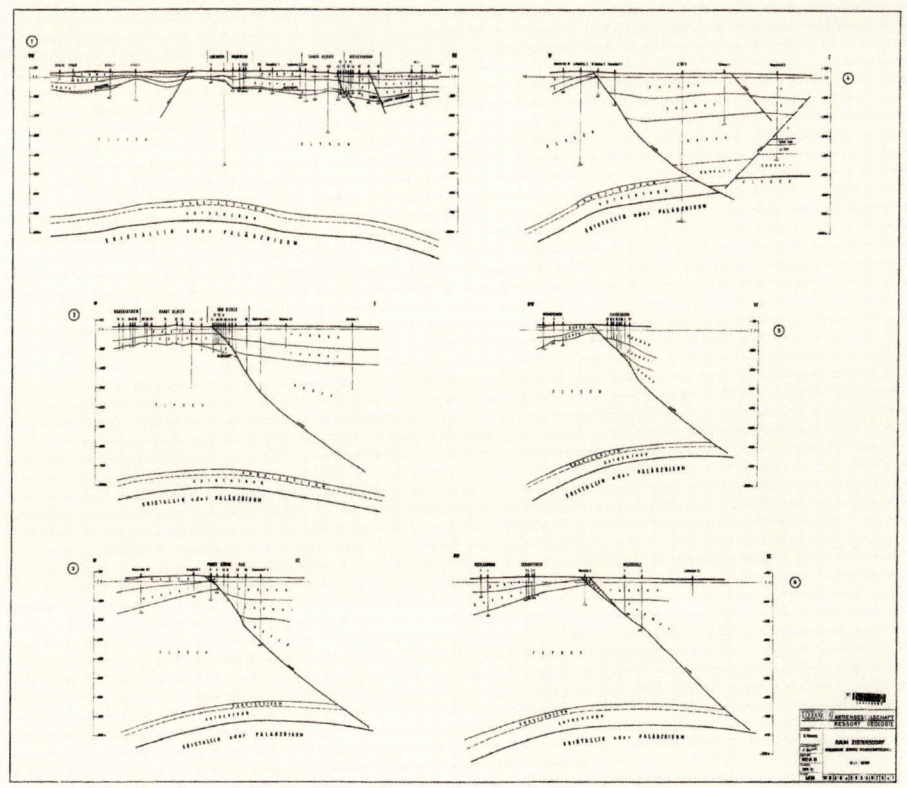

Abb. 123: Erste geologische Vorstellung vom Bau des Steinberggebietes als Grundlage für das Bohrprojekt Zistersdorf Übertief

Bohrung, die im Wiener Becken unter Neogen und alpin-karpatischen Decken ins unterste Stockwerk eingedrungen ist.

Für die Bereiche Zistersdorf und Aderklaa galten die Öl- und Gas-Felder, die sich um den Steinberg und bei Aderklaa befinden, als die Gewähr für eine Belieferung von Kohlenwasserstoffen, vor allem von Gas. Eine große Tiefe und ein zu erwartender Überdruck würden durch die Kompressibilität des Gases ein Vielfaches der Reserven im Vergleich zu höher gelegenen Lagerstätten ergeben.

8.2.1 Projekt Zistersdorf Übertief – ein Rekord mit 8.553m Tiefe

Bei der Auswahl einer Lokation für einen Aufschluss in das dritte Stockwerk des Wiener Beckens waren die Voraussetzungen am Steinberghoch äußerst verlockend: ausgeprägte Hochzone, gesichertes Kohlenwasserstoffangebot, produktive Felder als Garantie für eine Kohlenwasserstoffbelieferung entlang des Steinbergbruches, die

Abb. 124: Die Bohranlage Zistersdorf ÜT

Abb. 125: Die kurzfristige Abfackelung während des Gaskicks bei der Bohrung Zistersdorf ÜT 1 bei Tiefe 7.544 m.

Situation an einem tiefen Depozentrum mit mächtigem Muttergestein in Form von Mergelsteinen des Malm, ein zu erwartendes Speichergestein in einem Malmkarbonat, in Sandsteinen und Grobklastika des Dogger, vielleicht auch Karbonaten des Paläozoikums. Das Steinberghoch äußert sich obertags durch einen inselartigen Aufbruch von Leithakalk des Badenium, umrandet von Seichtwasserablagerungen des Sarmatium. Den Südosten des Aufbruchs bildet der Steinbergbruch mit seiner riesigen Sprunghöhe. Auf seiner Hochscholle liegt geringmächtiges Miozän über Flysch, ebenfalls in ausgeprägter Hochlage. Da erfahrungsgemäß die Bohrbarkeit im Flysch der Greifenstein- und Raca-Decke weitaus langsamer, materialaufwendiger und somit teurer als im Neogen zu erwarten gewesen wäre, sollte die Bohrung das Neogen so lange wie möglich durchbohren, um durch den Steinbergbruch, durch den untersten Flyschanteil nahe an das Explorationsziel, in das Autochthone Mesozoikum, zu gelangen, wie es ja beispielsweise in den Bohrungen Staatz 1 bis 3 vorgeführt wurde. Die Annahme dabei war, dass oberflächennah die Tiefenstrukturen auf der Hochscholle bis zum Steinbergbruch ansteigen würden, also auch der Unterbau unter Flysch und die Waschbergzone sowie das Autochthone Mesozoikum mit seinen

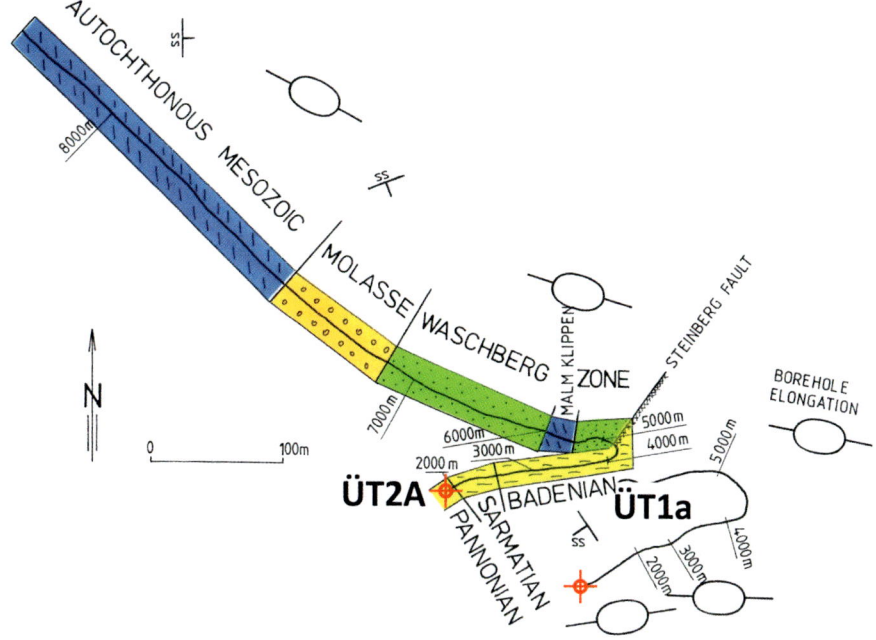

Abb. 126: Die Bohrpfade von Zistersdorf ÜT 1a und ÜT 2A in Draufsicht. Distanz ÜT 2A WNW von ÜT 1 125 m, Gesamtabweichung ÜT 2A 460 m gegen NW. Der Meißel richtete sich in beiden Bohrungen bis zum Steinbergbruch ostwärts, darunter nordwestwärts, also jeweils gegen das Schichteinfallen (F. W. Marsch & G. Wessely 1993).

Speichergesteinen. 1977 wurden die Untergrundstrukturen in Vorprofilen bis zum Steinbergbruch ansteigend gezeichnet (Abb. 123). Allerdings sollte sich diese Vorstellung zwar, was die höheren Abschnitte infolge dichter Bohrinformation betraf, als zutreffend, in den tieferen Abschnitten als abweichend herausstellen. Hilfe kam zwar durch die Seismik, was eine Längslinie über den Steinberg betraf, welche die axiale Hochlage auf der Hochscholle bestätigte („Streifenseismik"). Die 2D-Querprofile waren entsprechend dem damaligen Stand der Technik weniger informativ.

Die Bohrung Zistersdorf ÜT 1 war bezüglich der Bohranlage, des Spülungsequipments, des Verrohrungsschemas und der geologisch-technischen Ausstattung musterhaft geplant.

Der Steinbergbruch wurde bei 4.885 m durchbohrt, die Hochscholle zeigte sich mit Sedimenten der Steinitz- und Waschbergzone (die Steinitzzone liegt in nordöstlicher Fortsetzung der Waschbergzone). Die schwierige Flyschzone konnte also vermieden werden (siehe auch Abb. 135). Jubel brach aus, als der Bohrmeißel in die Kalkarenit-Serie des Malm eindrang – man wähnte sich schon im autochthonen Sedimentmantel. Es war, wie gesagt, ja auch angenommen worden, dass dieser

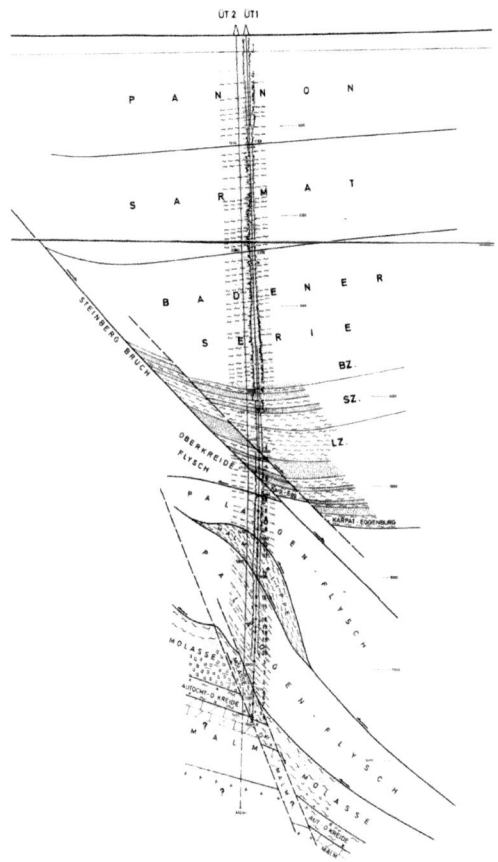

Abb. 127: Ergebnis der Bohrung Zistersdorf Übertief 1 und Position der geplanten Ersatzbohrung Übertief 2 (Exkursionsführer OMV)

Sedimentmantel bis zum Steinbergbruch ansteigen würde und dass jetzt die Speichergesteine des Malm und Dogger zum Greifen nahe wären. Umso größer war die Enttäuschung, als wieder Sedimente der Waschbergzone einsetzten und der Malm sich nur als Klippe darin erwies.

Bei 7.097 m traf die Bohrung autochthone (unbewegte) Molasse an. Eine Oberkreidescholle wies auf eine Eingleitung hin, und schließlich gab es in Brekzien aus Komponenten von Malmkalk starken Gasauftrieb. Was war geschehen? Der Meißel hatte eine gaserfüllte Kluft bei 7.544 m angebohrt und das Gas (1,3 Mio. m³/Tag, Süßgas 97,67 % Methan) strömte mit Überdruck in das Bohrloch, verdrängte die Spülung und drängte unter Expansion an die Oberfläche (Abb. 125). Das behutsame Verhalten der Bohrtechniker verhinderte ein unkontrolliertes Ausströmen des Gases, immerhin schob hoher Lagerstättendruck in das Bohrloch: Phasenweise wurde das Bohrloch geschlossen, dann wieder Gas abgelassen, um nicht durch den Druck die Verrohrung platzen zu lassen. Schließlich brach zuunterst das Gestein ins Bohrloch, und dieses verschloss sich von selbst. Aber auch der Bohrmeißel samt Gestänge saß nun fest, auch eine Spülungszirkulation war nicht möglich. Da versuchte man eine hierzulande nicht übliche Methode einzusetzen, um den Meißel wieder frei und funktionsbereit zu machen. Man ließ einen „coil tubing" mit einem kleinen Meißel daran aus den USA einfliegen. Der Versuch, damit den großen Meißel freizubekommen und eine Zirkulation wiederherzustellen, scheiterte. Das Bohrloch musste mit Zement im unteren Teil abgedichtet werden. Eine geringe Gasförderung erfolgte noch höher, aus einem Horizont im Steinbergbruchbereich.

Die Ursache des plötzlichen Gasauftriebs war Gegenstand intensiver Diskussion. Zweifellos wurde eine gaserfüllte Kluft (Süßgas!) in einer Brekzie aus Malm-Komponenten der Basismolasse angetroffen – wie sich herausstellte, knapp über dem anstehenden Malm. Die aus einer Ölemulsion bestehende Spülung konnte zunächst viel von dem Gas in Lösung nehmen, das vermutlich bei weiterer Spülungszirkulation in höheren Bereichen als Entlösungsgas expandierte und zum Gaskick führte.

Da man an das Gas unbedingt wieder herankommen wollte, beschloss man, eine Ersatzbohrung durchzuführen. Für die Geologie stellte sich nun die Frage, ob eine Ersatzbohrung, nachdem ein Ostabfall der Strukturen festgestellt worden war, nicht doch weiter im Westen bohren oder in der Nähe bleiben sollte. Man entschloss sich zu letzterer Version. Ein Zwischenprofil wurde erstellt (Abb. 127) und 125 m westnordwestlich der alten Lokation wurde die Bohrung Zistersdorf ÜT 2 und in Folge ÜT 2A angesetzt (Abb. 126).

Nun hatte man schon genügend Informationen, um Bohrverlauf, Verrohrung und Bohrspülung noch exakter planen zu können (Abb. 160). In Rekordzeit wurde die Bohrung abgeteuft und auch tiefer geführt (Abb. 124, 129).

Sie traf dieselben Gesteine im Autochthon an, nämlich Molasse mit Aufarbeitungsmaterial der Ernstbrunn-Formation, aber ohne Klüfte (Abb. 128), die gasgefüllt gewesen wären. Darunter folgte Karbonat der Ernstbrunn-Formation des Malm mit einer hangenden klastischen Entwicklung, vermutlich schon der Unterkreide (Äquivalent der „Nove-Mlyny-Formation"?). Bohrkerne zeigen, dass das Karbonat von mehreren Generationen von Klüften und Spalten durchzogen ist, die jeweils von jüngeren Sedimenten gefüllt und abgedichtet sind.

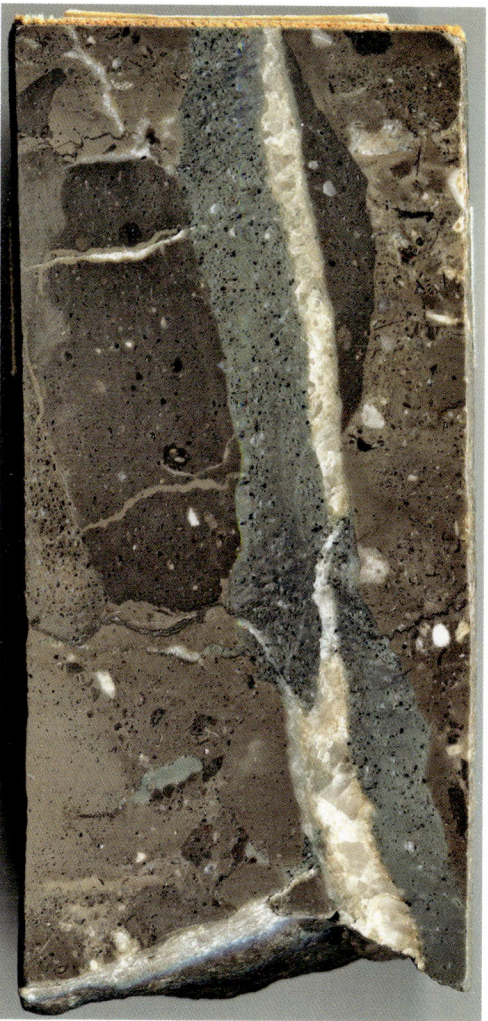

Abb. 128: Bohrkern aus Zistersdorf Übertief 2A, Tiefe 7 538,1 m. Obere Ernstbrunn Fm., karbonatisch-klastischer Habitus, Kluftfüllung aus dunklem, grünlichem, glaukonitischem Siltstein, durchschlagen von heller Kalzitader.

Bis zur Endtiefe von 8.553 m wurde darunter eine Mergelsteinstrecke mit einer Mächtigkeit von 920 m erbohrt, infolge des hohen Überdrucks und hoher Gassättigung mit rasanter Bohrgeschwindigkeit. Das Erlebnis, bei der letzten Kernentnahme (Abb. 130) das Kreuzzeichen des technischen Direktors über die Bohrung in Kauf nehmen zu müssen, schmerzte sehr, die Geo-

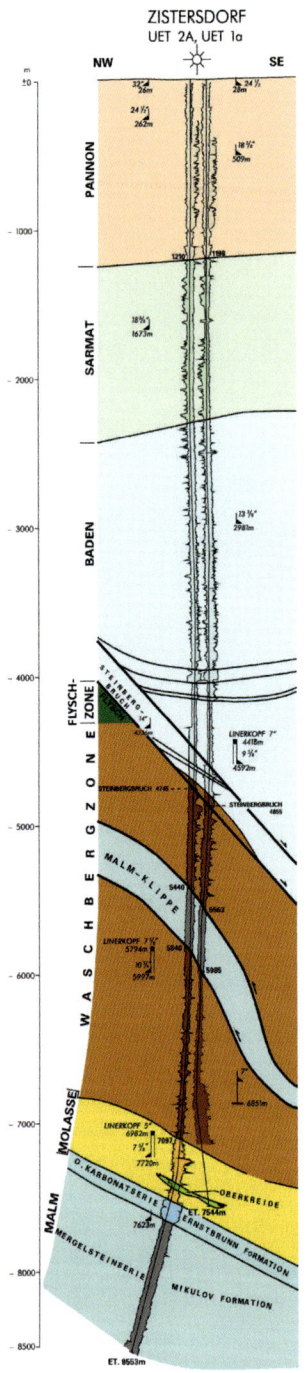

logie empfand das Ende als unbefriedigend. Andererseits musste man Verständnis dafür haben, denn die hohen Überdruckbedingungen kratzten schon am technischen Limit (Druck in einem Casingtest bei 7.140 m Tiefe: 1.539 bar; die Temperatur auf Sohle betrug 230° C). Dementsprechend waren die verantwortungsvollen Maßnahmen auf der Bohranlage (H. Cichini 1985).

Die folgenden Casingtests konzentrierten sich auf die Karbonate des Malm und die Grobsedimente der Molasse. Es erfolgte jeweils geringer Gaszustrom, wobei der begründete Verdacht bestand, dass das Gas eher aus der Mergelsteinserie kam. Zu einem Pauschaltest der offenen Strecke der Mergelsteinserie aus der Verrohrung heraus ist es nicht mehr gekommen. Durch die Überdruckverhältnisse hatte nämlich sogar der Mergelstein erhöhte Porosität (G. Milan & R. Sauer in G. Wessely & W. Liebl 1996). Der organische Gehalt des Gesteins hätte eine nähere Betrachtung gestattet. Der tiefere Teil der Bohrung wurde mit Zement verschlossen. Noch immer wollte man sich aber vom verlockenden Gasvorkommen der Zistersdorf ÜT 1a nicht verabschieden. Es entstand das Projekt, eine Ablenkung von der gut verrohrten Zistersdorf ÜT 2A hin auf die Stelle des Gasaustrittes von Zistersdorf ÜT 1a unter Beachtung aller technischer Sicherheitserfordernisse durchzuführen (Abb. 131). Es wurde bei

Portrait Hermann Cichini (Foto: OMV AG)

Abb. 129: Geologisches Profil von Zistersdorf Übertief 1a und 2A

6.000 m ein Loch in die Verrohrung gefräst und erfolgreich daraus weggebohrt (Zistersdorf ÜT 2Aa). Dies erfolgte mit einer Bohrturbine, die, mit einem Ortungsgerät ausgerüstet, sehr gut in die vorgesehene Richtung bohren konnte. Dem Ziel schon nahe, stellten sich aber Schwierigkeiten durch ins Bohrloch drängendes Gestein ein, und ein Weiterbohren war nicht mehr möglich (Endtiefe 7.007m). So musste auch dieses Ablenkungsloch aufgegeben werden.

Die Bohrung Zistersdorf Übertief 2A ruht nun, gut verschlossen, in Weinviertler Erde. Sie wäre bei künftigen technischen Vorhaben bis zu einer gewissen Tiefe zugänglich, vielleicht für geophysikalische oder geothermale Untersuchungszwecke.

Für die Kohlenwasserstoffexploration haben die Ergebnisse der Übertiefbohrungen im Untergrund des dritten Stockwerks des Wiener Beckens Zistersdorf ÜT 1/1a und ÜT 2A, Maustrenk ÜT 1a und Aderklaa UT 1a einige wesentliche Botschaften hinterlassen: Es gibt ein außerordentlich mächtiges, zusammenhängendes „Muttergestein", also einen „source rock", in Form der Mikulov-Mergelsteinformation (B. J. Rupprecht et al. 2017). Die durchbohrte Strecke betrug in Zistersdorf ÜT 2A 920 m, die Mächtigkeit wird hier aber weit über einen Kilometer betragen. Sie wird gegen Nordosten, auf tschechischem Territorium, noch übertroffen, wo durch Bohrungen nach J. Adamek 2005 eine Mächtigkeit bis über 1.500 m nachgewiesen wurde (Abb. 132) Zumindest teilweise (z. B. Klement 1) sind erhöhte Mächtigkeiten auf Verdoppelungen durch tektonische Überschiebungsvorgänge zurückzuführen. In den Tiefenbereichen der Strecken von Zistersdorf und Maustrenk befindet sich die Mergelsteinformation noch im Genesestadium von Kohlenwasserstoffen (W. Ladwein et al. 1991, P. Seifert in G. Wessely & W. Liebl [eds.] 1996). Durch das sich bildende Gas entsteht ein enormer Überdruck, der weit über dem üblichen hydrostatischen Druck liegt und der das Gestein gleichsam aufbläht. Der ansonsten dichte Mergelstein erhält eine Porosität von neun Prozent und mehr (R. Sauer in G. Wessely & W. Liebl 1996). Beim Durchbohren der Überdruckzonen erhöht sich die Bohrgeschwindigkeit merkbar (W. Ringhofer in D. Minarkova & H. Lobitzer [eds.] 1990), die Gasanzeigen steigen.

Abb. 130: Das tiefste erbohrte Stück Österreichs: Zistersdorf ÜT 2A, Tiefe 8 553 m (Foto W. Hujer, OMV)

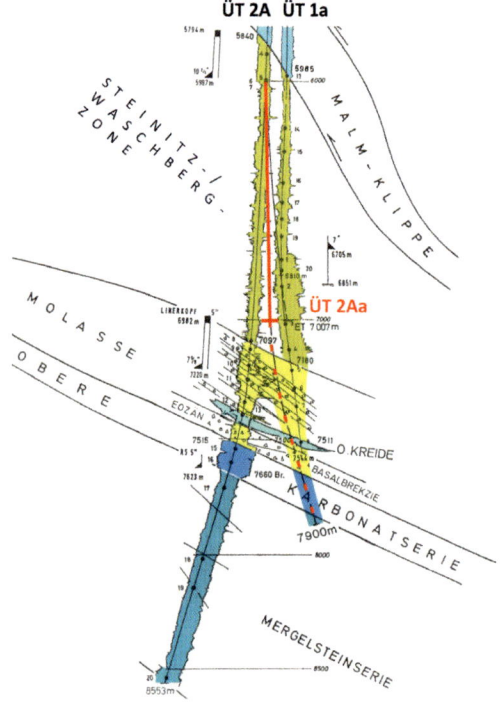

Abb. 131: Der Ablenkungsversuch Zistersdorf ÜT 2Aa aus der Bohrung Zistersdorf ÜT 2A in Richtung des Gasvorkommens von Zistersdorf ÜT 1 (geplante Teufe 7.900 m). Abgebrochen infolge zunehmender Instabilität des Gebirges

Ein benachbartes konventionelles Speichergestein könnte gasgefüllt sein. Infolge der Kompressibilität des Gases wären zudem hohe Reserven zu erwarten. Im Falle nur gasgefüllten Mergelsteins hätte die Bohrung Zistersdorf ÜT 2A bereits eine natürliche Lagerstätte von „shale gas" ohne „Fracken" erschlossen. Wenn in der Mergelsteinstrecke eine tektonische Zerrüttungszone vorliegt, wie dies durch eine hochauflösende Schichtneigungsmessung in Zistersdorf ÜT 2A angezeigt wurde, würde dies die Chance auf eine unkonventionelle Förderung noch erhöhen.

Dass in Zistersdorf Übertief all diese Möglichkeiten nicht wahrgenommen werden konnten, liegt an der damals noch nicht vorliegenden Kenntnis einer unkonventionellen Gasgewinnung und dem technischen Neuland, welches das Pionierbohrvorhaben Zistersdorf Übertief schon beschritten hatte.

Mit dem Abbruch der Bohrung bleibt aber die Frage offen, was unter der Mergelstein-Formation noch an konventionellen Speichergesteinen des Jura zu erwarten gewesen wäre, z. B. dolomitischer Basismalm, Deltasedimente des Dogger und – was an Wahrscheinlichkeit weiter im Raum steht – Sedimente des Paläozoikum, vielleicht sogar Devonkarbonate mit Paläoverkarstung. Dies wäre an der Position der Bohrung Maustrenk ÜT 1a möglich gewesen, deren Tiefenkapazität aber nicht dafür bemessen war. Generell geht die Aussage dahin, dass auch weniger tiefe Ziele als Zistersdorf Übertief ins Auge zu fassen gewesen wären.

Eine weitere Möglichkeit der Energiegewinnung aus Kohlenwasserstoffen, an die zur Zeit des Aufschlusses der Übertief-Bohrung noch nicht gedacht wurde, ist ein künstlich aktives Aufbrechen zur Schaffung von Porosität in Gesteinen mit erhöhter Konzentration organischen Gehaltes. Dass die Mächtigkeit derartigen Gesteins, also der dunklen Mergelsteinformation des Malm sehr hoch ist, ist längst vielfach erwiesen, vor allem durch Bohrungen. Mächtigkeitskarten weisen Beträge von mehreren hundert Metern bis zu 1.500 Metern aus. Dazu kommen Bohrtiefen von über 4.000, 5.000 Metern und eine Überdeckung durch zwei geologische Stockwerke, die Flyschzone und die Füllung des Wiener Beckens. Eine Beeinträchtigung von Trinkwasser,

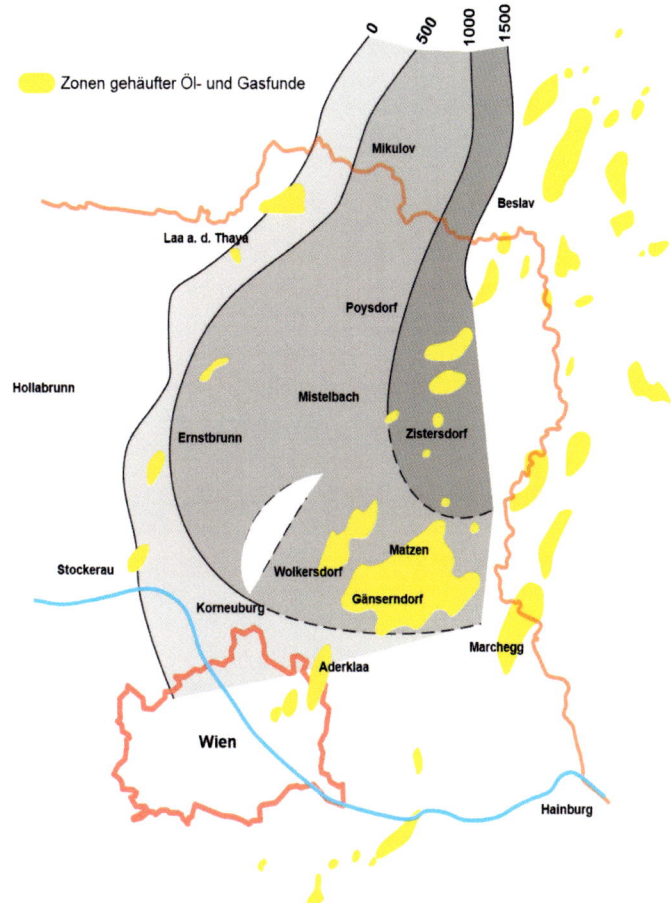

Abb. 132: Die Verbreitung und Mächtigkeit der Mikulov-Mergelstein-Formation des Malm – Hauptmuttergestein der Erdöl- und Erdgasvorkommen des Wiener Beckens

das im Weinviertel in nur wenigen Hundert Metern Tiefe einem Salzwasserregime weicht, ist damit auch nicht gegeben. Auch oberflächennahe Seismizität ist aus bestehenden zahlreichen Erfahrungen mit Druckaufbringungen in Bohrungen auszuschließen. Die flächig ausgedehnte Anordnung von Bohrungen wäre – wie anderswo mit seichter Lage des „shales" – nicht nötig, da sternförmige Ablenkungen von einem oder wenigen Punkten aus getätigt werden können. Die Einbringung eines Stützmittels zur Aufrechterhaltung der Porosität würde mit neutraler Flüssigkeit erfolgen, wie diese von der Montanuniversität Leoben entwickelt wurde, ohne giftige oder strahlende Substanzen.

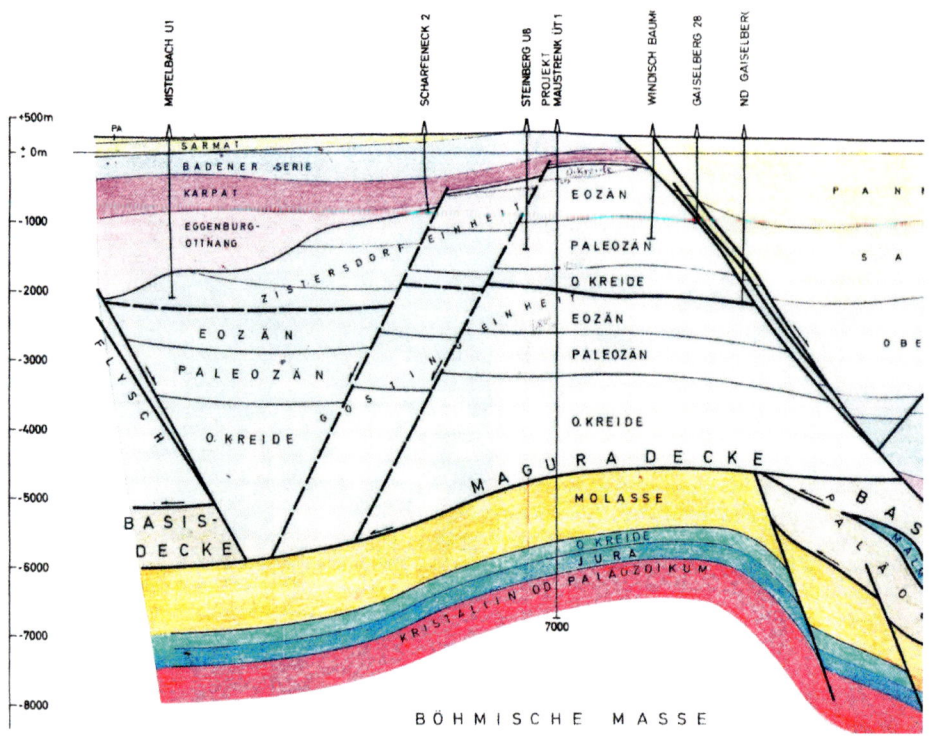

Abb.133: Vorausprofil der Bohrung Maustrenk ÜT 1. Stand 1982

8.2.2 Projekt Maustrenk Übertief – der tiefste Ölfund Österreichs

Während die Zistersdorf ÜT 2A schon zu bohren begonnen hatte, fand – beflügelt durch den Gasauftrieb in der Bohrung Zistersdorf ÜT 1a – eine weitere Übertiefbohrung im Steinberggebiet statt. Es lag schon die Information vor, dass der tiefere Anteil des Steinberghochs und somit auch das Autochthone Mesozoikum gegen Osten abbiegt und nicht, wie der höhere Abschnitt, gegen den Steinbergbruch ansteigt. So war man weiter im Westen, näher dem Steinbergrücken, auf der sichereren Seite; technisch war die Bohrung (Abb. 134) jedoch nicht für die extremen Tiefen, wie sie in Zistersdorf vorlagen, ausgelegt (Abb. 133). Die Bohrung Maustrenk ÜT 1/1a musste nun unter geringmächtigem Neogen an die 4.200 m Flysch bezwingen, durchbohrte die Waschbergzone und allochthone Molasse und stieß auf eine Klippe, zunächst aus Malm-Mergelstein, tiefer auf Malmkalk. Bei 6.410 m landete sie im autochthonen Mergelstein des Malm, den sie bis zur Endtiefe von 6.563 m erbohrte (Abb. 134). Die Kalkklippe des Malm erwies sich zunächst als gasführend, was sich bei einem spektakulären Test zeigte. Die vorübergehende Abfackelung des Gases verursachte abends einen hellen Feuerschein, der schon außerhalb Wiens gewahrt

Der Schritt in subalpine Tiefen

werden konnte. Die Sonde wurde nun einem Produktionstest unterzogen und siehe da, das Gas ging unerwartet in Öl über; es war dies das bisher tiefste Ölvorkommen im Wiener Becken. Einen Beleg stellte dankenswerterweise G. Ruthammer den Autoren zur Verfügung (Abb. 136). Die Menge an Öl erwies sich als zu gering, der Förderdruck fiel ab, da die Kalkklippe begrenzt war, und die Sonde musste verschlossen werden.

Eine beträchtliche Erweiterung der Möglichkeit geologischer Schnittdarstellung – regional (Abb. 135) und überregional (Abb. 138) – war nun gegeben; ebenso ein Vergleich geologischer Vorausplanung und Realität (Abb. 137).

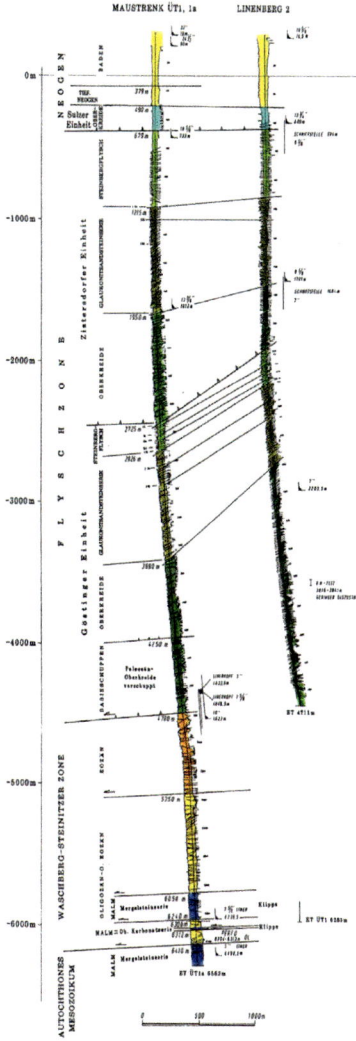

Abb. 134: Maustrenk ÜT 1, Bohranlage (aus G. Ruthammer u. D. Sommer 1991) und Bohrprofil Maustrenk

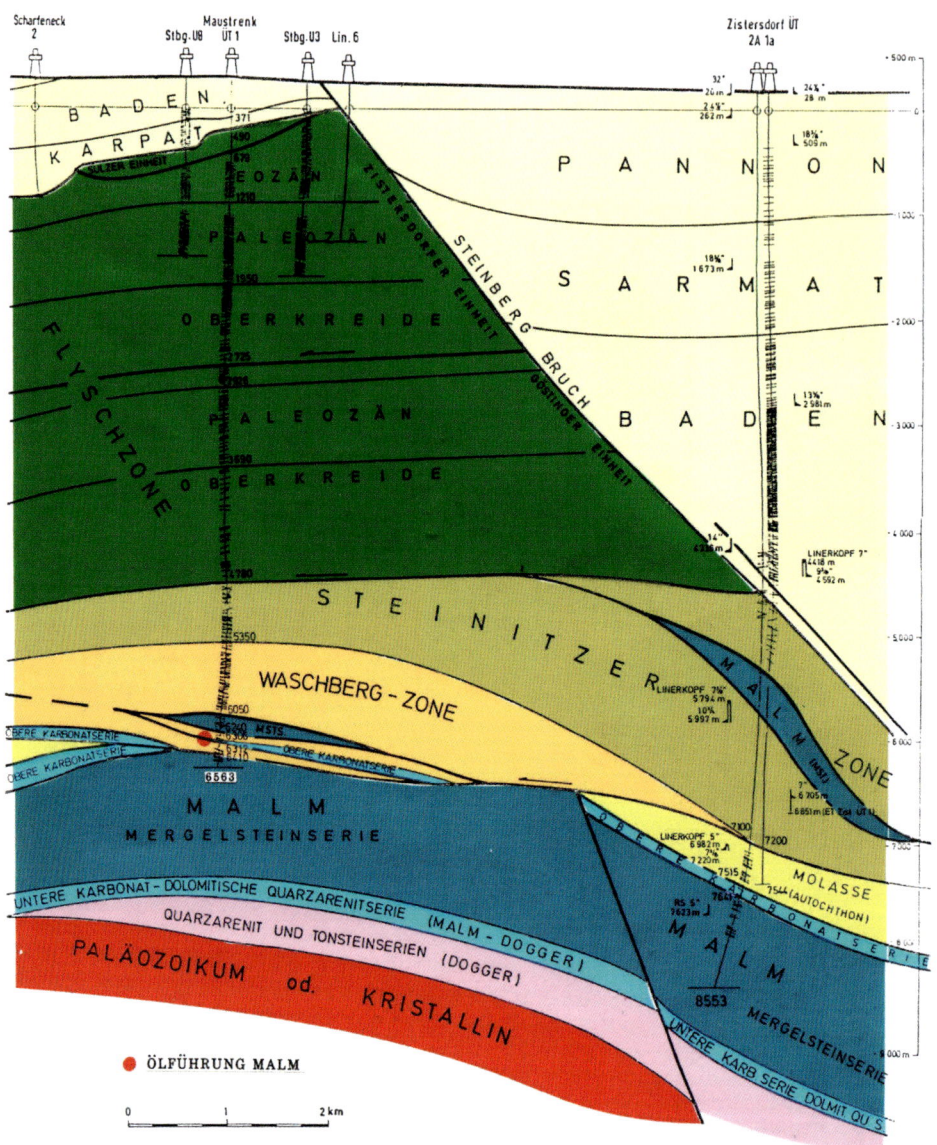

Abb. 133: Vorausprofil der Bohrung Maustrenk ÜT 1. Stand 1982

Der Schritt in subalpine Tiefen

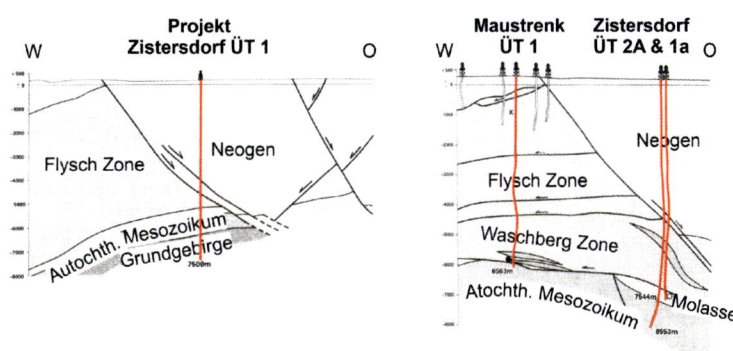

Abb. 136: Das tiefste Öl aus dem Wiener Becken – 6.300 m (Foto G. Ruthammer)

Abb. 137: Pläne und geologische Realität am Beispiel der Projekte Zistersdorf und Maustrenk Übertief.

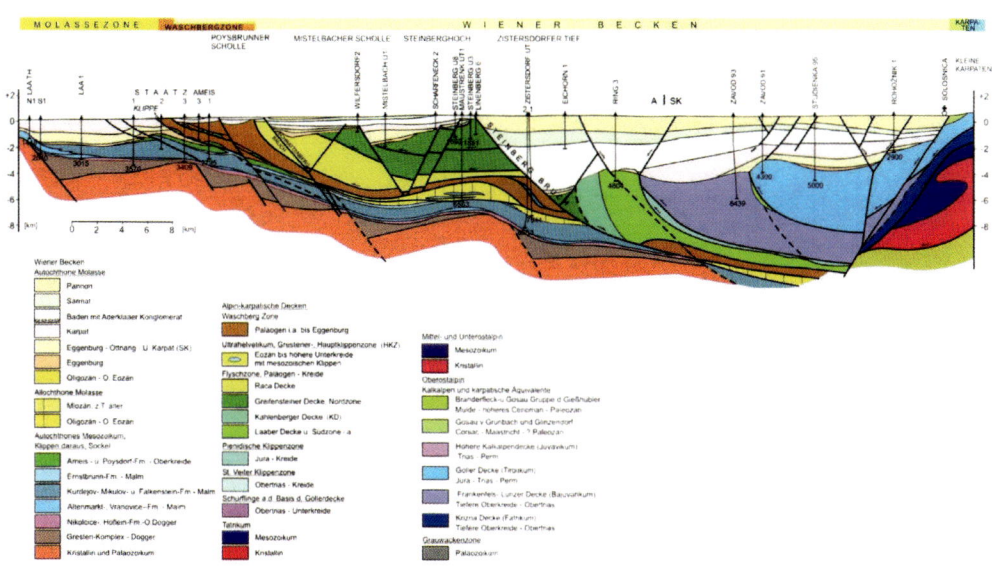

Abb. 138: Schnitt Zistersdorf – Slowakei (G. Arzmüller, St. Buchta, E. Ralbovsky, G. Wessely in J. Golonka & F. J. Picha 2006)

Tiefbohrungen und ihre Geschichte

8.2.3 Projekt Aderklaa Ultratief – Nachweis der Böhmischen Masse unter dem Stadtgebiet Wiens

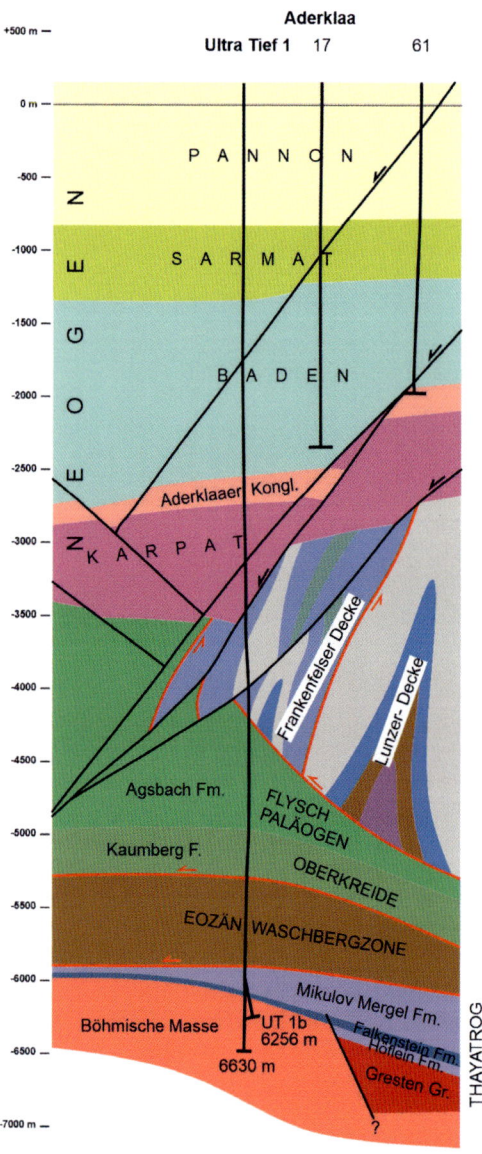

Abb. 139: Profil Aderklaa UT 1 und UT 1b

Ebenfalls nur einige Monate nach Beginn von Zistersdorf ÜT 2A begann schon die dritte Übertiefbohrung, diesmal im Bereich der Hochzone von Aderklaa mit der Bezeichnung Aderklaa UT 1 (Abb. 139). Ultratief, weil die Bezeichnung ÜT in Aderklaa für Vorhaben im tieferen zweiten Stockwerk reserviert war. Zudem wurde für dieses Projekt eine moderne Bohranlage angekauft, die von der Tiefenkapazität her alle Anlagen übertraf. Nun lag es an den Geologen, den besten Bohrpunkt festzulegen. Dass das Hoch von Aderklaa gravimetrisch eine positive Anomalie aufweist, war schon lange bekannt. Durch die vorliegenden seismischen Messungen wurden zwar die Ansatzmöglichkeiten eingeengt, doch musste man damals noch ohne 3D-Messungen auskommen, was bei Interpretationen in diesen angepeilten Tiefen nicht zufriedenstellend möglich war. Aber es ging zunächst ja darum anzusehen, was an Zielen auf dieser Hochzone vorhanden war, beflügelt von der Abfolge, wie sie von westlicheren seichteren Bereichen aus dem Autochthonen Mesozoikum bekannt war. Der Ansatzpunkt lag auf dem Wiener Stadtgebiet, nahe der Grenze zu Niederösterreich. Die Bohrung traf unter dem Neogen das Kalkalpin des Beckenuntergrundes bei 3.607 m an, abgesenkt durch das Aderklaaer Bruchsystem. Das Kalkalpin war entsprechend der Position an der Überschiebung stark gestört. An einen Test daraus war infolge der großen Dimension des Bohrloches nicht zu denken, und bei 4.350 m wurde die Überschiebung auf die Flyschzone angetroffen. Der Flysch stellte sich bald als vergleichbar mit dem der Laaber Decke des Wienerwaldes heraus, mit

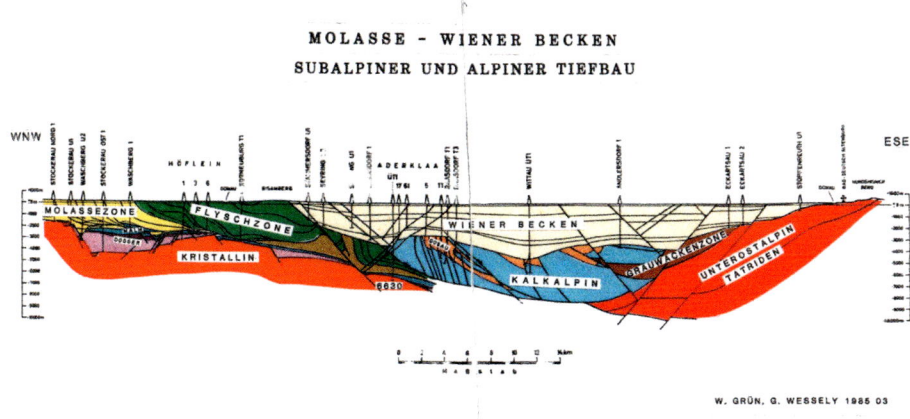

Abb. 140: Schnitt über die Bohrung Aderklaa Ultra Tief 1 in der Vorstellung 1985 über den geologischen Bau auf der Linie Stockerau–Marchfeld–Deutsch Altenburg (W. Grün & G. Wessely 1985)

der typischen Abfolge von Agsbach-, Hois- und Kaumberger Schichten. Bei 5.432 m wurden letztere auf das Eozän des Buntmergelhelvetikums geschoben. Eine Molassezone fehlte gänzlich. Sie wurde anscheinend an der Alpenüberschiebung weggeschliffen. Diese Überschiebung erfolgte bei 6.050 m über Mergelsteinserie, unter der bei 6.228 m eine „slope"-Entwicklung des Malm folgte, vergleichbar mit der Falkenstein-Formation, wie sie bereits bei der Beschreibung des Thayatroges charakterisiert worden war. Bei 6.251 m landete die Bohrung überraschenderweise im Kristallin der Böhmischen Masse (es war dies ein Biotitgneis-Phyllit). In der Erinnerung bleibt dafür folgende Begebenheit: Es war gerade eine Abteilungszusammenkunft im Gange, als der auf der Bohrung beschäftigte Probensammler berichtete: „Herr Dokta, in den Spülproben da glitzert es schon länger so." Bald war man sich einig, das konnte nur Glimmer von einem Gneis, Schiefer oder Granit sein. Um auszuschließen, dass man einem Kristallin-Blockschutt aufsaß, wurde die Bohrung noch weitergeführt und bei 6 630 m (Endtiefe) eingestellt. Ein Bohrkern bestätigte, dass man im Biotitgneis-Phyllit gelandet war. Wie war es möglich, dass alle Speichergesteine, die vorhergesehen waren, fehlten. Das konnte wohl nur durch einen Bruch sein. (Diese Speichergesteine wären gewesen: eine Karbonatserie des tieferen Malm, eine sandig-dolomitische Entwicklung des obersten Dogger in Form der Höflein-Formation und eine darunter folgende sandig-grobklastische Delta-Entwicklung des Dogger.) Zur Feststellung eines Bruches wurde der tiefste Teil des Bohrlochs abzementiert und eine Ablenkung durchgeführt. Im Grenzbereich zum Kristallin wurde ein Bohrkern gezogen (Abb. 141). Es gelang, in diesem die Grenze Malm/Kristallin zu erfassen. Und siehe da: Es gab keinen Bruch und das Sediment des Malm lag diskordant, taschenförmig über Kristallin. Das heißt: Der gesamte

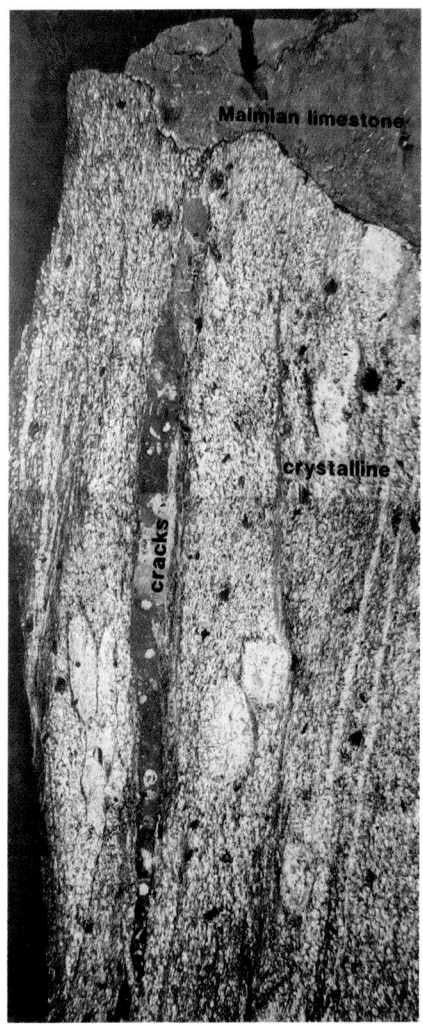

Abb. 141: Bohrkernfragment Aderklaa UT 1b, Tiefe 6.247 m. Ein Bohrkern löst die Frage, ob das Fehlen eines wichtigen Teiles des Autochthonen Mesozoikums durch einen Bruch oder eine Sedimentationslücke bedingt ist (R. Sauer et al. 1990).

Dogger und der tiefere Teil des Malm sind an dieser Stelle erodiert.

Nach freundlicher Information von Klaus Arnberger, OMV, wurde eine Nachuntersuchung des genannten Bohrkernes durch Ales Vrsic durchgeführt mit folgendem Ergebnis: Die Kluftfüllungen im Kristallin (vertreten durch Granat führenden Glimmerschiefer) und auch das Sediment über dem Kristallin bestehen aus Malmkarbonat vom Typ Altenmarkt-Formation (reich an Schwammspiculen). Unmittelbar darüber erfolgt jedoch eine Überlagerung durch eine Mikulov-Mergelstein-Formation, reich an Biodetritus u. a. aus Echinodermen, Filamenten, Foraminiferen, Calcisphaeren und auffallend vielen Saccocomen. Die Grenze bildet ein ausgeprägter „hard ground", der für eine Sedimentunterbrechung spricht.

Der Betrag der Mächtigkeit des erodierten Sedimentmantels ist schwer zu eruieren. Nach den strukturellen Verhältnissen, die in weniger tiefen, westlicheren Bereichen bekannt sind und in einem vorangehenden Kapitel geschildert wurden, könnte die Position der Aderklaa UT auf einem jetzt allerdings schon abgekippten Hochbereich einer asymmetrischen Scholle der bekannten Brüche des Dogger liegen. Auf diesen Hochbereichen herrschen geringe Mächtigkeit, Schichtlücken oder Kondensation der Schichten bis Erosion vor, bevor wieder der nächste Bruch gegen Osten und die nächste asymmetrische Scholle einsetzen. Die Bohrung wurde verschlossen, nachdem Tests in höheren Testintervallen keine nennenswerten Ergebnisse erbrachten. Die Bohrung stellt eine wesentliche Information über den Tiefbau des Alpenkörpers und seine Unter- und Überlagerung dar (Abb. 140). Natürlich bleiben noch etliche Fragen unbeantwortet, bei dieser Lokalität und im Allgemeinen bei der Nachbetrachtung des Übertiefaufschlusses. In der kristallinen Bohrstrecke traten immer wieder Gasanzeigen auf (F. Brix 1993). Dass Lagerstätten im Kristallin möglich sind, zeigen Beispiele in Tschechien und Ungarn. Mit hoher Wahrscheinlichkeit wäre das Überdruckregime in den Tiefen von Aderklaa UT auch hier für eine Lagerstättenbildung dienlich.

Durch den Übertiefaufschluss ist zwar die Frage unkonventioneller Gasvorkommen in das Blickfeld gerückt, doch hat nicht einmal noch der konventionelle Aufschluss seine ihm zustehende Bedeutung erlangt. Die Anfänge versprachen viel, doch sie streiften – jeweils nur knapp – am Erfolg vorbei. Im Zusammenhang mit den Aktivitäten im Übertiefaufschluss sollen Namen genannt werden, denen die Initiative dazu zum größten Teil zu verdanken ist: dem damaligen Technischen Direktor des Aufschlusses, Hermann Spörker, und dem Chefgeologen Arthur Kröll.

8.3.4 Projekte Kronberg und Poysdorf

Im Jahr 1992 erfolgte nach längerer Pause ein Aufschluss auf das Autochthone Mesozoikum. Es war dies die Bohrung Kronberg T 1 (Abb. 142) nahe dem Rand des Wiener Beckens. Das Projekt konnte nun schon auf das Ergebnis einer 3D-Seismik aufbauen, das eine ausgeprägte Hochzone im dritten Stockwerk mit einer Bruchbegrenzung gegen Südosten im Jura auswies. Die Bohrung durchteufte die Flysch- und die Waschbergzone, die autochthone Molasse fehlt wie in Aderklaa UT auch hier, da tektonisch abgeschert. Unter der alpin-karpatischen Überschiebung wurden die klastischen Sedimente des Dogger angetroffen. Auf der Hochzone fehlten demnach wieder die jüngeren Schichten des Jura und der Kreide. Sie setzten anscheinend erst an der Flanke der Hochzone ein. Der Bruch im Jura wurde bestätigt. Allerdings kam ihm keine abdichtende Funktion zu, stattdessen erfolgte daraus Zufluss von Wasser mit erstaunlich hoher Salinität. Die Bohrung endete im Dogger bei einer Endtiefe von 4.714 m; auf eine Erkundung der Basis wurde aus wirtschaftlichen Gründen verzichtet, sodass unbekannt bleibt, ob sie nicht auch aus Karbonat führendem Paläozoikum bestehen könnte. Eine Ablenkung in den westlichen Flankenbereich wurde in Erwägung gezogen, um eine stratigraphische Falle im Dogger und tieferen Malm festzustellen, kam aber nicht mehr zur Durchführung. Die Tiefscholle im Südosten wird analog zu den Bruch- und Schollenbeispielen am Südostsporn der Böhmischen Masse eine asymmetrische Form mit größter Mächtigkeit auf der Seite am genannten Jurabruch besitzen. Möglicherweise liegt ein Hoffnungsgebiet von Tiefengas auf dieser Scholle, die ja schon nahe dem Depozentrum des Muttergesteins zu liegen kommt, darüber mit dem vermehrten Aufkommen der Kohlenwasserstoffvorkommen von Pirawarth und Hochleithen im Neogen. Zu erwähnen ist noch die Bohrung Poysdorf 2 im Wiener Becken, welche gemeinsam mit der

Bohrung Ameis 1 ein mächtiges Paket aus autochthoner Oberkreide erschloss, in diesem aber verblieb.

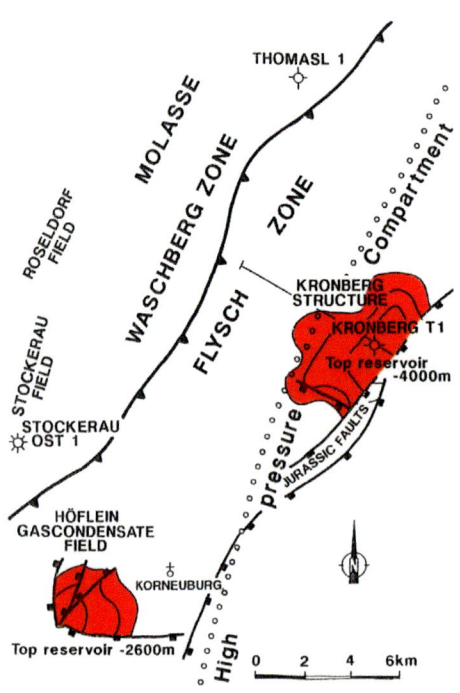

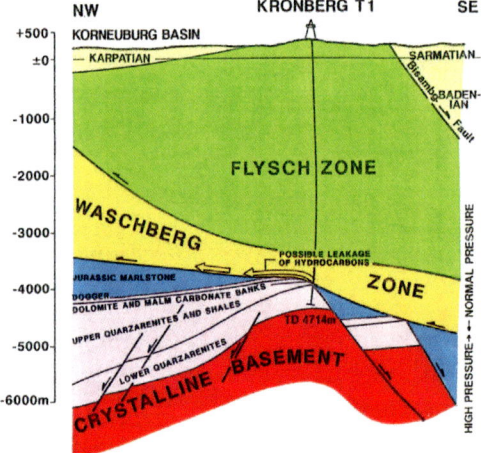

Abb. 142: Die Bohrung Kronberg T 1. Ein Aufschluss auf das dritte Stockwerk knapp außerhalb des Randes des Wiener Beckens. (W. Zimmer & G. Wessely in G. Wessely & W. Liebl [eds.] 1996)

9. Schritte der Entwicklung des östlichen Weinviertels

9.1 Vergangenheit

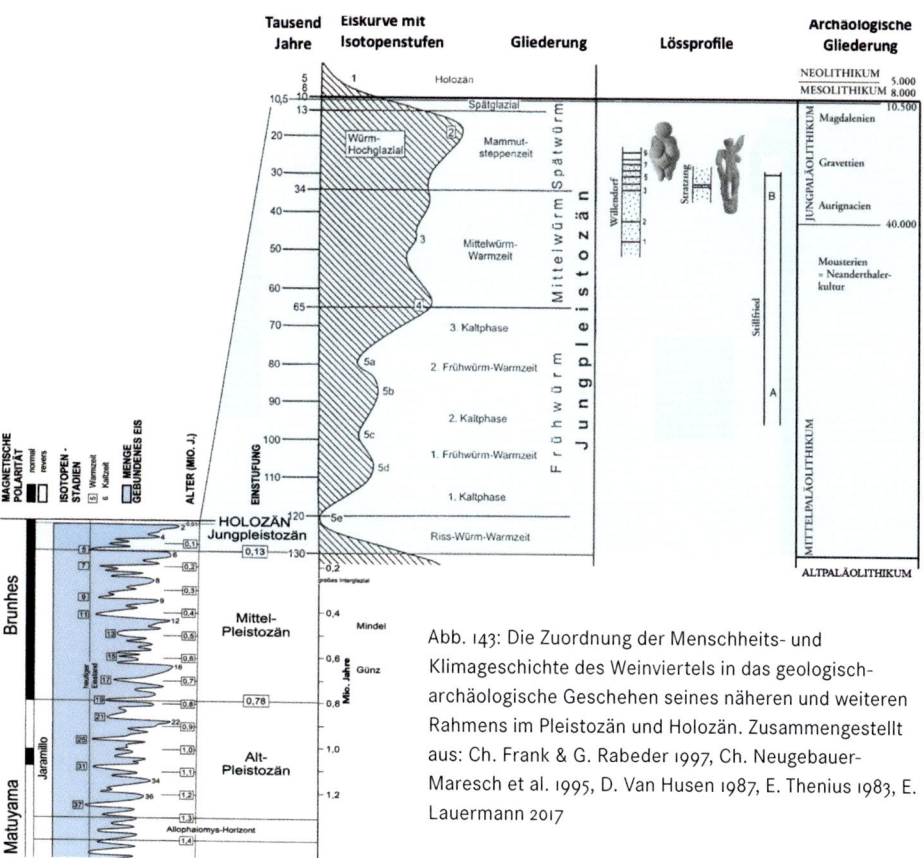

Abb. 143: Die Zuordnung der Menschheits- und Klimageschichte des Weinviertels in das geologisch-archäologische Geschehen seines näheren und weiteren Rahmens im Pleistozän und Holozän. Zusammengestellt aus: Ch. Frank & G. Rabeder 1997, Ch. Neugebauer-Maresch et al. 1995, D. Van Husen 1987, E. Thenius 1983, E. Lauermann 2017

Als Landschaft mit günstigen Lebensbedingungen war das Gebiet um das Weinviertel schon sehr früh bevölkert. Zeugnisse menschlicher Tätigkeit sind schon ab der Altsteinzeit zu finden, wie etwa im Bereich Stillfried. Sicherlich spielten als Behausungen Höhlen eine Rolle, aber anzunehmen sind zeltartige Unterkünfte und eine Jagd- und Sammeltätigkeit als Lebensgrundlage. Zeugnis davon geben die Ausgra-

Abb. 144: Kreisgräben, Zeichen im Boden für eine früher großdimensionale Aktivität. Mittelneolithische Kreisanlage (Hornsburg 2) in Hornsburg, Gemeinde Kreuttal (mit freundlicher Genehmigung, © BildNr. 0120000611_072 Luftbildarchiv, Institut für Urgeschichte und Historische Archäologie, Universität Wien)

bungen von Stillfried (W. Antl-Weiser, Urgeschichtliches Museum Stillfried, W. Antl 1988, 2022, W. Antl-Weiser 2008).

Erste Weintraubenkerne (Abb. 148) wurden in Stillfried (späte Bronzezeit) gefunden (Kohler-Schneider, M. 2001). Der Boden des östlichen Weinviertels gibt mittels spezieller Methoden wie Bodenradar (Abb. 143), magnetischen Messungen, Fototechniken und chemischen Methoden sowie vieler interdisziplinärer Untersuchungen archäologische Informationen aus Zeiträumen frei, aus denen es noch keine schriftlichen Überlieferungen gibt. Wir erhalten Kenntnis von Kreisgräben (Abb. 144) und Wehranlagen, die erstaunliche Dimensionen erreichten, wie etwa in Schletz (fünftes Jahrtausend vor Christus), Friebitz (bemalte Keramiken aus dem Neolithikum), ebenso die Anlagen von Hornsburg südwestlich von Großrussbach

Abb. 145: Erdbewegungen riesigen Ausmaßes: Der Gugelhupfberg bei Gaiselberg. Am besten erhaltener Hausberg Niederösterreichs (Foto Darwin Maslo)

Abb.146: Beispiel eines „Erdstalles" aus Großinzersdorf. Eingang vom Keller Falmbigl (Foto P. Hofer) und Plan von E. Bednarik 1997

Abb.147: Die bewaffneten Vertreter der Kriegsparteien in der Schlacht von Dürnkrut und Jedenspeigen, dargestellt an Figuren im Ortsgebiet von Dürnkrut und bei Jedenspeigen

und Oberkreuzstetten (W. Neubauer & P. Melichar 2005. G. Trnka 2005).

Verschiedene Völkerscharen haben das Weinviertel gequert, kriegerische Auseinandersetzungen, Gräuel und kriminelle Begebenheiten (M. Teschler-Nicola, F. Gerold, F. Kanz, K. Lindenbauer, M. Spannagl 1996, F. Felgenhauer et al. 1988) waren eingebettet in ruhige, konstruktive Abschnitte, wie es an den Wänden vermerkt und durch die archäologischen Freilegungen von Stillfried nachzuweisen ist, bis in die Römerzeit und später. Die Bernsteinstraße verlief von Carnuntum über Groß-Schweinbarth und Wilfersdorf in Richtung Mikulov. Dieses eigentliche System römischer „Fernstraßen" hatte einen oft sehr dicken Unterbau (A. Bichl et al. 2003) und war zum Teil mit Steinquadern, zum Teil mit Kies belegt. Ein eindrucksvolles Erdbauwerk

Abb.148: Der erste Nachweis und der Fortschritt des Wein- und Ackerbaus (Fotos aus dem Museum Stillfried)

findet sich auch nachher in Form des Gugelhupfberges in Gaiselberg (H. Windl et al. 1982), entstanden um das Jahr 1160 (Abb. 145).

Ein für Österreich entscheidendes historisches Datum war 1278, als in der Schlacht bei Dürnkrut und Jedenspeigen das Blut vieler Krieger Ottokars von Böhmen und Rudolfs von Habsburg den Weinviertler Boden tränkte (Abb. 147, 149). Die Suche nach Resten und Opfern dieser Schlacht mittels physikalischer Methoden ist großflächig noch immer im Gang. Später brachten Türken, Kuruzzen und Schweden viel Unheil über das Land. Aus Zeiten solcher Bedrohungen stammen möglicherweise auch die „Erdställe", unterirdische Gangsysteme, die vor allem im Bereich Groß Inzersdorf (Abb. 146) und Umgebung im Löss untersucht wurden (E. Bednarik 1997). Immer wieder hat sich das Land erholt, und der fruchtbare Boden, meist aus Löss, hat die Bevölkerung durch Acker- und Weinbau stets wieder aufgerichtet und gut versorgt. Eisenbahnen und Straßen durchzogen das Land, die Bedeutung als Kornkammer und Weinquelle Österreichs war schon immer gefestigt. Die Verbindung von guter Weinqualität und dem geologischen Untergrund hat zu etlichen Dokumentationen

Abb.149: Gedenkstein, der an die Schlacht von Dürnkrut und Jedenspeigen erinnert

Abb. 150: Der Erdöl-Erdgas-Lehrpfad Prottes als geologisch-technischer Leitfaden einer bedeutenden Epoche.

geführt, die auf die Zusammensetzung, das Klima und die Bodenbearbeitung eingegangen sind (M. Heinrich et al. 2004). Im Jahr 1932 kam als ein weiterer wirtschaftlicher Schwerpunkt die Rohstoffgewinnung von Erdöl und Erdgas hinzu und damit einhergehend ein technischer, aber auch wirtschaftlicher Entwicklungsschub.

Nach einigen, weniger bedeutsamen Bohrergebnissen wurde die Bohrung Gösting 2 wirtschaftlich fündig. Dieser Erfolg löste eine lawinenartige Bohrtätigkeit entlang des Steinbergbruches und der Hochzone des Steinberges aus, die in der Folge auch in die Zeit des Zweiten Weltkrieges fiel. Die Gegend war vom „Bohr- und Gestängelärm" erfüllt. Ein Zischen war zu hören, wenn Gas abgeblasen wurde, manchmal auch – entsprechend dem niedrigen technischen Standard – in Form unkontrollierter Ausbrüche, vor allem am Mühlberg. Während des Krieges wurden auch Abfüllanlagen der Bahnstationen bombardiert (nicht aber die Förderanlagen) und Rauchsäu-

Abb. 152: Die einstige „Übersiedlungs"-Methodik eines Bohrturms (G. Ruthammer & D. Sommer 1991)

Abb. 151: Die vorgesehene und schon angefertigte Abschlussvorrichtung (E –Kreuz) für die Bohrung Zistersdorf Übertief 2A, nun als erstaunenswertes Objekt am Lehrpfad Prottes als das weltweit größte E-Kreuz (Höhe ca. 7m)

len stiegen hoch in die Luft. Diese Zeit sowie die Zeit der russischen Besatzung, aber auch des großen Fundes des Matzener Feldes, ist außerordentlich informativ und illustrativ dokumentiert im Buch „Öldorado Weinviertel" von G. Ruthammer (2013) und am Erdöl-Erdgas-Lehrpfad und -Museum in Prottes (Abb. 150–154).

Das Erdöl und Erdgas des Weinviertels war vielfach Spielball von Macht- und Politikinteressen. Diente es anfangs zu einem großen Teil den Zwecken der Kriegsführung, musste später ein erheblicher Anteil als Reparationszahlung herhalten. Immerhin aber gehörte nun die Förderung nicht mehr mehreren Firmen, sondern ging als „deutsches Eigentum", ausgenommen die Felder Gaiselberg der RAG und Van Sickle/Neusiedl, in österreichische Hand über, zunächst 1945 unter sowjetischer Verwaltung (SMV), ab dem Staatsvertrag 1955 unter österreichischer Verwaltung (ÖMV). In dem Buch „ÖMV – OMV: Die Geschichte eines österreichischen Unternehmens", verfasst von F. Feichtinger & H. Spörker 1994, wird die Geschichte der ÖMV (ab 1995 zu „OMV" abgeändert) anschaulich geschildert, im Kapitel I die Vorgeschichte seit der Zeit der österreichisch-ungarischen Monarchie bis April 1945 und in den Kapiteln II bis XI die Zeit von 1945 bis 1994, dabei immer unter Einbeziehung der

Der Schritt in subalpine Tiefen

Abb.153: Der „Stalinez", ein robustes Transportrelikt aus russischer Besatzungszeit

Abb.154: Rollmeißel, Bohrstangen, Preventer und Behandlungswinde entlang des Erdöl- und Erdgaslehrpfades Prottes

weltwirtschaftlichen Ereignisse, die Einfluss auf das Unternehmen hatten. Ein wichtiger Meilenstein war die Entdeckung des Feldes Matzen. Hier ist wieder die Bedeutung von K. Friedl hervorzuheben, wie eine unveröffentlichte Strukturkarte aus dem Jahr 1949 zeigt (Abb. 155), die lediglich aufgrund von Strukturbohrungen (u. a. Cf-Bohrungen) mit Tiefen von bis zu ca. 300 m erstellt wurde.

Die Bedeutung der ÖMV/OMV für die Wirtschaft Österreichs und deren Aufschwung nach dem Zweiten Weltkrieg ist offenkundig. Dass auch die Bevölkerung des östlichen Weinviertels von der Aktivität der Erdöl- und Erdgasexploration profitierte, was finanziellen Wohlstand, was die Beschäftigungslage betrifft – Generationen wirkten durch ihre Arbeit mit – ist ebenso von unschätzbarem Wert.

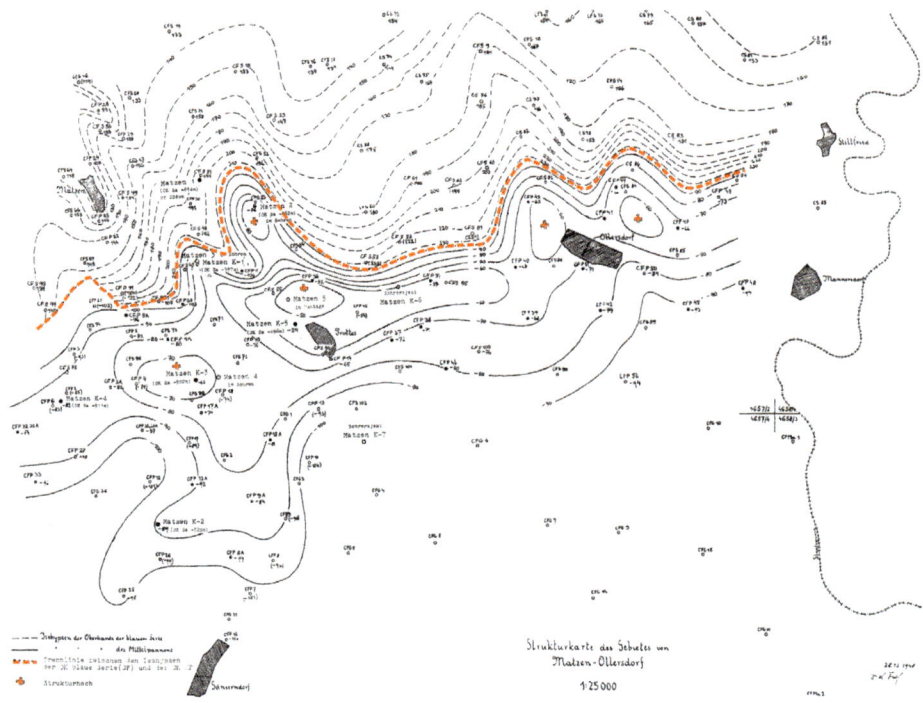

Abb.155: Strukturkarte des Gebietes Matzen-Ollersdorf 1:25:000 von K. Friedl 1949

9.2 Gegenwart und Zukunft – Der Tiefenaufschluss als Schlüssel gegenwärtiger und künftiger Energiegewinnung

Der Boden des östlichen Weinviertels steckt voller Energie – zum einen aus dem Saft der Reben (Abb. 156), zum anderen aus den Speichergesteinen des Bodens, welche Öl, Gas (Abb. 157) und Heißwasser (Abb. 163) enthalten.

Die Erdöl- und Erdgassuche erfordert einen hohen Standard in der Technik der Exploration mittels Seismik, Gravimetrie und Magnetik auf höchstem internationalem Niveau. Hatte man vormals das Auslangen mit der 2D-Seismik gefunden, wurde in letzter Zeit fast nur mehr auf 3D-Messungen zurückgegriffen. Zuletzt wurde im Wiener Becken des Weinviertels die umfangreichste 3D-Seismik Mitteleuropas gemessen, um die tiefen Abschnitte des Beckens zu eruieren.

Als besonders instruktiv kann eine gravimetrische Übersichtsdarstellung von H. Granser (Abb. 158) dienen, die vor allem die großen Strukturen im Untergrund des Wiener Beckens in plastischer Deutlichkeit zum Ausdruck bringt: Die Hochzonen Steinberg, Pirawarth und vor allem Oberlaa/Laxenburg, vermutlich durch Basement-Anhebungen akzentuiert, weiters die zentralen Hochzonen von Matzen und Aderklaa, die Tiefzonen von Zistersdorf bis Wien und das Schwechater Tief, ebenso die

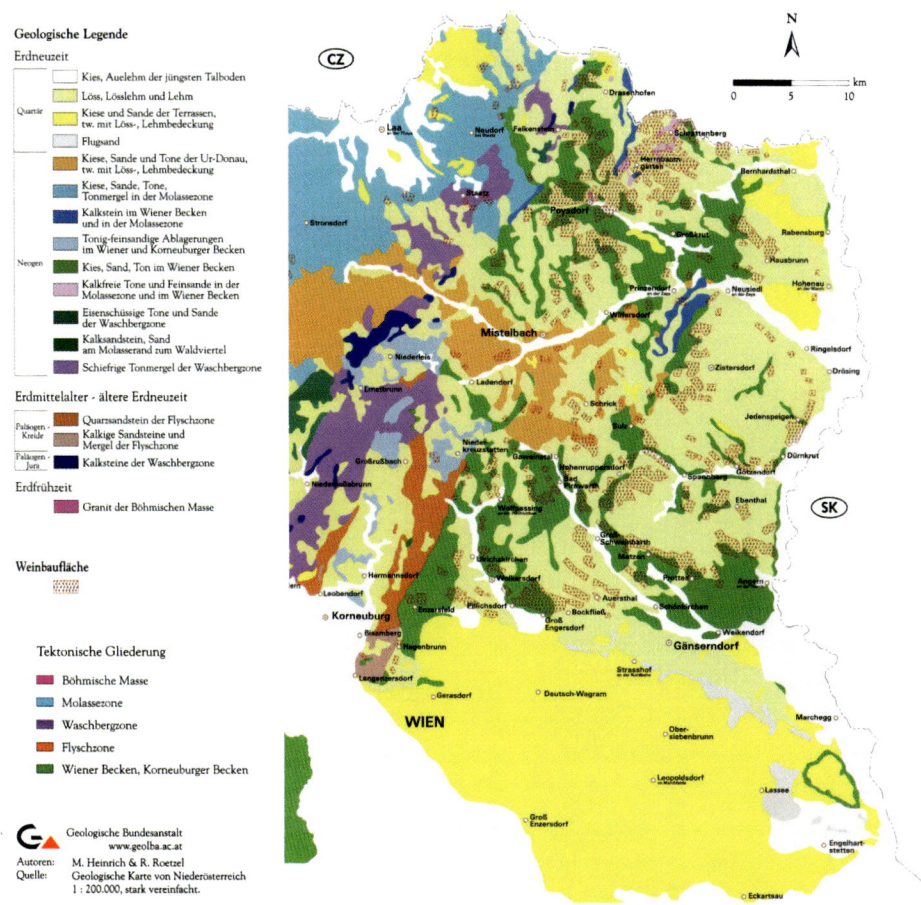

Abb.156: Wein und Geologie (M. Heinrich, Th. Hofmann & R. Roetzel 2004): Die Bedeutung des Bodens für den Weinanbau ist zum größten Teil an die Lössgebiete gebunden. Große Schotterflächen, vor allem die Gänserndorfer Terrasse, werden kaum für den Weinbau benützt.

jungen Senken von Wiener Neustadt, Mitterndorf, Lassee entlang der VBTF-Störung (s. a. D. Zych 1988).

Als gutes Beispiel für den Beitrag der 3D Seismik zur Auflösung der dritten Dimension im Wiener Becken im ersten und zweiten Stockwerk soll eine Linie zwischen Aderklaa und Glinzendorf, herausgespielt aus einem 3D Kubus, der aus einer Zusammenfügung der Messbereiche von Wien Energie und von OMV besteht, dienen (Abb. 159).

Die geophysikalische Aufbereitung mit ihren Schritten von Processing und Modelling (M. Schreilechner et al. 2022) für die geologische Interpretation des seismischen Bildes erfolgte durch Geo 5 in Leoben. Die Darstellung kann sich auf die

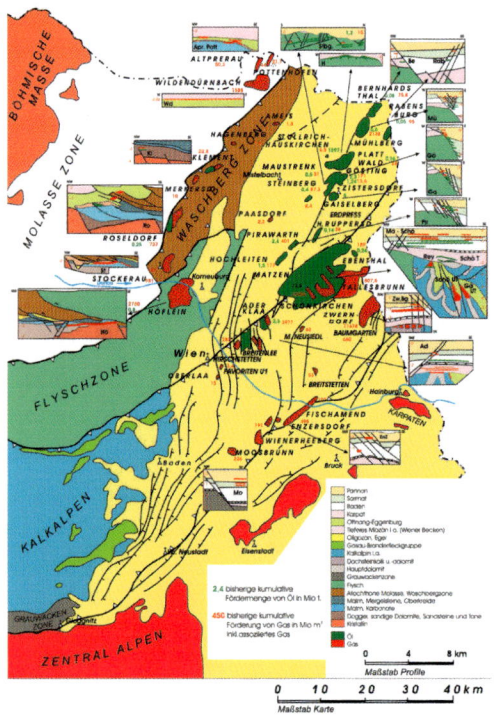

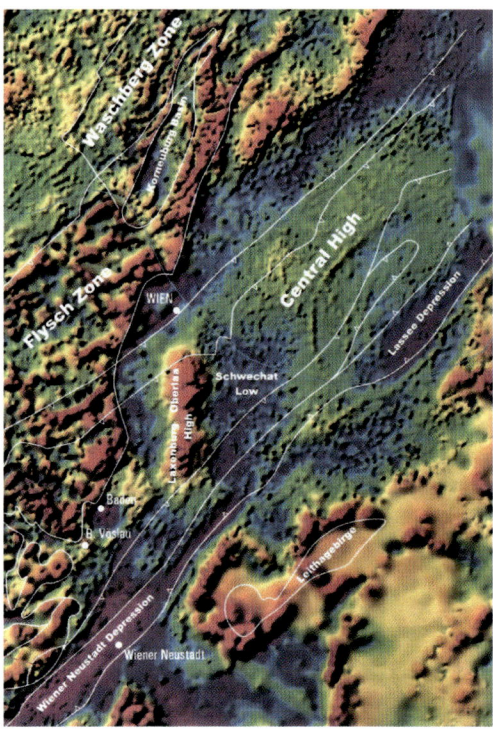

Abb.157: Die Öl- und Gasfelder des östlichen Weinviertels (Detail aus G. Wessely 2006)

Abb.158: Gravimetriebeispiel: Durch die Gravimetrie werden vor allem großräumige Strukturen sichtbar (H. Granser).

Information einiger in der Linie liegenden Bohrungen stützen (aus G. Wessely in F. Brix & O. Schultz [Red.] 1993, Abb. 125). Bei dem gegenständlichen Schnitt handelt es sich um eine Zeitsektion, vertikal basierend auf den Wegzeiten der Reflexion der induzierten Strahlen. Der Schnitt umfasst eine genaue Auflösung der Schichten des Neogen, weiters die Bruchdurchgänge des westfallenden Aderklaaer Westbruches und des ostfallenden Markgrafneusiedler Bruches. Markant hebt sich das Aderklaaer Hoch von der Groß-Engersdorfer Einmuldung und von den Marchfelder Tiefzonen ab. Wenn auch der kalkalpine Beckenuntergrund infolge seiner oft steil gestellten Schichtlagerung nur großblockig interpretierbar ist, lässt sich dennoch eine Abgrenzung der Einheiten herauslesen: der Block der Aderklaaer Antiklinalzone der Lunzer Decke, im NW mit der invertierten, jetzt nordfallenden Überschiebungsgrenze zur Frankenfelser Decke. Letztere enthält die deckeneigene Losensteiner Mulde (erschlossen in der Bohrung Aderklaa NT 2). Gegen Südost legt sich über die Lunzer Decke die Gosau der Gießhübler Mulde, überschoben von der Göller Decke mit ihrem Hauptkörper. Diese trägt am Rücken die von der Stirn der Göller Decke stam-

Gegenwart und Zukunft

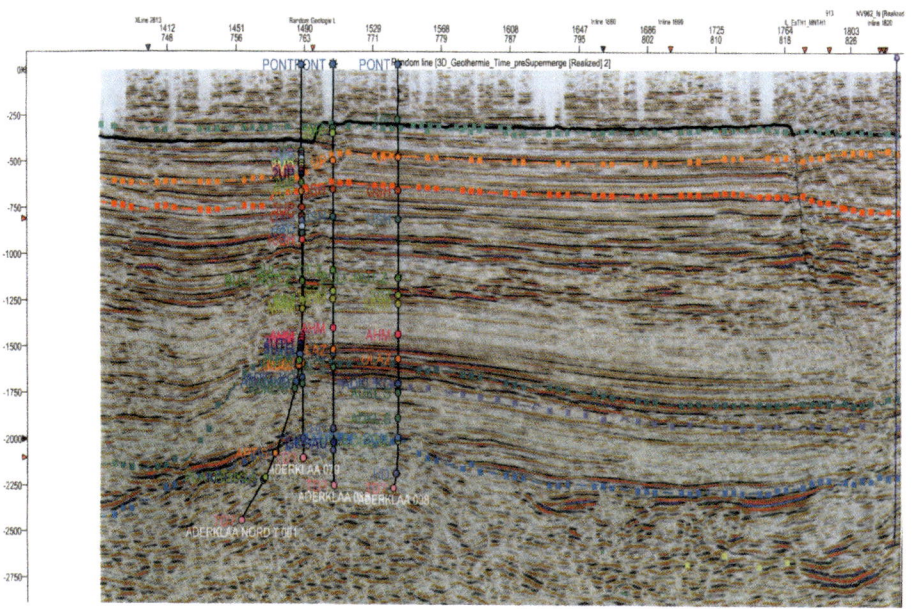

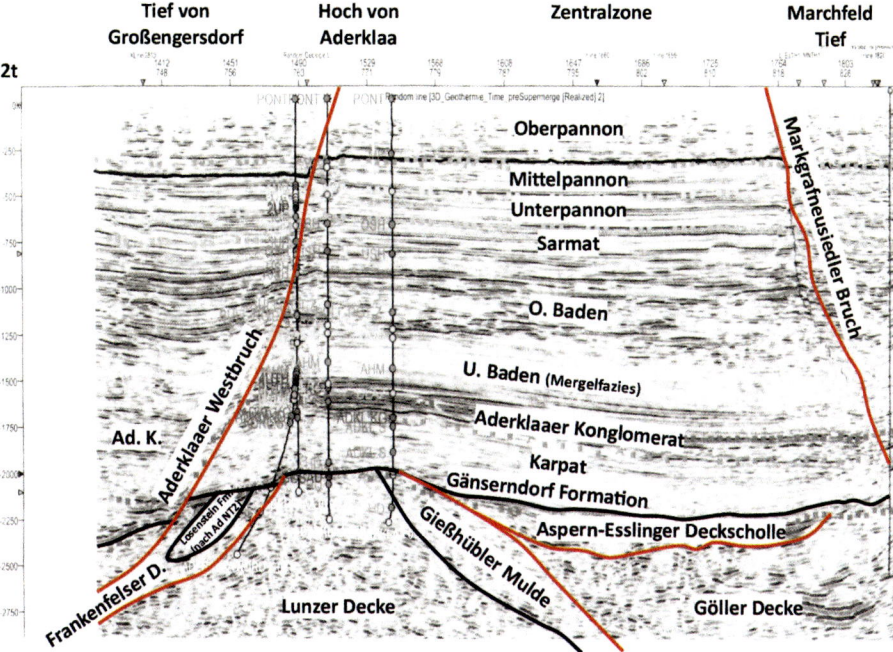

Abb.159: 3D-Seismik, Beispiel: Ermittlung und Schärfung der Kenntnis über den stratigraphischen und tektonischen Bau im Wiener Becken und seines Untergrunds. Geophysikalische Aufbereitung und Interpretation in Kooperation mit Geo 5 GmbH, Leoben

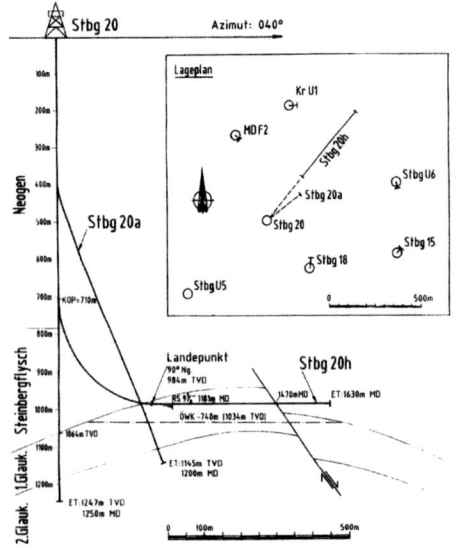

Abb.160: Die Einführung der Horizontalbohrtechnik (W. Grün 1993)

mende flach rücküberschobene Aspern-Esslinger Deckscholle.

Eine ausgedehnte und bis zu hoher Perfektion entwickelte Methodik liefert die Bohrlochgeophysik. Sie beruht auf den geoelektrischen Eigenschaften der Gesteine und deren Poreninhalte in Form der Kohlenwasserstoffe und der Wässer, auf ihren akustischen, strahlungsmäßigen, dichtebedingten Eigenschaften. Von großer Bedeutung sind Verfahren, die auf Erfassung der Bohrlochwand beruhen und damit Daten über Gesteinsstruktur, wie Einfallswerte der Schichten und Klüfte, oder lithologische Merkmale erbringen. Die Ansprüche an die Bohrlochmesstechnik wurden so erfüllt, dass viele Errungenschaften Eingang in die allgemeine Welt der Bohrlochgeophysik fanden.

Zur Analyse der Gesteine, ihres fossilen Lebens und dessen Umfeldes werden verschiedene Methoden herangezogen. Dies richtet sich nach dem verfügbaren Material: Sind es „Weichgesteine" oder „Hartgesteine", die zur Untersuchung gelangen, liegen Oberflächenproben, Bohrkerne oder vom Bohrmeißel zerkleinerte Spülproben vor. Von Weichgesteinen, also Tonen, Mergeln und weicheren Sandsteinen, werden Mikro- und Nannofossilpräparate zur direkten Untersuchung hergestellt. Hartgesteine wie Kalke, Dolomite, harte Sandsteine oder Kristallin dienen zur Anfertigung von Anschliffen und Dünnschliffen. Die Sandsteine liefern nach der Behandlung in Säuren die Präparate für Schwermineralanalysen als wertvolle Identifizierungshilfe des Gesteins. Die Untersuchung der Proben erfolgt mikroskopisch. Bei Dünnschliffen werden die Gesteine bis zur Durchsichtigkeit geschliffen und im Durchlicht untersucht. Da immer seltener Bohrkerne genommen werden, zieht man zur Untersuchung „drill cuttings" aus Spülproben heran; dies kann bis zu sehr geringer Teilchengröße des Spülprobenmaterials erfolgen. Die Proben werden in ihrer Vielfalt in Kunstharz eingegossen und die so gewonnenen „plugs" werden geschnitten und wie kompakte Gesteine weiterbehandelt. Neben Fossilien und deren Resten erfolgen Mikrofaziesbestimmungen, sogar an kleinsten Stücken des Bohrguts. Bei Bohrkernen bildet die Struktur aus Schicht- und Kluftflächen eine wichtige Information. Sehr gut bewährt haben sich Spülproben-Klebelogs vor allem im Kalkalpin (Abb. 120). Sie stellen, maßstäblich angefertigt, gute Korrelationswerkzeuge mit Lithologien anderer Bohrungen und eine Ergänzung zu den vielen Typen von Bohrlochmessungen (Lithologie-, Porositäts-, Schichtneigungs-

Abb.161: Erdölpumpen in platzsparender Anordnung. An der Stelle einer fündigen Bohrung werden mithilfe der Richtbohrtechnik mehrere Produktionssonden abgeteuft.

messungen) mithilfe von elektrischem Potenzial, von Gesteinswiderstand, von Gesteinsdichte von Schichtgeschwindigkeit und von Strahlungsintensität etc. dar.

Vor allem im Kalkalpin wurden Vergleichsproben aus dem Gelände für die Bohrungen herangezogen, Dünnschliffe wurden davon angefertigt und später in erheblichem Ausmaß digitalisiert. Dafür wurde das Projekt „ARDIGEOS", eine Zusammenarbeit zwischen der Firma OMV, der Universität Wien und der Geologischen Bundesanstalt, ins Leben gerufen, und in erweiterter Form mit Proben aus Beständen namhafter Wissenschaftler sind die Ergebnisse in Hinkunft im Internet verfügbar. Die Oberflächenproben sind im Bohrkerndepot in Gänserndorf gelagert, die Dünnschliffe, Mikro- und Nannopaläontologie sowie Schwermineralpräparate aus der Oberfläche sind in Depots der Geologischen Bundesanstalt, nunmehr Geosphere Austria, aufbewahrt. Sämtliches Probenmaterial mit allen Präparaten inklusive Klebelogs aus Bohrungen enthält das geologische Labor und das Kerndepot der OMV in Gänserndorf.

Die Durchführung tiefer und übertiefer Explorationsbohrungen ist nur mit sehr schweren Bohranlagen möglich. Hier wurde ein Standard erreicht, der eine internationale Spitzenposition darstellt. Bei der Lagerstätten- und Fördertechnik ist unter anderem hervorzuheben, dass durch die Einführung und Entwicklung der Richtbohrtechnik eine verbesserte Ausbringung von Erdöl aus Flysch- und Neogenlager-

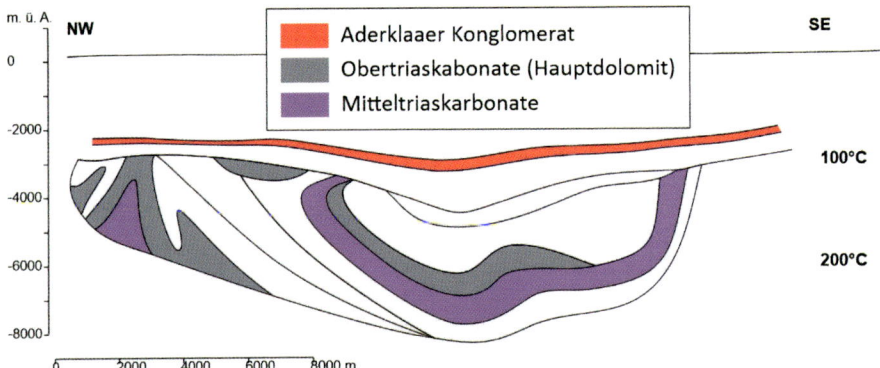

Abb. 162: Das hydrogeothermale Energiepotenzial aufgrund der geologischen und technischen Erfahrung aus der Kohlenwasserstoffexploration

stätten erfolgen konnte. Durch Verwendung einer Bohrturbine muss sich nicht mehr das Gestänge drehen, sondern die Bohrturbine frisst sich, von oben gelenkt, in jede gewünschte Richtung. Als Beispiel sei erwähnt, dass im Flysch des Steinbergs in die Horizontale gebohrt wurde, um einen Sandstein besser entölen zu können (Abb. 160). Man ging so vor, dass man zuerst eine senkrechte Bohrung durchführte, damit man daraus durch Bohrlochmessungen alle Informationen über die Lage des Ölhorizonts einholen konnte. Sodann wurde mit der Horizontalbohrung der Horizont der Länge nach erschlossen, was – im Unterschied zu einer Senkrechtbohrung – eine mehrfache Förderung ermöglichte (W. Grün 1993).

Durch das Richtbohren konnte man von einer Bohrstelle mehrere Förderbohrungen in verschiedene Richtungen (Abb. 161) anlegen.

Durch den Bohraufschluss wurde eine fundiertere geologische Gliederung der tektonischen Einheiten und paläontologischen Einstufungen der Gesteinsabfolge im derzeit bestehenden Umfang möglich (D. Elster et al. 2016).

Das geologische und technische Wissen ist für die Zukunft von unschätzbarem Wert, bildet es doch die Grundlage für eine in seiner Bedeutung erst am Beginn stehende Einschätzung der Energiegewinnung – der Geothermie (M. Hasni et al. 2022), insbesondere der Hydrogeothermie (Abb. 162, 163). Auch dafür bietet das östliche Weinviertel mit seinem Untergrund ein sehr geeignetes Gebiet. Der Vorteil der Geothermie liegt darin, dass sie unabhängig von Wind und Sonne gleichförmige Energie liefert, derzeit noch in Form von Wärme (J. E. Goldbrunner & G. Götzl 2013), später vielleicht durch Erzeugung von elektrischem Strom. Neuere Informationen darüber geben M. Bottig & D. Rupprecht 2022. Die Exploration von Kohlenwasserstoffen hat das nötige Werkzeug dafür geschaffen: Kenntnis über den geologischen Bau, über die günstigste Gesteinsart, das Porenvolumen, die Durchlässigkeit, Gesteinsmächtigkeit, Mengenabschätzung des Heißwassers, Temperatur- und Druckverhältnisse. Laufen

Gegenwart und Zukunft

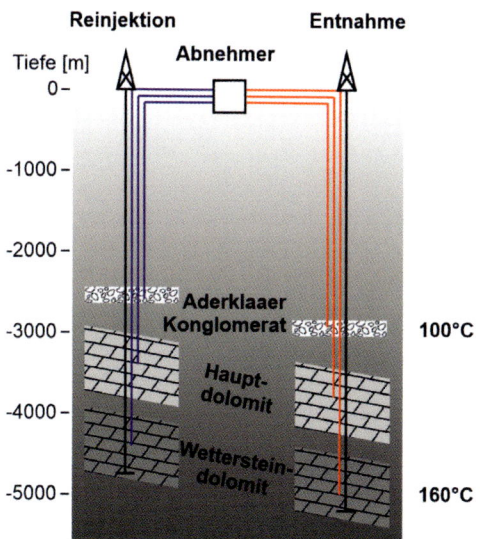

Abb. 163: Vereinfachtes Schema der hydrogeothermalen Energiegewinnung

Abb. 164: Die Testarbeiten der OMV im kalkalpinen Untergrund des Wiener Beckens im Raum Aderklaa/ Deutsch Wagram

schon in mehreren Gebieten Österreichs funktionierende Anlagen mit guter Effizienz, wartet vor allem das östliche Weinviertel auf den Sprung in die Realisierung der laufenden Projektierungen. Das östliche Weinviertel hat ausgezeichnete Voraussetzungen dafür. Die Hoffnungsgebiete liegen in der Kalkalpenzone von Wien bis Baumgarten an der March. Hinzu kommt, dass dieser Streifen tiefe Absenkungen des Wiener Beckens quert, vor allem das Schwechater und das Marchfeld Tief, in denen die Heißwasser führenden Gesteine bis zu Tiefen von 8.000 m reichen. Die Aquifere sind hauptsächlich Dolomite der Trias, Hauptdolomite der Obertrias (Abb. 164), Wettersteindolomite der Mitteltrias und Dolomite der tieferen Mitteltrias. Das Speichergesteinsvermögen beruht hauptsächlich auf der Kluftporosität, die diese Gesteine besitzen. Die Klüfte

Abb. 165: Geothermie: Ein neues Zeitalter der Energiegewinnung bricht an. Der Bohrturm Essling Thermal 1 für Testarbeiten aus dem Aderklaaer Konglomerat

rühren von der tektonischen Beanspruchung des Gesteins her und können geeignete hohe Porosität und entsprechende Durchlässigkeit erreichen. Der geothermische Gradient im östlichen Weinviertel, errechnet aus zahlreichen Daten von Bohrungen, liegt bei etwa 30° pro 1.000 m Tiefe, der Druck ist gebietsweise überhydrostatisch anzusetzen. Damit ist ein freier Fluss zur Oberfläche gegeben. Die meist hohe Konzentration an gelösten chemischen Stoffen (vor allem Natriumchlorid) wird zwar eine Herausforderung darstellen, ist aber als beherrschbar und vielleicht auch als wertvoller chemischer Rohstofflieferant anzusehen. Die Verbreitung der Aquifere, ihre Lagerung und ihre Tiefenlage ist teilweise durch Bohrungen bekannt, teilweise muss sie durch seismische Messungen, vor allem durch die 3D-Seismik, präzisiert werden, die in letzter Zeit erfolgreich durchgeführt werden.

Die Geothermie-Bohrung Essling Thermal 1 (Abb. 165) sollte einen Dolomit des Tirolikums in mehr als 3.000 m Tiefe erbohren. Sie traf aber ein abweichendes Profil an und wurde im Beckenuntergrund nicht fündig. Allerdings hat sie eine Schlüsselstellung in der geologischen Interpretation im Wiener Raum nördlich der Donau. Der späte Erfolg dieser Bohrung in geothermaler Hinsicht war der, dass ein vor kurzem durchgeführter Produktionstest im Aderklaaer Konglomerat Heißwasser erbrachte und somit auch ein seichteres Ziel angerissen wurde, mit einer für eine Nutzung geeigneten Temperatur und Schüttung bei relativ geringer Salinität.

10. Sieben landesüberschreitende Rekorde

Bei einer Zusammenfassung der Höhepunkte geologischer, paläontologischer, technischer und wirtschaftlicher Art kann man für das östliche Weinviertel etliche Rekorde verzeichnen, die, wenn auch nicht geläufig, landesweit und international doch hohen Stellenwert besitzen (Abb. 166). Sie zeigen an, was das Stück Erde bietet, aber auch, was Menschen daraus an Leistungen herausholen.

Rekorde:
1. Größter Bruch im Alpen-Karpaten-Bogen → das Steinbergbruchsystem
2. Größte Beckentiefe im Wiener Becken → das Tief von Zistersdorf/Drösing
3. Tiefste Bohrung auf Kohlenwasserstoffe in Europa → Zistersdorf Übertief
4. Größtes Ölvorkommen auf europäischem Festland → das Feld Matzen
5. Größtes Geothermiepotenzial in Österreich → tiefste Heißwasseraquifere im Wr. Becken
6. Fossiles Austernriff mit größter fossilen Perle der Welt → Fossilfundstelle Teiritzberg bei Stetten
7. Rekordwerte erreichte auch das Deinotherium giganteum mit einer Schulterhöhe von bis zu vier Metern. Dieses riesenhafte Säugetier wurde als Wappentier für das Weinviertel vorgeschlagen.

Es sind dies nur eine Auswahl der Rekorde, die am spektakulärsten erscheinen. Nicht minder rekordverdächtig sind viele, viele weitere Gegebenheiten und Leistungen technischer und erdwissenschaftlicher Art, was Geologie, Paläontologie, Geophysik und Archäologie betrifft.

Sieben landesüberschreitende Rekorde

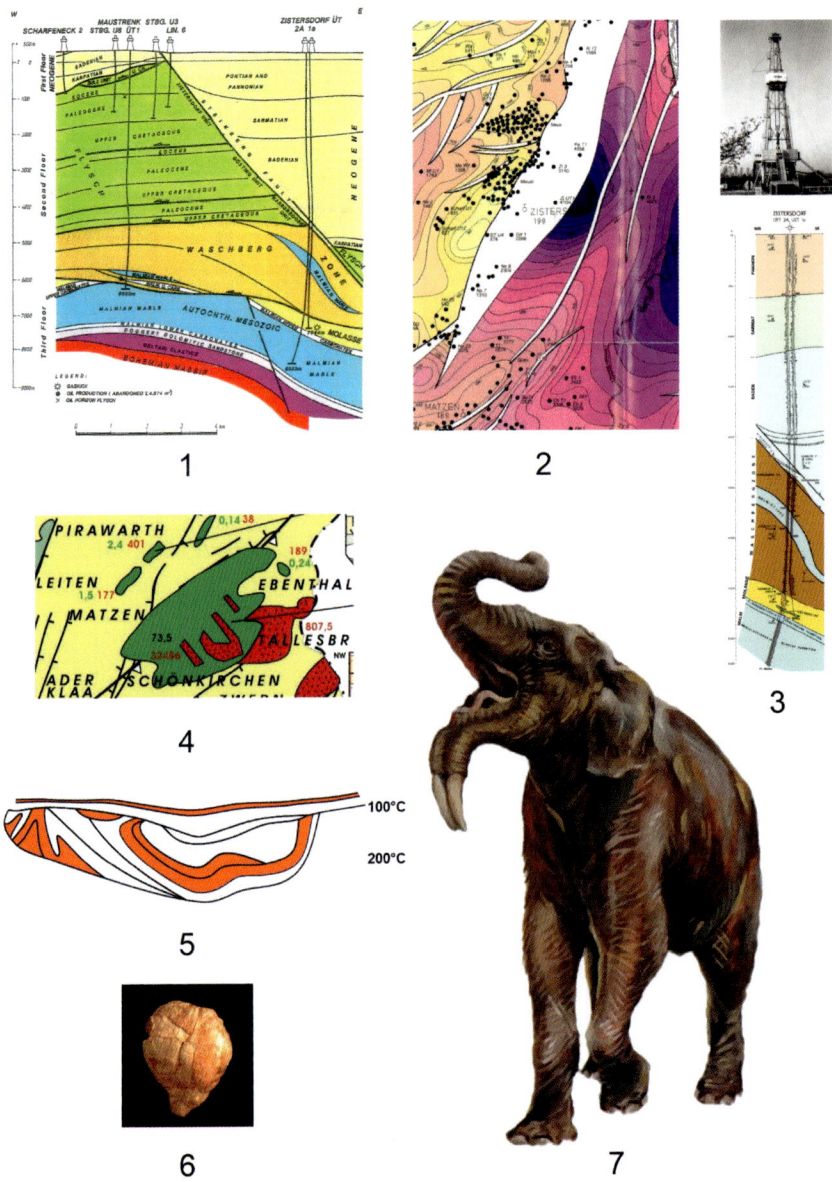

Abb. 166: Sieben landesüberschreitende Rekorde

11. Dank

Die Idee zur Verfassung dieses Buches entstand, nachdem vor einiger Zeit in Niedersulz und Zistersdorf in Vorträgen viele für die Region relevante geologische, paläontologische und technische Themen angesprochen wurden. Manche davon haben auch in allgemeiner Hinsicht Rekordcharakter. Diese in erforderlicher Ausführlichkeit einer Öffentlichkeit vorzuführen, war der Sinn dieser schriftlichen Niederlegung.

Ein Dank richtet sich ganz allgemein an das östliche Weinviertel, eine Region, der wir durch Menschen, Kultur, Beruf und Wissenschaft verbunden sind – während einer noch immer andauernden Zeit der wissenschaftlichen und technischen Entwicklung.

Der Dank richtet sich weiters an alle Personen und Institutionen, die die Verwirklichung des Werkes ermöglicht haben. Bei dieser Dokumentation ergab sich die Gelegenheit, auf die Ausführungen und Publikationen eines großen Kreises von Kolleginnen und Kollegen zurückzugreifen und den vielen Mitarbeitern und Freunden von OMV AG, Geosphere (ehem. Geologische Bundesanstalt), Universitäten, dem Naturhistorischen Museum Wien, Wien Energie, der Firma Geo5 Leoben unsere große Verbundenheit auszudrücken. Die OMV AG gestattete dankenswerterweise die Nutzung des von ihr verwalteten enormen Wissensschatzes, der sich seit Beginn der Erdöl- und Erdgasexploration in Österreich und der Nachbarländer Tschechien und Slowakei angesammelt hat. Ebenso leistete sie eine materielle Unterstützung. Für den unermüdlichen Einsatz sei ein Dank in besonderer Weise Dr. G. Arzmüller ausgesprochen, der die fachlich fundierte Vermittlung zur Firmenleitung ermöglichte. Für Korrekturen danken wir Dr. K. Hösch und Mag. Th. Payer.

Auch danken wir der Landesregierung von Niederösterreich, stellvertretend durch Mag. Harald Steininger, welche eine wertvolle mentale und finanzielle Hilfestellung bot. In fachlich und sachlich wertvoller Verbundenheit zeigte sich die Firma ADX Austria. Eine unschätzbare Gelegenheit bot sich durch die Bereitschaft des Verlages, die Herausgabe des Buches zu ermöglichen.

Besonderer Dank gilt unseren Familien für ihre Unterstützung in jeder Weise.

12. Literatur

Adamek, J. (2005): The Jurassic floor of the Bohemian Massif in Moravia – geology and paleogeography, 291–305, 11 figs. Bulletin of Geosciences, Vol. 80, No. 4, Czech Geological Survey, Brno.

Antl, G. (1988): Stillfried als interdisziplinäres Forschungsprojekt, 183–187. In: Felgenhauer – Szilvassy – Kritscher – Hauser: Stillfried: Archäologie – Anthropologie. Veröffentl. d. Museums für Ur- und Frühgeschichte Stillfried, Sonderband 3.

Antl, G. (2022): Stillfried – Zentrum der Urzeit. 96 S., zahlr. Abb., Hg. und Verleger Museumsverein Stillfried.

Antl-Weiser, W. (2008): Die Frau von W. Die Venus von Willendorf, ihre Zeit und die Geschichte(n) um ihre Auffindung (Veröffentlichungen der Prähistorischen Abteilung 1). 208 S., Verlag des Naturhistorischen Museums Wien.

Arzmüller, G., Buchta, St., Ralbovsky, E., Wessely, G. (2006): The Vienna Basin. 191–205, 6 figs. In: Jan Golonka and Frank J. Picha (eds.): The Carpathians and Their Foreland: Geology and Hydrocarbon Resources. AAPG Memoir 84, Tulsa, Oklahoma.

Bachmayer, F. (Red. 1957): Erdöl in Österreich – Natur und Technik, 92 S., Wien.

Beidinger, A., Decker, K., Roch, K. H. (2010): The Lassee segment of the Vienna fault system as a potential source of the earthquake of Carnuntum in the fourth century A. D. – Int. J. Earth Sci. (Geol. Rundschau), 15 p., 16 figs., Verl. Springer.

Beidinger, A., Decker, K. (2011): 3D geometry and kinematics of the Lassee flower structure: implications for segmentation and seismotectonics of the Vienna Basin strike-slip fault, Austria. – Tectonophysics (2011), p. 22–40 fig. 1–17, 1 tbl.

Bernhard, M. (1993): Geophysikalisch-hydrologische Untersuchungen pannoner Tiefensüßwässer im nordöstlichen Wien. – Diss. Montanuniversität Leoben.

Blühberger, G. (1996): Wie die Donau nach Wien kam. 285 S., 87 Abb., 21 Tab. Böhlau Verlag Wien-Köln-Weimar.

Borzi, A., Harzhauser, M., Piller, W. E., Strauss, Ph., Siedl, W., Dellmour, R. (2022): Late Miocene evolution of the Paleo-Danube Delta (Vienna Basin, Austria). – Science Direct, Global and Planetary Change, Vol. 210.

Bottig, M. & Rupprecht, D. (2022): Geowissenschaftliche Betrachtung des Standortes Jungbunzlauer Austria AG in Pernhofen. Geologische Bundesanstalt Wien, Fachabt. f. Hydrogeologie und Geothermie.

Brix, F. (1961): Beiträge zur Stratigraphie des Wienerwaldflysches auf Grund von Nannofossilfunden. – Erdöl-Z. 77/3, 89–100, 1 Abb., Wien-Hamburg.

Brix, F. & Bachmayer, F. (Red.) (1980): Erdöl und Erdgas in Österreich. 1. Auflage. 312 S., 114 Abb., 18 Tab., 12 Beil. Naturhistorisches Museum Wien und F. Berger, Horn.

Brix, F., Kröll, A. u. Wessely, G. (1977): Die Molassezone und deren Untergrund in Niederösterreich. – Erdöl-Erdgas-Zeitschrift, 93, ÖGEW-Sonderausgabe, 12–35, 8 Abb., Hamburg – Wien.

BRIX, F. & SCHULTZ, O. (RED.) (1993): Erdöl und Erdgas in Österreich. 2. Auflage. 688 S., 200 Abb., 61 Tab., 17 Beil. Naturhistorisches Museum und F. Berger, Horn.

CICHA, I., RÖGL, F., RUPP, CH. & CTYROKA, J., (1998): Oligocene – Miocene foraminifera of the Central Paratethys. 325 p., 61 figs., 3 Tabl., 79 pl. Abh. der Senckenberg Ges. für Naturforschung, Hg. F. F. Steininger, Frankfurt a. M.

CICHINI, H. (1985): Zistersdorf ÜT 2A – mit 8.553 m Österreichs tiefste Bohrung. S. 118–126, 17 Abb., 3 Tab., Erdöl Erdgas, 101. Jg., H 4, Hamburg-Wien.

CYPRIS, V., THON, A. (1990): Deep seated structures of the Bohemian Massif in the region between Vranovice Graben and the Czechoslovak-Austrian frontier. 18–23, 7 figs. In: D. Minarikova, H. Lobitzer (eds.): 30 Years of geological cooperation between Austria and Czechoslovakia. Fed. Geol. Survey Vienna and Geol. Survey Prague.

DAIM, F., NEUBAUER, W. (HG.) (2005): Zeitreise Heldenberg – Geheimnisvolle Kreisgräben. Niederösterreichische Landesausstellung 2005. Verlag Berger Horn.

DECKER, K., GRUPE, S., HINTERSBERGER, E. (2015): Characterizing Active Faults in the Urban Area of Vienna. Miscellana INGV, Abstracts Volume 6th International INQUA Meeting on Paleoseismology, Active Tectonics and Archaeoseismology, 27, Istituto. Naz. d. Geofisica e Vulcanologia.

DECKER, K., HINSCH, R. & PERESSON, H. (2002): Active tectonics and the earthquake potential in Eastern-Austria. ENTEC (evironmental tectonics) FP5 Research Programme of the European commission. Spring workshop Vienna 2002.

DECKER, K. & PERESSON, H. (1996): Tertiary kinematics in the Alpine-Carpathian-Pannonian system: Links between transform faulting and crustal extension. In: G. Wessely & W. Liebl (eds.): Oil and Gas in Alpidic Thrustbelts and Basins of Central and Eastern Europe. 69–77, 6 figs., EAGE Special Publication 5, Geological Society London.

DECKER, K., PERESSON, H., HINSCH (2004): Active tectonics and Quarternary basin formation along the Vienna Basin Transform fault. Quarternary Science Reviews 24 (2005). 307–322, 12 figs., Elsevier.

D'ORBIGNY, A. (1846): Foraminiferes Fossiles du Bassin Tertiaire de Vienne (Autriche). Die fossilen Foraminiferen des tertiären Beckens von Wien. XXXVII + 312 S., 21 Taf. Gide et Comp., Paris, 1846.

ELIAS, M., WESSELY, G. (1990): The Autochthonous Mesozoic on the eastern flank of the Bohemian Massif – an object of mutual geological efforts between Austria and CSSR. In: D. Minarikova & H. Lobitzer (eds.): Thirty Years of geological Cooperation between Austria und Czechoslovakia, 78–83, 4 figs., Fed. Geol. Survey Vienna, Geol. Survey Prague.

ELSTER, D., GOLDBRUNNER, J., WESSELY, G., NIEDERBACHER, P., SCHUBERT, G., BERKA, R., PHILIPPITSCH, R., HÖRHAN, TH. (2016): Erläuterungen zur geologischen Themenkarte Thermalwässer in Österreich 1 : 500.000. 296 S., 161 Abb., 134 Tab., 4 Taf., Geologische Bundesanstalt Wien.

FEICHTINGER, F. & SPÖRKER, H. (1994): ÖMV – OMV. Die Geschichte eines Unternehmens. 352 S., 225 Abb., 18 Tab. Verl. F. Berger, Horn.

FELGENHAUER, F., SZILVASSY, J., KRITSCHER, H., HAUSER, G. (1988): Stillfried. Archäologie – Anthropologie. Veröffentlichungen des Museums für Ur- und Frühgeschichte Stillfried. Sonderband 3, 1988.

FINK, J. (1955): Das Marchfeld. In: Beiträge zur Pleistozänforschung in Österreich, Exkursionen zwischen Salzach und March, Abschnitt Wien – Marchfeld –March. S. 82–116, 10 Abb., Geologische Bundesanstalt Wien.

FISCHER, A. G. (1964): The Lofer Cyclothems of the Alpine Triassic. Bull. Geol. Surv. Kansas, 169, 107–149, 38 Abb., Lawrence.

FRANK, CH. & RABEDER, G. (1997): Neudegg. Stranzendorf. In: Döppes, D. & Rabeder G. (eds.): Pliozäne und pleistozäne Faunen Österreichs. – Mitt. d. Komm f. Quartärforschung d. Österr. Akad. d. Wiss., Bd. 10, Wien.

FRIEDL, K. (1932): Über die Gliederung der Pannonischen Sedimente des Wiener Beckens. Mitt. Geol. Ges. 24, 1–27, Wien.

FRIEDL, K. (1937): Der Steinberg-Dom bei Zistersdorf und sein Ölfeld. Mitt. Geol. Ges. Wien, 29 (1936), 21–290, Taf. 1–4, Wien.

FRIEDL, K. (1946): Geologischer Bericht über die Ansetzung der Tiefbohrung Matzen 1. 3 S., 2 Beilagen, Internbericht SMV, Wien.

FRIEDL, K. (1949): Geologischer Bericht über den Stand der Aufschlussarbeiten Ende 1948 im Gebiete von Matzen – Prottes – Ollersdorf. 25 S., 1 Strukturkarte 1:25.000, Archiv Geologische Bundesanstalt.

FRIEDL, K. (1956): Strukturkarte des Zentralen Wiener Beckens 1:75000. Archiv Geologische Bundesanstalt.

FUCHS, R. & HAMILTON, W. (2004): New Depositional Architecture of an Old Giant: The Matzen Field, Austria. 205–220, 12 figs. 1 tab. In: J. Golonka & F. Picha (eds.): The Carpathians and Their Foreland: Geology and Hydrocarbon Resources. AAPG Memoir 84, Tulsa, Oklahoma.

FUCHS, R., HAMRSMID, B., KUFFNER, T., PESCHEL, R., RÖGL, F., SAUER, R., SCHREIBER, O. S. (2001): Mid Oligocene Thomasl Formation (Waschberg Unit, Lower Austria) – micropaleontology and stratigraphic correlation. In: Piller, W. E. & Rasser, M. W. (eds.): Paleogene of the Eastern Alps. Österr. Akad. Wiss. Schriftenr. Erdwiss. Komm. 14, S. 255–290, 4 figs., 4 tabs.,3 plts. Wien.

FUCHS, R., RAMBERGER, R. & VEIT, CHR. (2001): Das Matzen-Projekt – Renaissance des größten Öl- und Gasfeldes in Österreich (Wiener Becken). – Erdöl Erdgas Kohle, 117, H 11, S. 528–540, 23 Abb. Hamburg-Wien.

FUCHS, R. & WESSELY, G. (1977): Die Oberkreide des Molasseuntergrundes im nördlichen Niederösterreich. – Jb. Geol. B.-A., Bd. 120, H 2, 401–447, 1 Abb., 2 Taf., Wien.

FUCHS, R. AND WESSELY, G. (1996): The autochthonous Cretaceous at the southern edge of the Bohemian Massif (Austria). In: Wessely, G. & Liebl, W. (eds.): Oil and Gas in Alpidic Thrustbelts and Basins of Central and Eastern Europe – EAGE Special Publication Nr. 5, 249–253, 3 figs. The Geological Society London.

FUCHS, TH. (1875): Neue Brunnengrabungen in Wien und Umgebung. – Jahrbuch der k. k. geologischen Reichsanstalt, 25, S. 19–62, Wien.

GOLDBRUNNER, J. E., EISNER, M., HEISS, H. P. (2005): Thermenprojekt Engelhartstetten. Tiefbohrung Engelhartstetten Thermal 1. – Geologisch-technischer Abschlußbericht. Unveröffentlichter Bericht (Archiv der FA Hydrogeologie), 37 S., Geoteam Ges.m.b.H., Graz.

GOLDBRUNNER, J. E. & GÖTZL, G. (2013): Geothermal Energy Use. Country Update for Austria. – European Geothemal Congress 2013, 7 S., Pisa.

GOLONKA, J. & PICHA, F. J. (eds.) 2006: The Carpatians and Their Foreland: Geology and Hydrocarbon Resources. – AAPG Memoir 84, Tulsa, Oklahoma.

GRILL, R. (1941): Stratigraphische Untersuchungen mit Hilfe von Mikrofaunen im Wiener Becken und den benachbarten Molasseanteilen. – Oel und Kohle, 37/31: 595–602, 18 Abb., 1 Tab., Berlin.

GRILL, R. (1943): Über mikropaläontologische Gliederungsmöglichkeiten im Miozän des Wiener Beckens. 8 Tafeln. Mitt. R. A. f. Bodenforschung, 6: 33–44, Wien.

GRILL, R. (1951): A. Exkursion in das Korneuburger und das nördliche Inneralpine Wiener Becken (mit einem Beitrag von R. Janoschek). Geologischer Führer zu den Exkursionen. Verhandlungen d. Geologischen Bundesanstalt, Sonderheft A, S. 7–20, Abb. 1, Taf. II.

GRILL, R. (1954): Geologische Spezialkarte der Republik Österreich, 1:75.000, Blatt Gänserndorf. – Geol. B.-A. Wien.

GRILL, R. (1961): Geologische Karte des nordöstlichen Weinviertels, 1:75.000. – Geol. B.-A. Wien.

GRILL, R. (1962): Erläuterungen zur geologischen Karte der Umgebung von Korneuburg und Stockerau 1:50.000. 52 S., 1 Abb., 2 Taf., Wien.

GRILL, R. (1968): Erläuterungen zur geologischen Karte des nordöstlichen Weinviertels und zu Blatt Gänserndorf. 155 S., 9 Abb., 2 Taf., 4 Tab., Geol. B.-A. Wien.

GRILL, R. (1971): Geologische Karte der Umgebung von Korneuburg und Stockerau, 1:50.000. – Geologische Bundesanstalt Wien.

GRUPE, S., PAYER, TH. & PFLEIDERER, S. (2021): Donauterrassen und Donaukiese im Bereich des Wiener Stadtgebietes. – Jb. Geol. B.-A. Bd. 161, H. 1–4, S. 29–38, 7 Abb., 1 Tab.

HAMILTON, W., JIRICEK, R. & WESSELY, G. (1990): The Alpine-Carpatian floor of the Vienna Basin in Austria and CSSR. 46 – 56, 3 figs. 1 table. In: D. Minarikova & H. Lobitzer (eds.): 30 Years of geol. coop. between Austria and Czechoslovakia, Fed. Geol. Surv. Vienna and Geol. Surv. Prague.

HAMILTON, W. & JOHNSON, N. (1996): The Matzen project – rejuvenation of a mature field – Petroleum Geoscience, Vol. 5, p. 119–125, 3 figs. EAGE/Geologic Society, London.

HARZHAUSER, M. (2003): Der Pannonium See, 11,5-7 Mill. Jahre, das Donaudelta bei Mistelbach (Seite 12) Stop Pellendorf. – Exkursionsführer zur Tagung der Österr. Paläont. Ges. in Zistersdorf.

HARZHAUSER, M., BÖHME, M., MANDIC, O., HOFMANN, CH.-CH. (2002): The Karpatian (Late Burdigalian) of the Korneuburg Basin – A Palaeoecological and Biostratigraphical Synthesis. S 441–456, 7 Abb., 1 Tab. In: W. Sovis & B. Schmid: Das Karpat des Korneuburger Beckens, Teil 2 – Beiträge zur Paläontologie, Bd. 27, Wien.

HARZHAUSER, M., CORIC, ST., KRANNER, M., KÖNIG, M., VRSIC, A. (2022): Cretaceous biostratigraphy and lithostratigraphy of the Glinzendorf Syncline based on well Gänserndorf UeT3 (Vienna Basin, Austria). AJES, Vol. 115, 1–14, 6 figs., 1 table.

HARZHAUSER, M., DAXNER-HÖCK, G. & PILLER, W. E. (2003): Sarmatium und Pannonium der Mistelbacher Hochscholle. – Exkursionsführer zur Tagung der Österr. Paläont. Ges. in Zistersdorf.

HARZHAUSER, M., MANDIC, O. (2004): The muddy bottom of Lake-Pannon – a challenge for dreissenid settlement (Late Miocene; Bivalvia). – Palaeogeography, Palaeoclimatology, Palaeoecology 204 (2004), 331–352, 13 figs. Elsevier.

Harzhauser, M., Sovis, W., Kroh, A. (2009): Das verschwundene Meer. – Verlag Naturhistorisches Museum in Wien in Kooperation mit der Geologischen Bundesanstalt Wien.

Harzhauser, M., Piller, W. (2003): The Sarmatian Stratotype – a fossil flood-tidal delta on a Middle Miocene oolite shoal (Austria). – Band 10. Jahrestagung d. Österr. Paläont. Ges. Zistersdorf 2003.

Harzhauser, M. und Daxner-Höck, G. (2003): Von den Bahamas zum Volgadelta – der Steinberg im Wandel. Das Sarmatium Meer. – 10. Jahrestagung d. Österr. Paläont. Ges. in Zistersdorf 2003.

Harzhauser, M. & Piller, W. (2004): Integrated stratigraphy of the Sarmatian (Upper Middle Miocene) in the western Central Paratethys. – Stratigraphy, Vol. 1, no. 1, 65–86, text figs. 1–12.

Harzhauser, M., Daxner-Höck, G. & Piller, W. E. (2004a): An integrated stratigraphy of the Pannonian (Late Miocene) in the Vienna Basin. – Austrian Journal of Earth Sciences 95, 96, (2002/2003), 6–19, 7 Figs., Wien.

Harzhauser, M., Kranner, M., Mandic, O., Strauss, Ph., Siedl, W., Piller, W. E. (2020): Miocene lithostratigraphy of the Northern and central Vienna Basin (Austria). – AJES 113/2, p. 169–200.

Hasni, M., Neuhold, Ch., Jara, C., Jud, M., Schön, J., Wessely, G., Lüschen, E., Sperl, H., Garden, M., Keglovic, P. (2022): Interpretation and Modelling for Deep Geothermal Energy in Vienna. – First Break, 40, 7, p. 95–99.

Heinrich, M., Hofmann, Th., Roetzel, R. (2004): Geologie & Weinviertel. 35 S., Hgg. Geologische Bundesanstalt & Weinkomitee Weinviertel. Geologische Bundesanstalt Wien.

Hekel, H. (1968): Nannoplanktonhorizonte und tektonische Strukturen in der Flyschzone nördlich von Wien (Bisambergzug). – Jb. Geol. B.-A., 111, 293–337, 4 Abb., 8 Taf., Wien.

Hinsch, R., Decker K. (2010): Seismic slip rates, potential subsurface rupture areas and seismic potential of the Vienna Basin Transfer Fault. – Int. J. Sci (Geol. Rundschau). 5p., 6figs., 1 tab.

Hintersberger, E., Decker, K., Lomax, J., Lüthgens, Ch. (2018): Implications from palaeoseismic investigations at the Markgrafneusiedl Fault (Vienna Basin, Austria) for seismic hazard assessment. – Nat. Hasards Earth Syst. Sc., 18, p. 531–553, fig. 1–14, tbl. 1–3.

Hlavaty, V. (1996): The Slovakian part of the Vienna Basin; exploration results. Special Publication of the European Association of Petroleum Geoscientists 5: 41–42, figs 1–3. In: G. Wessely and W. Liebl (eds.): Oil and Gas in Alpidic Thrustbelts and Basins of Central and Eastern Europe. The Geological Society London for the EAEG.

Hofmann, Th. (2001): Zum geologisch-paläontologischen Forschungsstand der Ernstbrunner Kalke. In: Zeiss, A.: Die Ammonitenfauna der Tithonklippen von Ernstbrunn, NÖ. – Neue Denkschrift des Naturhistorischen Museums in Wien. 6. Bd., S. 17–26, 2 Abb., Hg. O. Schultz, Verl. Berger & Söhne, Wien – Horn.

Hölzel, M., et al. (2010): Lower Miocene structural evolution of the central Vienna Basin (Austria). – Marine and Petroleum Geology, Vol. 27, 666–681.

Hörnes, M. (1848): Verzeichnis der Fossil-Reste aus 135 Fundorten des Tertiär-Beckens von Wien. Beilage zu Hrn. J. Czizeks Erläuterungen zur geognostischen Karte der Umgebungen Wiens. 43 S. Wilhelm Braumüller, Wien.

HÖRNES, M. & PARTSCH, P. (1856): Die fossilen Mollusken des Tertiaer Beckens von Wien. I. Band: Univalven. – Abh. k. k. Geol. R.-A., 3, 736 S., 1 Tab., 1 Kt., Atlas mit 52 Taf., W. Braumüller, Wien.

HÖRNES, M. & REUSS, A. (1870): Die fossilen Mollusken des Tertiaer-Beckens von Wien. II: Bivalven. – Abh. k. k. Geol. R.-A., 4, 1–479 S., 85 Taf., W. Braumüller, Wien.

HÖRNES, R. & AUINGER, M. (1879–1891): Die Gasteropoden der Meeres-Ablagerungen der ersten und zweiten miocänen Mediterran-Stufe in der österreichisch-ungarischen Monarchie. 1–8. 382 S., 50 Taf., J. C. Fischer & Comp., Commissions-Verlag von Alfred Hoelder, Wien.

HUSEN, D. VAN (1987): Die Ostalpen in den Eiszeiten. Aus der geologischen Geschichte Österreichs. – Populärwiss. Veröffentl. 23 Abb. Karte 1:50.000. Geol. Bundesanstalt Wien.

JANOSCHEK, R. (1951): Das Inneralpine Wiener Becken. S. 525 –693, 2. Taf., 8 Abb., 1 Tab. In: F.X. Schaffer (Hg.): Geologie von Österreich. Franz Deuticke, Wien.

JIRICEK, R. & SEIFERT, P. (1990): Paleogeography of the Neogene in the Vienna Basin and the adjacent part of the foredeep. In: D. Minarikova & H. Lobitzer (eds.): 30 Years of geol. coop. between Austria and Czechoslovakia, 89–105, 10 figs. Fed. Geol. Surv. Vienna and Geol. Surv. Prague.

KAPOUNEK, J., KRÖLL, A., PAPP, A. & TURNOVSKY, K. (1967): Der mesozoische Sedimentanteil des Festlandsockels der Böhmischen Masse. – Jb.Geol. B.-A., 110, S.73–91; 4 Taf., 1 Tab., Wien.

KAPOUNEK, J. & HORVATH, SZ.: (1968): Die Bohrung Schönkirchen T 32 als Beispiel für den Aufschluss einer Lagerstätte im tiefen Anteil der Kalkalpen. – Erdöl-Erdgaszeitschrift, 84 Jg., S. 396–406, 4 Abb., 5 Tab., Hamburg-Wien.

KOHLER-SCHNEIDER, M. (2001): Verkohlte Kultur- und Wildpflanzenreste aus Stillfried an der March als Spiegel spätbronzezeitlicher Landwirtschaft im Weinviertel, Niederösterreich. – Mitt. d. prähist. Komm. 37, 226 S.

KOLLMANN, H. A., BACHMAYER, F. & KOLLMANN, H. A., NIEDERMAYER, G., SCHMID, M. E., KENNEDY, W. J. & KOLLMANN, H. A., STRADNER, H. & PRIEWALDER, H., FUCHS, R. & WESSELY, G. (1977): Beiträge zur Stratigraphie und Sedimentation der Oberkreide des Festlandsockels im nördlichen Niederösterreich. – Jb. Geol. B.-A. 120, H 2, S. 401–447, 7 Abb., 1 Tab., 6 Taf., Wien.

KOLLMANN, K. (1960): Cytherideinae und Schulerideinae n. subfam. (Ostrocoda) aus dem Neogen des östlichen Österreich. – Mitt. Geol. Ges. Wien 51 (1958), 89–195, 5 Abb., 21 Taf., 5 Beil., Wien.

KOVAC, M., MICHALIK, J., PLASIENKA, D., PUTIS, M. (1991): Male Karpaty Mts. – Geology of the Alpine-Carpathian Junction. – Excursion Guide Smolenice 1991, 82 p. 27 figs. Dionyz-Stur Institute of Geology, Bratislava.

KREUTZER, N. (1971): Mächtigkeitsuntersuchungen im Neogen des Ölfeldes Matzen, Niederösterreich. – Erdöl und Erdgas, 87. Jg., H. 2, 114 – 127, Hamburg-Wien.

KREUTZER, N. (1974): Lithofazielle Gliederung einiger Sand- und Schotterkomplexe des Sarmatien und obersten Badenien im Raume von Matzen und Umgebung (Wiener Becken). – Erdöl-Erdgas-Zeitschr. 90/4: 114–127, 17 Abb., Wien-Hamburg.

KREUTZER, N. (1978): Die Geologie der Nulliporen (Lithothamnien) – Horizonte der miozänen Badener Serie des Ölfeldes Matzen (Wiener Becken). S. 129–145, 13 Abb. Erdöl-Erdgas-Zeitschrift, 94. Jg., Hamburg-Wien.

KREUTZER, N. (1986A): Die Ablagerungssequenzen der miozänen Badener Serie im Feld Matzen und im zentralen Wiener Becken. – Erdöl-Erdgas-Kohle, 102/11: 492–503, 14 Abb., Hamburg-Wien.

KREUTZER, N. (1986B): Die Geologie des Flysches im Steinberggebiet bei Zistersdorf. – ÖMV-Zeitschrift. 5: 43–45, 5 Abb., Wien.

KREUTZER, N. (1988): Matzen Field, Vienna Basin, Austria. A field study for the Atlas of Oil and Gas Fields for the Treatise of Petroleum Geology. AAPG; Tulsa.

KREUTZER, N. (1990): The lower Pannonian sands and the Pannonian-Sarmatian boundary in the Matzen area of the Vienna Basin., 8 figs. In: Minarikova, D. & Lobitzer, H. (eds.): Thirty years of the geological cooperation between Austria and Czechoslovakia. – Fed. Geol. Surv. Vienna and Geol. Surv. Prague.

KREUTZER, N. (1993): Das Neogen des Wiener Beckens. In: F. Brix & O. Schultz (Red.): Erdöl und Erdgas in Österreich, S. 232–248, Abb. 109–117, Lagerstätten im Neogen des Wiener Beckens und seines Untergrundes, S. 403–434, Tab. 24, Naturhistorisches Museum Wien & F. Berger, Horn.

KREUTZER, N., HLAVATY, V. (1990): Sediments of the Miocene (mainly Badenian) in the Matzen area in Austria and in the southern part of the Vienna Basin in Czechoslovakia. 112–123, 13 figs. In: D. Minarikova, H. Lobitzer (eds.): Thirty years of geol. cooperation between Austria and Czechoslovakia. Fed. Geol. Surv. Vienna, Geol. Surv. Prague.

KRHOVSKY, J., RÖGL, R. & HAMRSMID, B. (2001): Stratigraphic correlation of the late Eocene to Early Miocene of the Waschberg Unit (Lower Austria) with the Zdanice and Poudzdrany Units (South Moravia). In: W. E. Piller & M. W. Rasser (eds.): Paleogene of the Eastern Alps, Österr. Akad. Wiss. Schriftenr. Erdwiss. Komm. 14, S. 225–254, 3 figs. Wien.

KRÖLL, A. (1980): Das Wiener Becken. In: F. Bachmayer (Hg.): Erdöl und Erdgas in Österreich. S. 147–179, Abb. 71–86, Naturhist. Mus. Wien und F. Berger Horn.

KRÖLL, A. & WESSELY, G. (1972): Neue Ergebnisse beim Tiefenaufschluss im Wiener Becken. – Erdöl-Erdgas Zeitschr. 89/11: 400–413, 7 Abb. Hamburg-Wien.

KRÖLL, A., HEINZ, H., JIRICEK, R., MEURERS, B., SEIBERL, W., STEINHAUSER, P., WESSELY, G. UND ZYCH, D. (1993): Karten 1:200.000 über den Untergrund des Wiener Beckens und der angrenzenden Gebiete (mit Erläuterungen, 1–22). – 4 Karten, 3 Taf., 1 Abb., 1 Tab. Geologische Bundesanstalt, Wien.

KRÖLL, A., MEURERS, B., OBERLERCHER, G., SEIBERL, W., SLAPANSKY, P., WESSELY, G., ZYCH, D. (2001): Molassezone Niederösterreichs und angrenzender Gebiete – Geologische Karte der Molassebasis 1:200.000, (mit Erläuterungen, 1–25). 4 Karten (Geologie, Struktur, Schwere, Magnetik), 1 Abb., 2 Taf. Geologische Bundesanstalt Wien.

KÜPPER, I. (1961): Alttertiäre Foraminiferenfaunen in Flyschgesteinen aus dem Untergrund des nördlichen inneralpinen Wiener Beckens. – Jb. Geol. BA. 104, 269–271, 6 Taf. Wien.

KYSELA, J. (1988): Reinterpretacia geologickej stavby predneogen neho podlozia slovenskej casti Viedenskej panvy.- Zapad Karpaty. – Ser. Geol., 11, 7–51, Bratislava.

LADWEIN, H. W. (1976): Sedimentologische Untersuchungen an Karbonatgesteinen des autochthonen Malm in NÖ (Raum Altenmarkt-Staatz). – Diss. Phil. Fak. Univ. Innsbruck.

LADWEIN, H. W., SCHMIDT, F., SEIFERT, P. & WESSELY, G. (1991): Geodynamics and generation of hydrocarbons in the region of the Vienna Basin, Austria. aus: A. M. Spencer, (ed.) Generation, accumulation and production of Europe's hydrocarbons. – Spec. Publ. of the Europ. Ass. of Petr. Geologists 1: 289–305; 21 figs., Oxford.

LAUERMANN, E. (2017): Archäologie des Weinviertels. 115 S., 119 Abb., Edition Winkler-Hermaden, Schleinbach.

MALIK, P. & SCHUBERT, G. (2012): Naturdenkmal Sandberg/Devinska Kobyla (Thebener Kogel), Exkursionspunkt 2. Tagungsband Transenergy zwischen Alpen und Karpaten. – Berichte der Geologischen Bundesanstalt Nr. 92, S. 62–64, Abb. 1–3.

MALZER, O., RÖGL, F., SEIFERT, P., WAGNER, L. WESSELY, G. & BRIX, F. (1993): Die Molassezone und deren Untergrund. In: Brix, F. & Schultz, O., Red. (1993): Erdöl und Erdgas in Österreich. – 2. Auflage. 688 S., 200 Abb., 61 Tab., 17 Beil. Naturhistorisches Museum und F. Berger, Horn.

MANDL, G. W. (2001): Die östlichen Kalkhochalpen – Stratigraphie und fazielle Differenzierung vom Perm bis in den Jura, in: G. W. Mandl (Red.): Arbeitstagung 2001. Neuberg a. d. Mürz, S. 71–87. Geologische Bundesanstalt Wien.

MARSCH, F. W. & WESSELY, G. (1993): Methoden der Kohlenwasserstoff-Exploration und ihre Bedeutung für die geologische Standortsuche von Ingenieurbauwerken. S. 306–309, 5 Bilder, Felsbau 11, Nr. 6.

MILAN, G. & SAUER, R. (1996): Ultra-deep drilling in the Vienna Basin – a review of geological research. P.109–117. 12 figs. In: G. Wessely & W. Liebl (eds.), The Geologic Society London for EAGE.

MINARIKOVA, D., HAVLICEK, P. (1990): Correlation of fluvial sediments of the Dyje and Morava rivers along the Czechoslovak-Austrian border. P. 159–167, fig. 1–4, table 1–5. In: D. Minarikova, H. Lobitzer (eds.): Thirty years of geol. cooperation between Austria and Czechoslovakia. Fed. Geol. Surv. Vienna, Geol. Surv. Prague.

MINARIKOVA, D. & LOBITZER, H. (1990): Thirty years of the geological cooperation between Austria and Czechoslovakia. – Fed. Geol. Surv. Vienna and Geol. Surv. Prague.

MISIK, M. (1994). Senonian continental sediments with marine intercalation (Gosau complex) in the basement of the Slovakian part of Vienna basin (borehole Gajary Ga-125). Mineralia Slovaca, 26, 297310.

MOSHAMMER, B. & SCHLAGINTWEIT, F. (1999): The Ernstbrunn Limestone (Lower Austria): New data on Biostratigraphy and Applied Geology. – Abh. Geol. Bundesanstalt, 56, 157–171, 1 fig., 3 tab., 2 plts. Wien.

NEHYBA, S. & ROETZEL, R. (1999): Lower Miocene Volcanoclastics in South Moravia and Lower Austria. – Jb. Geol. BA, 141/4, Wien.

NEHYBA, S. & ROETZEL, R. (2004): The Hollabrunn-Mistelbach Formation (Upper Miocene, Pannonian) in the Alpine-Carpathian Fordeep and the Vienna basin in Lower Austria – An example of a coarse-grained fluvial system. – Jb. Geol. B. A. 142/2, S. 191–221, 21 Abb., 4 Tab., Wien.

NEUBAUER, W. & MELICHAR, P. (2005): Die Kreisgrabenanlagen in Österreich. In: Daim, F., Neubauer, W. (Hg.): Zeitreise Heldenberg – Geheimnisvolle Kreisgräben. Niederösterreichische Landesausstellung 2005. Verlag Berger Horn.

PAHR, A. (2000): Die Äquivalente der Kleinen Karpaten. In: H. P. Schönlaub (Hg.) Geologie der österreichischen Bundesländer: Burgenland. S. 50, Geologische Bundesanstalt Wien.

PAPP, A. (1949): Fauna und Gliederung der Congerienschichten des Pannon im Wiener Becken. – Anz. Österr. Akad. Wiss., math.-naturw. Kl. 85 (1948), 123–134, 1 Tab., Wien.

PAPP, A. (1950): Fauna und Gliederung des Sarmats im Wiener Becken. – Anz. Österr. Akad. Wiss., math.-naturw. Kl., 86 (1949), 256–266, Wien.

PAPP, A. (1951): Das Pannon des Wiener Beckens. – Mitt. Geol. Ges. Wien, 39–41 (1946–1948), 99–193, 7 Abb., 4 Tab., Wien.

PAPP, A. (1953): Die Molluskenfauna des Pannon im Wiener Becken. – Mitt. Geol. Ges. Wien 44 (1951), 85–222, 1 Abb., 7 Tab., Taf. 1–25, Wien.

PAPP, A. (1954): Die Molluskenfauna im Sarmat des Wiener Beckens. – Mitt. Geol. Ges. Wien, 45 (1952), 1–112. 2 Tab., Taf. 1–20, Wien.

PAPP, A. (1956): Fazies und Gliederung des Sarmats im Wiener Becken – Mitt. Geol. Ges. Wien, 47 (1954); 35–98, 3 Tab., Wien.

PAPP, A. (1968): Zur Nomenklatur des Neogens in Österreich. – Verh. Geol.B.-A., 1968, 9–27, 1 Tab., Wien.

PAPP, A., CICHA, I., SENES, J. & STEININGER, F. (1978): M4 Badenien. Chronostratigraphie und Neostratotypen, 6. 594 S., zahlr. Abb., Tab., Taf., Bratislava (VEDA).

PAPP, A., KROBOT, W. & HLADECEK, K. (1974): Zur Gliederung des Neogens im Zentralen Wiener Becken. – Mitt. Ges. Geol. Bergbaustud., 22 (1973), 191–199, 4 Abb., Wien.

PAPP, A. & SCHMID, E. M. (1985): Die fossilen Foraminiferen des tertiären Beckens von Wien. Revision der Monographie von Alcide D'Orbigny (1846). – Abhandlungen der Geologischen Bundesanstalt, Bd. 37, 311 S., 16 Abb., 1 Tab., 102 Tafeln.

PAPP, A. & STEININGER, F. (1974): 5, Sarmatien. – 707 S., VEDA, Verlag der Slowakischen Akademie der Wissenschaften, Bratislava. Beschreibung des Holostratotypus, Faziostratotypen und Boundary Stratotypen. *A. Stratotypen aus der sarmatischen Schichtengruppe (M 5a-c/d/) im Ostalpin-intrakarpatischen Raum Holostratotypus: NEXING, N. Ö., S. 162–168.* In: J. Boda, E. Brestenska, D. Gheorghian, F. Marinescu, T. Orasanu, A. Papp, M. E. Schmid, V. Sitar, F. Steiniger, J. Svagrovsky. (1974): Chronostratigraphie und Neostratotypen, Miozän M

PAPP, A. & TURNOVSKY, K. (1953): Die Entwicklung der Uvigerinen im Vindobon (Helvet und Torton) des Wiener Beckens. – Jb. Geol.B.-A., 96, 117–142, 3 Tab., Taf.5, Wien.

PAPP, A. & TURNOVSKY, K. (1970): Anleitung zur biostratigraphischen Auswertung von Gesteinsschliffen (Microfacies Austriaca). Jahrbuch der Geologischen Bundesanstalt, Sonderband 16, 50 Seiten, 3 Tab., 11 Abb., 88 Tafeln. Geologische Bundesanstalt Wien.

PICHA, F. J., STRANIK, ZD., KREJCI, O. (2006): Geology and Hydrocarbon Resources of the Outer Western Carpathians and their Foreland, Czech Republic. In: Jan Golonka and Frank J. Picha (eds.) : The Carpatians and Their Foreland. Geology and Hydrocarbon Resources. AAPG Memoir 84, p. 49–175, 28 figs., 4 tab., 3 append., Tulsa, Oklahoma.

PILLER, W. E., EGGER, H., ERHART, C. W., GROSS, M., HARZHAUSER, M., HUBMANN, B., VAN HUSEN, D., KRENMAYR, H.-G., KRYSTYN, L., LEIN, R., LUKENEDER, A., MANDL, G. W., RÖGL, F., ROETZEL, R., RUPP, C., SCHNABEL, W., SCHÖNLAUB, H. P., SUMMESBERGER, H., WAGREICH, M. & WESSELY, G. (2004): Die stratigraphische Tabelle von Österreich 2004 (sedimentäre Schichtfolgen). – Komm. f. d. paläont. u. strat. Erforschung Österreichs d. Öst. Akad. d. Wiss. und Öst. Strat. Kommission.

PILLER, W. E. & RASSER, M. W. (eds.) (2001): Paleogene of the Eastern Alps. – Österr. Akad. Wiss. Schriftenr. Erdwiss. Komm. 14, S. 291–346, 7 figs., 5 tabs., 5 plts. Wien.

PLASIENKA, D. & PUTIS, M. (1987): Geological Structure of the Tatricum in the Male Karpaty Mts. – Proc. Internat. Conf. Oct. 1987, S. 51, Bratislava.

PLASIENKA, D. (1987): Lithological, sedimentological and paleotectonic pattern of the Borinka Unit in the Little Carpathians. – Mineralia Slov., 19/3, 217–230, Bratislava.

PLASIENKA, D., MICHALIK, J., KOVAC, M., GROSS, D. & PUTIS, M. (1991): Paleotectonic evolution of the Male Carpaty Mts. – an overview. – Geologica Carpathica, 42, 4, 195–208, 7 figs. Bratislava.

PLASIENKA, D., KOHUT, M., PUTIS, M., BEZAK, V., FILO, I., OLSAVSKY, M., HAVRILA, M., BUCEK, S., MAGLAY, J., ELECKO, M., FORDINAL, K., NAGY, A., HRASKO, L., NEMETH, Z., IVANACKA, J., BROSKA, I., (2011): Geological Map of the Male Karpaty Mountains. Compiled by M. Polak (redactor – editor). – Statny Geologicky Ustav Dioniza Stura, Bratislava.

PLÖCHINGER, B. (1964): Die Kreide-Paläozänablagerungen in der Gießhübler Mulde zwischen Perchtoldsdorf und Sittendorf. – Mitt. Geol. Ges. Wien 56 (1963), 469–501, 6 Abb., 2 Tab., 1 Taf., Wien.

PLÖCHINGER, B. & KARANITSCH, P. (2002): Faszination Erdgeschichte mit Brennpunkt Mödling am Alpenostrand. – 238 S., 457 Abb., 6 Tab., Heimat Verlag Bruck/Leitha, Mödling 2002.

RALBOVSKY, E. AND OSTROLUCKY, P. (1996): The Glinzendorf Syncline below the Vienna Basin in Slovakia. p.145 -146, 2 Figs. In: G. Wessely & W. Liebl (eds.): Oil and Gas in Alpidic Thrustbelts and Basins of Central and Eastern Europe, EAGE Special Publication No. 5, The Geological Society London.

RAMMEL, M. (1989): Zur Kenntnis der Flyschzone im Untergrund des Wiener Beckens. Die Glaukonitsandsteinserie. – Diss. Formal- u. Naturwissenschaftl. Fakultät Univ. Wien. 151 S., 63 Abb., 19 Tab., 9 Beilagen.

REGONE, C., GARDENER, C., CANDER, H. AND WESSELY, G. (1996): Modelling seismic data quality problems in the Vienna Basin, Eastern Austria. In: Wessely, G. & Liebl, W. (eds.): Oil and Gas in Alpidic Thrustbelts and Basins of Central and Eastern Europe. EAGE Special Publication Nr.5, 137–143, 12 figs. The Geological Society London.

RIEDER, J. (2016): 3D seismic interpretation of Early Miocene growth strata in the Northern Vienna Basin. – Masterarbeit Erdwissenschaften Universität Wien.

RINGHOFER, W. (1990): Monitoring of exploratory wells and high-pressure detection in polygenetic structured areas. In: D. Minarikova & H. Lobitzer: 30 years of geological cooperation between Austria and Czechoslovakia, 225–233, 7 figs., Fed. Geol. Surv. Vienna, Geol. Surv. Prague.

RÖGL, F. (1998): Foraminiferenfauna aus dem Karpat (Unter-Miozän) des Korneuburger Beckens. In: W. Sovis & B. Schmid (Hg.): Das Karpat des Korneuburger Beckens, Teil 1, S. 123–173, 3 Abb., 8 Tab., 10 Taf. Wien.

RÖGL, F., KRHOVSKY, J., BRAUNSTEIN, R., HAMRSMID, B., SAUER, R., SEIFERT, P. (2001): The Ottenthal Formation revised – sedimentology, micropaleontology and stratigraphic correlation of the Oligocene Ottenthal sections (Waschberg Unit, Lower Austria). In: Piller, W. E. & Rasser, M. W. (eds.): Paleogene of the Eastern Alps. – Österr. Akad. Wiss. Schriftenr. Erdwiss. Komm. 14, S. 291–346, 7 figs., 5 tabs., 5 plts. Wien.

RÖGL, F., STEINIGER, F. F., VASICEK, W. (1986): Riesen der Vorzeit, Urelefanten und Nashörner im Weinviertel vor zehn Millionen Jahren. – Katalogreihe des Krahultz Museums Nr. 6, Eggenburg.

RÖGL, F. & SUMMESBERGER, H. (1978): Die geologische Lage von Stillfried a. d. March. Forschungen in Stillfried, Bd. 3. S. 76–86, Taf. 542–44 (Veröff. d. öst. Arbeitsgemeinschaft f. Ur- und Frühgeschichte, Bd. X).

ROSENBERG, G. (1961): Übersicht über den Kalkalpen-Nordostsporn um Kalksburg (Wien und Niederösterreich). – Verh. d. Geol. B. A. 171–176, Taf. 6, Wien.

ROSENBERG, G. (1965): Der kalkalpine Wienerwald um Kaltenleutgeben (N.Ö. und Wien). – Jb. Geol. B. A. 108, S. 115–153, Taf. 1–2, Wien.

ROYDEN, L. H. (1985): The Vienna Basin: a thin-skinned pull-apart basin. In: Biddle, K. T., and Christie-Blick, N. (eds.), SEPM Special Publications 37, p. 319 – 338.

RUPP, CH. (1986): Paläoökologie der Foraminiferen in der Sandschalerzone (Badenien, Miozän) des Wiener Beckens. – Beiträge zur Paläontologie von Österreich Inst. f. Paläontologie der Univ. Wien: 1–97, Wien.

RUPPRECHT, B. J., SACHSENHOFER, R. F., GAWLIK H.-J., KALLANXHI, M.-E., KUCHER, F. (2017): Jurassic source rocks in the Vienna Basin (Austria): Assessment of conventional and unconvential petroleum potential. – Marine and Petroleum Geology 86, 13271356, 27 figs., 4 tables, Elsevier.

RUTHAMMER, G. (2013): Öldorado Weinviertel – Zur Geschichte des Erdöls im Weinviertel. – 124 S., reich bebildert. Edition Winkler-Hermaden, Schleinbach.

RUTHAMMER, G., SOMMER, D. (1991): Die Geschichte der Erdölindustrie in Österreich. 20 S., 15 Fotos, 1 Tab., Hg. ÖMV AG, RAG GmbH, Van Sickle GmbH., Gisteldruck, Wien 3.

SALCHER, B. (2008): Sedimentology and modelling of the Mitterndorf Basin. – Diss. Univ. Wien, 105 S.

SALCHER, B., MEURERS, B., SMIT, J., DECKER, K., HÖLZEL, M. AND WAGREICH, M. (2012): Strike-slip tectonics and Quarternary basin formation along the Vienna Basin fault system inferred from Bouger gravity derivates. – Tectonics, Vol. 31, TC 3004, 20 p. 12 figs., 1 tbl.

SAUER, R. (1980): Zur Stratigraphie und Sedimentologie der Gießhübler Schichten im Bereich der Gießhübler Gosaumulde (Nördliche Kalkalpen). – Unveröff. Diss. Formal- u. Natw. Fak. Univ. Wien, 181 S., 78 Abb., 21 Taf., 4 Kt., Wien.

SAUER, R., SEIFERT, P. & WESSELY, G. (1992): Guidebook to Excursions in the Vienna Basin and the adjacent Alpine-Carpathian thrustbelt in Austria. – Mitt. Österr. Geol. Ges., 85, 5–239; 200 Abb., 7 Tab.; Wien.

SCHAFFER, F. X. (1902): Die alten Flussterrassen im Gemeindegebiet der Stadt Wien. – Mitt. Geogr. Ges. 45, 325–331, Wien.

SCHAFFER, F. X. (1951): Geologie von Österreich2. – Aufl. 810 S., 97 Abb., 1 Kt., Deuticke Wien.

SCHIPPEK, F. (1959): Die Erdgasfelder der Österreichischen Mineralölverwaltung. – Estratto dal Vol.I degli Atti del Convegno di Milano (30 settembre – 5 ottobre 1957). Accademia Nazionale Dei Lincei, p. 283–332, 27 figs., 11 tabs., Roma.

SCHLAGINTWEIT, F. & WAGREICH, M. (1992): Über ein Vorkommen von Munieria grambasti sarda. CHERCHI et al. in der obersantonen-untercampanen Gosau-Gruppe des Miesenbachtales (Niederösterreich). – Mitt. Ges. Geol. Bergbaustud. Österr., 38, S. 21–29, Wien.

SCHNABEL, W. (Red.) (2002): Geologische Karte von Niederösterreich 1: 200.000 mit Kurzerläuterungen. – Geologische Bundesanstalt Wien.

SCHNEIDER, S., HARZHAUSER, M., KROH, A., LUKENEDER, A. & ZUSCHIN, M. (2013): Ernstbrunn Limestone and Klentnice beds (Kimmeridge-Berriasien; Waschberg Unit; NE Austria and SE Czech Republic): state of the art and bibliography. – Bulletin of Geosciences 88/1, p. 105–130, 9 figs., 1 table. Czech Geological Survey, Prague.

SCHREILECHNER, M. G., EICHKITZ, CH. G., BINDER, H., HASNI, M., NEUHOLD, CH., JARA, C., JUD, M., SCHÖN, J., WESSELY, G., LÜSCHEN, E., SPERL, H., GARDEN, M., KEGLOVIC, P. (2022): Interpretation and modelling for Deep Geothermal Energy in Vienna. – First Break, 40, 7, p. 95–99.

SCHUSTER, R., DAURER, A., KRENMAYR, H. G., LINNER, M., MANDL, G. W., PESTAL, G., REITNER, J. M., BRÜGGEMANN-LEDOLTER, M. (2013): Rocky Austria. – Geologische Bundesanstalt Wien.

SEIFERT, P. (1982): Sedimentologie und Paläogeographie des Eozäns der Waschbergzone (Niederösterreich). – Mitt. Ges. Geol. Bergbaustud. Österr. 28: S 133–176, Wien.

SEIFERT, P. (1996): Sedimentary-tectonic development and Austrian hydrocarbon potential of the Vienna Basin. In: Wessely, G. & Liebl, W. (eds.): Oil and Gas in Alpidic Thrustbelts and Basins of Central and Eastern Europe – EAGE Special Publication Nr.5, 331–341, 10 figs., The Geological Society London.

STEININGER, H. UND STEINER, E. (HG.) (2005): Meeresstrand am Alpenrand – Molassemeer und Wiener Becken. –Ausstellung Niederösterreichisches Landesmuseum. Verl. Bibliothek der Provinz, Weitra.

STEININGER, F. & SENES, J. (1971): Chronostratigraphie und Neostratotypen, Bd. II: M1 Eggenburgien. Die Eggenburger Schichtengruppe und ihr Stratotypus. 827 S., zahl. Abb., Tab., Taf., Bratislava (Slov. Akad. Vied).

STOWASSER, H. (1966): Strukturbildung am Steinbergbruch im Wiener Becken. – Erdöl-Erdgas-Zeitschrift, 82. Jg., H. 5, S. 188–191, Taf. I u. II, Fig. 1.

STRADNER, H. (1964): Die Ergebnisse der Aufschlussarbeiten der ÖMV AG etc., III. Ergebnisse der Nannofossil-Untersuchungen. – Erdöl-Z., 80, 133–139, 51 Fig., Wien-Hamburg.

STRADNER, H. & DRAXLER, I. (1993): Geologische Altersbestimmung mit Hilfe von Nannofossilien und Palynomorphen. In: F. Brix & O. Schultz: Erdöl und Erdgas in Österreich, S. 546–550, Abb. 215–217. Naturhist. Museum Wien & F. Berger, Horn.

STRAUSS, PH., HARZHAUSER, M., HINSCH, R. AND WAGREICH, M. (2006): Sequence stratigraphy in a classic pull-apart basin (Neogene, Vienna Basin). A 3D seismic based integrated approach. – Geologica Carpathica, June 2006, 57, 3, 185–197, 5 figs., 2 tables.

STRAUSS, PH. (2015): Juvavischer Olistolith in den Kalkalpen unter dem Wiener Becken erbohrt. – Arbeitstagung der Geologischen Bundesanstalt Mitterdorf.

SÜMECZ, F. (2022): Die Fossilien und Mineralien des Marchfeldes. – 1. Aufl., 39 S., 30 Abb., Hg. Franz Sümecz, Marchegg.

SUMMESBERGER, H., SVABENICKA, L., CECH, ST., HRADECK, L. & HOFMANN, TH. (1999): New palaeontological and biostratigraphical data on the Klement and Palava Formations (Upper Cretaceous) in Austria (Waschberg-Zdanice Unit). – Ann. Naturhist. Mus. Wien, 100A, 39–79, 2 figs, 3 tables, 6 plts., Wien.

SUMMESBERGER, H., WAGREICH, M., TRÖGER, K.-A., SCHOLGER, R. (2000): Piesting-

Formation, Grünbach-Formation und Maiersdorf-Formation – drei neue lithostratigraphische Termini in der Gosau-Gruppe (Oberkreide) von Grünbach und der Neuen Welt (Niederösterreich). In: W. E. Piller (ed.), Austrostrat 2000. 24.–26. November 2000, Gossendorf. Vortragskurzfassungen und Exkursionsführer, Berichte des Institutes für Geologie und Paläontologie der Karl-Franzens-Universität Graz/Austria, 2, pp. 23.

TESCHLER-NICOLA, M., GEROLD, F., KANZ, F., LINDENBAUER, K., SPANNAGL, M. (1996): Anthropologische Spurensicherung. In: Rätsel um Gewalt und Tod vor 7.000 Jahren. – Katalog des NÖ Landesmuseums, Aspern/Z. 1996.

THENIUS, E. (1960): Die jungtertiären Wirbeltierfaunen und Landfloren des Wiener Beckens und ihre Bedeutung für die Neogenstratigraphie. – Mitt. Geol. Ges. Wien, 52 (1959), 203–209, 1 Tab., Wien.

THENIUS, E. (1974): Niederösterreich. – 2. Auflage, Bundesländerserie Geol. Bundesanstalt, 280 S.; 16 Tab., 48 Abb., Wien.

THENIUS, E. (1983): Niederösterreich im Wandel der Zeiten. 3. Auflage, 156 S., 9 Taf., 63 Abb., 4 Tab. Amt der Niederösterreichischen Landesregierung, Wien.

TOLLMANN, A. (1976A): Der Bau der nördlichen Kalkalpen. 449 S., 130 Abb., 7 Taf. in separatem Anhang. Franz Deuticke, Wien.

TOLLMANN, A. (1976B): Analyse des klassischen nordalpinen Mesozoikums. 580 S., 256 Abb., 3 Taf., Franz Deuticke, Wien.

TOLLMANN, A. (1985): Geologie von Österreich. Bd. 2. Außer-zentralalpiner Anteil. 710 S., 286 Abb., 27.Tab., Verlag Franz Deuticke Wien.

TRNKA, G. (2005): Katalog der mittelneolithischen Kreisgrabenanlagen. In: Daim, F., Neubauer, W. (Hg.): Zeitreise Heldenberg – Geheimnisvolle Kreisgräben. Niederösterreichische Landesausstellung 2005. Verlag Berger Horn.

VASICEK, Z. (1971): Die makropaläontologische Untersuchung von Bohrkernen aus dem Mesozoikum des Untergrundes in Südmähren. p. 83–91, Vesnik Ustredniho ustavu geologickeho 46(2)

VASICEK, Z. (1980) (für 1978): Beitrag zur Biostratigraphie des autochthonen Malms in südöstlichen Abhängen der Böhmischen Masse. p. 29–46, Sbornik vedeckych praci Vysoke skoly banske v Ostrave, Rada hornicko-geolgicka 24

VERGINIS, SP. (1995): Lößakkumulationen und Paläoböden als Indikatoren für Klimaschwankungen während des Paläolithikums (Pleistozän). S. 13–30, Abb. 2–9. In: Ch. Neugebauer-Maresch: Altsteinzeit im Osten Österreichs. Wissenschaftl. Schriftenreihe Niederösterreich. St.Pölten-Wien.

WACHTEL, G. & WESSELY, G. (1981): Die Tiefbohrung Berndorf 1 in den östlichen Kalkalpen und ihr geologischer Rahmen. – Mitt. Österr. Geol. Ges. 74/75, Jg. 1981/82: 137–165; 7 Abb., 3 Tafeln, Wien.

WAGREICH, M. (2001): A 400 km long piggyback basin (Upper Aptian – Lower Cenomanian) in the Eastern Alps. – Terra Nova, Vol. 13, 6, 401–406, 4 figs. Oxford.

WAGREICH, M. (2003A): A slope- apron succession filling a piggyback basin. In: The Tannheim and Losenstein Formations (Aptian-Cenomanian) of the eastern part of the Northern calcareous Alps (Austria). – Mitt. Österr. Geol. Ges. 93 (2000), 31–54, 13 figs, 1 table, Wien.

WAGREICH, M. (2003B): Lithostratigraphie und Sedimentologie der Branderfleck-Formation (Cenomanium) in den niederösterreichischen Kalkvoralpen. In: Piller, W. E. (Hg.): Stratigraphia Austriaca. – Österr. Akad. Wiss., Schriftenreihe der Erdwiss. Komm. 16, S. 151–164, 5 Abb., 1 Tab., Wien.

WEGERER, E. & WESSELY, G. (2008): Predominant origin of fluviatile gravel in the Early/Pre-Sarmatian Danube (Vienna Basin). – Poster.

WEISSENBÄCK, M. (1996): Lower to Middle Miocene sedimentation model of the central Vienna Basin. In: G. Wessely & W. Liebl (eds.): Oil and Gas in alpidic thrustbelts and basins. EAGE Spec. Publ. 5. The Geol. Society, London.

WEISSL, M., HINTERSBERGER, E., LOMAX, J., LÜTHGENS, C., DECKER, K. (2017): Active tectonics and geomorphology of the Gaenserndorf Terrace in the Central Vienna Basin (Austria) (2017). – Quartenary International 451, p. 209–222, figs 1–15, 1 tbl.

WEISSL, M., HINTERSBERGER, E., LOMAX, J., LÜTHGENS, C., DECKER K. (2017): Active tectonics and geomorphology of the Gaenserndorf Terrace in the Central Vienna Basin (Austria) (2017): Quaternary International 451, p. 209–222, figs 1–15, 1 tbl.

WESSELY, G. (1974): Rand und Untergrund des Wiener Beckens – Verbindungen und Vergleiche. – Mitt. Geol. Ges. in Wien 66–67/1973–1974: 265–287; 3 Tafeln, 1 Abb., Wien.

WESSELY, G. (1984): Der Aufschluss auf kalkalpine und subalpine Tiefenstrukturen im Untergrund des Wiener Beckens. – Erdöl-Erdgas, 100/9: 285–292; 4 Abb., Hamburg-Wien.

WESSELY, G. (1990): Geological results of deep exploration in the Vienna Basin. – Geol. Rundschau, 79/2, 513 –520, 4 figs., Stuttgart.

WESSELY, G. (1992): The Calcareous Alps below the Vienna Basin in Austria and their structural and facial development in the Alpine-Carpathian border Zone. – Geologica Carpathica, 43, 6: 347–353, 7 figs. Bratislava.

WESSELY, G. (1993): Der Untergrund des Wiener Beckens. (249–280, 16 Abb., 1 Tab.). Aufschlussaktivitäten und KW-Lagerstätten im Untergrund des Wiener Beckens. (434–441, Abb. 176, Tab. 25, 26). KW-Lagerstätten und KW-Funde in sowie unter den Nordalpen 8 (468–474, Abb. 189, 190, Tab. 30). In: F. Brix und O. Schultz (eds.): Erdöl und Erdgas in Österreich – Naturhistorisches Museum, Wien und F. Berger, Horn.

WESSELY, G. (1998): Geologie des Korneuburger Beckens. In: W. Sovis & B. Schmid (Hg.): Das Karpat des Korneuburger Beckens, Teil 1. – Beitr. Paläont. 23, 9–23, 7 Abb., 1 Tab., Wien.

WESSELY, G. (2000): Sedimente des Wiener Beckens und seiner alpinen und subalpinen Unterlagerung. – Exkursionsführer Sediment 2000. Mitt. Ges. Geol. Bergbaustud. Österr., 44, S. 191–214, 25 Abb., Wien.

WESSELY, G. (2003): Das östliche Weinviertel und was darunter liegt. Exkursionsführer zur Tagung d. Österr. Paläont. Ges. in Zistersdorf, Oktober 2003, p.2–7.

WESSELY, G. (2006): Niederösterreich. Geologie der Österreichischen Bundesländer. 416 S., 655 Abb., 26 Tab.

Geologische Bundesanstalt, Wien

WESSELY, G. & HÖSCH, K. (2009): Calcareous Alpine Units at the western border of the Vienna Basin. EP-ERM Excursion. Among figures: Gravity map Vienna Basin by H. Granser. – Unpublished Excursion Guide OMV Exploration & Production, Vienna.

WESSELY, G. & LIEBL, W. (eds.) (1996): Oil and Gas in Alpidic Thrustbelts and Basins of

Central and Eastern Europe. – EAGE Special Publication 5. The Geological Society London.
Wiesbauer, H. & Mazzucco, K. (1997): Dünen in Niederösterreich. – Fachbericht d. NÖ Landschaftsfonds 6/97, 90 S. zahlr. Abb., St. Pölten.
Zapfe, H.: (1949): Die Säugetierfauna aus dem Unterpliozän von Gaiselberg bei Zistersdorf in Niederösterreich. – Jb. Geol. B.-A., 93 (1948), 83–97, 1 Abb., Wien.
Zeiss, A. (2001): Die Ammonitenfauna der Tithonklippen von Ernstbrunn, Niederösterreich, mit einem Beitrag von Th. Hofmann, Wien. – Neue Denkschriften des Naturhistorischen Museums in Wien, 6. Bd., 75 S., 20 Fototafeln, 24 Textabb. Hg. O. Schultz, Verl. F. Berger & Söhne, Wien-Horn.
Zimmer, W. & Wessely, G. (1996): Exploration results in thrust and subthrust complexes in the Alps and below the Vienna Basin in Austria. P. 81–107, 25 figs. 2 tabls. In: G. Wessely & W. Liebl (eds.): The Geologic Society London for EAGE.
Zwittkovits, F. (2009): Das Weinviertel im Satellitenbild – Erläuterungen zu einer außergewöhnlichen Aufnahme. 25 S., 5 Farb-. u. 3 SW-Abb. Verl. Dr. F. Zwittkovits, Wiener Neustadt.
Zych, D. (1988): 30 Jahre Gravimetermessung der ÖMV-Aktiengesellschaft in Österreich und ihre geologisch-physikalische Interpretation. – Archiv f. Lagerstättenforsch., 9, S. 155–175, 18 Abb., 3 Taf. (Beil.)
Geologische Bundesanstalt Wien9

12.1 Weiterführende Literatur

Antl-Weiser, W. (2008): Die Frau von W. Die Venus von Willendorf, ihre Zeit und die Geschichte(n) um ihre Auffindung (Veröffentlichungen der Prähistorischen Abteilung 1). 208 S., Verlag des Naturhistorischen Museums Wien.
Brix, F. & Schultz, O. (Red.) (1993): Erdöl und Erdgas in Österreich. – 2. Auflage. 688 S., 200 Abb., 61 Tab., 17 Beil. Naturhistorisches Museum und F. Berger, Horn.
Harzhauser, M., Daxner-Höck, G., Kollmann, H., Kovar-Eder, J., Rögl, F., Schultz, O., Summesberger, H. (2004b): 100 Schritte Erdgeschichte. Die Geschichte der Erde und des Lebens im Naturhistorischen Museum in Wien. – Verlag Naturhistorisches Museum Wien.
Harzhauser, M., Sovis, W., Kroh, A. (2009): Das verschwundene Meer. Fossilienwelt Weinviertel. 48 S., Verlag Naturhistorisches Museum und Geologische Bundesanstalt, Wien.
Hofmann, Th. (2000): Gaias Sterne. Ausflüge in die geologische Vergangenheit Österreichs. Grüne Reihe des Ministeriums für Umwelt, Jugend und Familie, Bd. 12. 1–224.
Hofmann, Th. (2020): Abenteuer Wissenschaft. Forschungsreisende zwischen Alpen, Orient und Polarmeer. 188 S., Böhlau, Wien.
Hofmann, Th. & Harzhauser, M., (2016): Wo die Wiener Mammuts grasten. Naturwissenschaftliche Entdeckungsreisen durch das heutige Wien. 159 S., Metroverlag, Wien.
Hofmann, Th., Harzhauser, M. & Reinhard Roetzel (2019): Meeresstrand und

Mammutwiese. Geologie und Paläontologie des Weinviertels. 120 S., Edition Winkler-Hermaden, Schleinbach.

JANOSCHEK, W. R. & MATURA, A. (1980): Outline of the Geology of Austria. – Abh. Geol. B.-A., 34, 7–98, 20fig., 14 tabl., 1 col. map, Wien.

KÜPPER, H. (1965): Geologie von Wien. 212 S., 20 Tab., 16 Fototaf., 8 Foss. Taf., 20 Falttaf., Borntraeger, Berlin, Brüder Hollinek Wien.

LAUERMANN, E. (2017): Archäologie des Weinviertels. 115 S., 119 Abb., Edition Winkler-Hermaden, Schleinbach.

OBERHAUSER, R. (RED., 1980): Der geologische Aufbau Österreichs. 699 S., 164 Abb., 1 Karte, Geol. B.-A., Springer, Wien.

PESTAL, G., LINNER, M., MANDL, G. W., SCHUSTER, R., ALBERT DAURER, A., KRENMAYR, H. G. & REITNER, J. M. (2019): ROCKY Austria – Geologie von Österreich kurz und bunt. 80 S., 156 Abb., Geologische Bundesanstalt, Wien.

PLÖCHINGER, B. & KARANITSCH, P. (2002): Faszination Erdgeschichte mit Brennpunkt Mödling am Alpenostrand. Heimat Verlag, Schwarzach.

PONGRACZ, L. (1984): Geologischer Schnitt durch den Flysch des Steinberggebietes entlang des Steinbergbruches. In: F. Brix und O. Schultz 1993 (Red.): Erdöl und Erdgas in Österreich. Naturhistorisches Museum und F. Berger, Horn.

ROETZEL, R. & NAGEL, D. (HG.) (1991): Exkursionen im Tertiär Österreichs. Molassezone, Waschbergzone, Korneuburger Becken, Wiener Becken, Eisenstädter Becken. VI + 216 S., 49 Abb. Wien (Österr. Paläont. Ges.).

RUTHAMMER, G. (2013): Öldorado Weinviertel – Zur Geschichte des Erdöls im Weinviertel. 124 S., reich bebildert. Edition Winkler-Hermaden, Schleinbach.

SAUER R., SEIFERT, P., WESSELY, G. (1992): Guidebook to Excursions in the Vienna Basin and the adjacent Alpine-Carpathian THRUSTBELT in Austria. Mitt. Österr. Geol. Gesellschaft Wien.

SCHULTZ, O. (1998): Tertiärfossilien Österreichs. 159 S. 65 Taf., 4 Ktn., 1 Tab.. Goldschneck Verlag, Korb/Weinstadt.

STEININGER H. UND STEINER, E. (2005): Meeresstrand am Alpenrand – Molassemeer und Wiener Becken. 100 S., Verlag Bibliothek der Provinz, Weitra.

THENIUS, E. (1983): Niederösterreich im Wandel der Zeiten. Die Entwicklung der vorzeitlichen Tier- und Pflanzenwelt Niederösterreichs. 156 S., 63 Abb., 9 Taf., 4 Tab., Amt der Niederösterreichischen Landesregierung, Wien.

TOLLMANN, A. (1976A): Der Bau der nördlichen Kalkalpen. 449 S., 130 Abb., 7 Taf. in separatem Anhang. Franz Deuticke Wien.

TOLLMANN, A. (1976B): Analyse des klassischen nordalpinen Mesozoikums. 580 S., 256 Abb., 3 Taf., Franz Deuticke, Wien.

TOLLMANN, A. (1986): Geologie von Österreich. Bd. 3. Gesamtübersicht. 718 S., 145 Abb., 8 Tab., 3 Falttafeln. Verlag Franz Deuticke Wien.

WESSELY, G. (2006): Niederösterreich. Geologie der Österreichischen Bundesländer. 416 S., 655 Abb., 26 Tab.

Geologische Bundesanstalt, Wien

13. Abbildungsverzeichnis

Wenn im Abbildungsverzeichnis nicht anders angegeben oder ausgewiesen, wurden die Abbildungen von den beiden Autoren Godfrid Wessely und Martin Maslo erstellt. Die beiden laden Interessierte ausdrücklich dazu ein, das den Autoren gehörende Bildmaterial weiter zu nutzen. Bitte wenden Sie sich bei Interesse daran an martin.maslo@univie.ac.at.

Abb. 1: Das Weinviertel aus 400 km Höhe (aus F. Zwittkovits 2009)
Abb. 2: Der Blick gegen Westen: Leiser Berge und Buschberg als höchste Erhebungen des Weinviertels
Abb. 3: Die Ebenen und Hügel des östlichen Weinviertels mit dem lang gestreckten Zug der Kleinen Karpaten am östlichen Horizont
Abb. 4: Charakteristische Landschaftsimpressionen im Weinviertel. Die größtenteils landwirtschaftliche Nutzung betont die sanften Kurven, die der Geologie des Landesteils zugrunde liegen. Weingärten und Getreidefelder zeichnen die Strukturen nach, Raps und Mohn färben diese kräftig. Auwälder säumen in einer wilden Flusslandschaft die March, welche langsam, aber stetig die Landschaft einebnet (Fotos Reinhard Wessely)
Abb. 5: Geologische Karte von Niederösterreich (W. Schnabel [Red.] 2002), Ausschnitt (verkleinert)
Abb. 6: Schema des geologischen Gebäudes – „Der geologische Bau des vorneogenen Untergrundes" (Originalskizze G. Wessely)
Abb. 7: Die geologischen Stockwerke des Stückes Erde im Überblick
Abb. 8: Die zeitlichen Reichweiten der erbohrten Stockwerke
Abb. 9: Das Protteser Tor als künstlerische Illustration des Stockwerkbaus. Die beiden Säulen des „Tors" an der Ortseinfahrt von Prottes stellen die Schichtfolge im zentralen Wiener Becken und dessen Untergrund dar (Gestaltung: H. Bauch, Vorlage: G. Wessely)
Abb. 10: Das Strukturschema der Oberkante des kristallinen Untergrundes und seiner jungpaläozoischen Überlagerung. Unter dem östlichen Weinviertel senkte sich der europäische Sockel von vier bis auf 18 km Tiefe ab
Abb. 11: Schnittschema des kristallinen Untergrundes und seiner Überlagerung
Abb. 12: Verbreitung des Jungpaläozoikums im Karpatenvorland und unter den alpin-karpatischen Decken und seine mögliche Erstreckung ins Weinviertel (G. Wessely 1976, ergänzt). Unter Berücksichtigung der Erkenntnisse aus Tiefbohrungen im nördlich angrenzenden Nachbarland nach F. J. Picha et al. in J. Golonka & F. J. Picha (eds.) 2006
Abb. 13: Ein Stück des kristallinen Untergrundes der Böhmischen Masse unter Wien in der Bohrung Aderklaa UT 1 bei 6.630 m Tiefe (Foto W. Hujer, OMV)

Abb. 14: Der Thayatrog und seine stratigraphische und fazielle Gliederung im schematischen Überblick

Abb. 15: Ammoniten im Jura des Thayatrogs in Österreich (Bestimmung und Einstufung L. Krystyn 1977). Links: Ammoniten aus der Bohrung Haselbach 1 (2.321–2.326 m), Dogger (oben: *Oecotraustes decipiens*, unten: *Oecotraustes nivernensis*) nach R. Fuchs in F. Brix & O. Schultz (Red.) 1993. Rechts: Dunkler Mergelstein mit Fragmenten von *Lytoceras* sp., Mikulov-Mergelstein Fm., Falkenstein 1 (3.951–3.960 m) aus G. Wessely 2006

Abb. 16: Die Oberkreide des Thayatrogs im Untergrund von Poysdorf/Ameis/Staatz (nach R. Fuchs & G. Wessely 1977, Ausschnitt)

Abb. 17: Die autochthone Molasse in Zistersdorf Übertief 1a 7.209–7.216 m (Foto W. Hujer, OMV)

Abb. 18: Die Alpen unter dem östlichen Weinviertel – geologische Karte des Nordwestrandes und Untergrundes des Wiener Beckens (Ausschnitt aus A. Kröll et al. 1993). Die Grenze zum östlichen Weinviertel ist die Überschiebung der Waschbergzone auf die Molasse.

Abb. 19: Die Diatomeen als Ausgangsfossilien der Menilithe in der Waschbergzone (aus F. Rögl et al. in W. E. Piller & M. W. Rasser [eds.] 2001)

Abb. 20: Zustand eines „gequälten" Gebirges: Ein Stück Waschbergzone aus etwa 6.000 m Tiefe in Zistersdorf ÜT 1 (aus G. Wessely 2006)

Abb. 21: Fossilien aus dem Ernstbrunner Kalk

Abb. 22: Ein Profil über die Waschbergzone mit der Bohrung Thomasl 1 (nach R. Fuchs et al. in W. E. Piller & M. W. Rasser [eds.] 2001)

Abb. 23: Die Flyschzone unter dem Weinviertel auf einen Blick (zusammengestellt aus G. Wessely 2006)

Abb. 24: Die Flyscheinheiten unter dem Steinberghoch (nach L. Pongracz 1984 in F. Brix u. O. Schultz [(Red.] 1993)

Abb. 25: Typische Flyschsandsteine aus dem Untergrund (aus G. Wessely 2006)

Abb. 26: Nannofossilien als stratigraphische Leitelemente im Flysch am Beispiel der Bohrung Linenberg 2 (nach H. Stradner in F. Brix & O. Schultz [Red.] 1993)

Abb. 27: Die tektonischen Einheiten der Kalkalpen unter dem Wiener Becken mit Verlauf der schematischen Schnitte 1 und 2 von Abb. 29 sowie der Detailschnitte A–C von Abb. 30

Abb. 28: Die Eskapaden der Kalkalpen in ihrem Stirnbereich

Abb. 29: Zwei Schnittschemata über den Kalkalpenkörper unter dem östlichen Weinviertel: 1. Schnittschema Kagran – Fischamend, 2. Schnittschema Matzen – Marchegg

Abb. 30: Schematische Schnitte durch den kalkalpinen Untergrund (Bajuvarikum und stirnnahes Tirolikum)

Abb. 31: Die Rückseite der Kalkalpen und das Zentralalpin und Tatrikum unter dem Marchfeld

Abb. 32: Die Schichten der Kalkalpen im Untergrund des Wiener Beckens unter dem östlichen Weinviertel

Abb. 34: Die Lofer Zyklotheme in Bohrkernen von Baumgarten an der March in Steilstellung (aus G. Wessely 2006)

Abb. 35: Schematische Darstellung eines Lofer Zyklothems (nach A. G. Fischer 1964)

Abb. 36: Schema der Mikrofazies im kalkalpinen Jura des Beckenuntergrundes

Abb. 37: Schema der Mikrofazies im kalkalpinen Jura und Neokom des Beckenuntergrundes von Aderklaa und Wien (nach G. Wessely 1992)

Abb. 38: Leitende Foraminiferen des Cenomanium (aus A. Papp & K. Turnovsky 1970)

Abb. 39: Munieria (aus F. Schlagintweit & M. Wagreich 1992) als typisches lakustrines Fossil der Grünbachformation der Glinzendorfer Mulde (links) und Oogonien der Armleuchteralge Chara (rechts, Foto: Ch. Baal) als charakteristische Süßwasseranzeiger

Abb. 40: Globotruncanen als typische stratigraphische Mikrofossilien der marinen Gosaugruppe. Bereits A. Tollmann erkannte die Bedeutung dieser Foraminiferengruppe für die Oberkreidestratigraphie (A. Tollmann 1976b).

Abb. 41: Globotruncanen aus der Bohrung Schönkirchen T 11 (aus A. Papp & K. Turnovsky 1970)

Abb. 42: Foraminiferen des kalkalpinen Paläozän (aus Papp & Turnovsky 1970). 1–3 Globigerinen, 4–6 Globorotalien.

Abb. 43: Eine klassische Karte des Neogens des östlichen Weinviertels (R. Grill 1951, koloriert). Nicht nur Geistesarbeit eines herausragenden Geologen, sondern auch viel Fußarbeit.

Abb. 44: Historische Strukturkarte des Zentralen Wiener Beckens 1 : 75.000 (K. Friedl 1956)

Abb. 45: Die Struktur der Oberkante Sarmat (H. Unterwelz et al. 1980)

Abb. 46: Die Struktur des Untergrundes des Wiener Beckens (nach A. Kröll et al. 1993)

Abb. 47: Die Lage des Wiener Beckens im Ostalpen-Westkarpaten-Abschnitt mit Angabe des Alters der Überschiebung an der Alpen-Karpaten-Stirn nach R. Jiricek 1990

Abb. 48: Der „pull apart"- Mechanismus im Wiener Becken

Abb. 49: Die Verbreitung des tieferen Miozän im Wiener Becken des östlichen Weinviertels (Grundlage: R. Jiricek und P. Seifert in D. Minarikova & H. Lobitzer [eds.] 1990, modifiziert)

Abb. 50: Karte der Linien gleicher Sedimentmächtigkeit im Badenium, Sarmatium und Pannonium des Wiener Beckens (Arbeitsskizze von G. Wessely nach R. Jiricek und P. Seifert in D. Minarikova & H. Lobitzer [eds.] 1990

Abb. 51: Beispiel einer Bruchbildung im tieferen Miozän: Das Korneuburger Becken im Querschnitt (aus G. Wessely 1998)

Abb. 52: Strukturbildungen am Steinbergbruch (nach H. Stowasser 1966)

Abb. 53: Die Kulissenanordnung der synsedimentären Bockfließer Brüche (aus G. Wessely in F. Brix & O. Schultz [Red.] 1993)

Abb. 54: Die Kulissenanordnung des Zwerndorf/Baumgartner postmittelpannonen Bruchsystems. Strukturkarte des Matzener Hauptmarkers nach N. Kreutzer/S. Köves in F. Brix & O. Schultz [Red.] 1993

Abb. 55: Die „flower structure" der VBTF-(GLOGMIL-)Blattverschiebung im Übersichtsschnitt (aus G. Wessely 2006, modifiziert)

Abb. 56: Der Verlauf der Störung „VBTF" und Segmente (nach A. Beidinger & K. Decker 2011 auf Übersichtskarte A. Kröll et al. 1993)

Abb. 57: WNW-ESE-Querstrukturen („intrabasinal hills") u. a. nach gravimetrischer Indikation (verändert, nach B. Salcher 2008)

Abb. 58: Detailschnitt durch die „flower structure" von Lassee und die Markgrafneusiedler Störung. Darüber die Tiefenlage der Quartärbecken von Obersiebenbrunn und Lassee (nach A. Beidinger & K. Decker 2011)

Abb. 59: Stratigraphie im Miozän des Wiener Beckens in Neufassung nach M. Harzhauser et al. 2020

Abb. 60: Die Horizontierung im Neogen des Zentralen Wiener Beckens nach N. Kreutzer in F. Brix & O, Schultz [Red.] 1993, kombiniert mit Bohrlochmessungen und stratigraphischer Gliederung nach M. Harzhauser et al. 2020

Abb. 61: Korneuburger Becken – Strukturkarte der Unterkante; Beckenfüllung aus tieferem Neogen (aus G. Wessely 1998)

Abb. 62: Kamm-Muschel aus einem Bohrkern des Basisschliers vom Feld Maustrenk (Foto G. Ruthammer)

Abb. 63: Das Austernriff und die Riesenperle von Stetten im Korneuburger Becken (Foto M. Dockner)

Abb. 64: Die Verteilung der Sedimentarten im Badenium des Wiener Beckens (R. Sauer et al. 1992)

Abb. 65: Mikrofauna des Badenium als Grundlage der Zonengliederung von R. Grill (aus A. Papp & M. Schmid 1985 und I. Cicha et al. 1998)

Abb. 66: Stratigraphisch bedeutsame Formen der Foraminiferengattung Uvigerina nach A. Papp & K. Turnovsky 1953

Abb. 67: Versteinerungen im Lithothamnienkalk des Steinberges, konserviert in einer Stützmauer der Brücke der ehemaligen Stammersdorfer Bahn in Großinzersdorf

Abb. 68: Steinkerne aus dem Lithothamnienkalk des Steinberges

Abb. 69: Foraminiferen des Badenium aus dem Seichtwasserbereich. Aus I. Cicha et al. 1998. 1 ca. 2,5 mm, 2–4 ca. 0,5–1 mm.

Abb. 70: Muscheln und Schnecken des Badenium aus uferferneren Schlamm- und Sandablagerungen. Aus Bohrkernen von Matzen, Bockfließ und Pirawarth (aus G. Wessely 2006)

Abb. 71: Der Mächtigkeits- und Faziesunterschied im Badenium auf der Hochscholle mit Leithakalk-Kappe und Tiefscholle des Steinbergbruches nach der geologischen Karte von K. Friedl 1937 und Schnitten über den Steinbergrücken

Abb. 72: Stratigraphische Gliederung des Sarmatium im Rahmen des Mittel- und Obermiozän der zentralen Paratethys nach M. Harzhauser & W. E. Piller 2004

Abb. 73: Mikrofauna des Sarmatium als Grundlage für die Zonengliederung von R. Grill (aus A. Papp & M. Schmid 1985 und I. Cicha et al. 1998

Abb. 74: Schnitt Nexing – Niedersulz: Große Fazies- und Mächtigkeitsunterschiede im Sarmatium auf der Hoch- und Tiefscholle des Steinbergbruchs nach A. Papp & F. Steininger in J. Boda et al. 1974, erweitert.

Abb. 75: Die klassische Lokalität Nexing in neuem Glanz auf Informationstafeln im Aufschluss: Lehrstück in Paläontologie, Paläoökologie und Sedimentologie. Arrangiert von einer Arbeitsgruppe der Universität Wien, Leitung Doris Nagel und NHM, Leitung Mathias Harzhauser, mit Unterstützung der Landesregierung N. Ö

Abb. 76: *Cerastoderma latisulcum nexingense*

Abb. 77: Der Oolith vom Typ Hauskirchen als Baumaterial. Hier als Kellerentlüftungsstein (Großinzersdorf Nr. 21); Größe der Ooide ca. 0,5–1mm

Abb. 78: Stratigraphische Zuordnung des Aufschlusses Nexing im Bohrprofil Niedersulz 5 in der Schlammfazies der Tiefscholle (nach M. Harzhauser & W. E. Piller 2004)

Abb. 79: Die Gliederung des Pannoniums des Wiener Beckens nach M. Harzhauser et al. 2004a

Abb. 80: Vertreter der Ostrakodenfauna des Pannonium im Wiener Becken (aus G. Wessely 2006)

Abb. 81: *Das Deinotherium giganteum*, ein „potenzielles Wappentier des Weinviertels" aus den unterpannonen Augebieten der Urdonau bei Kettlasbrunn und Gaiselberg (Rekonstruktion E. Thenius [wissensch. Leitung] & E. Neubauer [Künstlerin]). Originalgemälde im Archiv des Institutes für Paläontologie, Universität Wien)

Abb. 82: Die klassische Gliederung der Sandhorizonte des Miozän auf der Tiefscholle des Steinbergbruches (aus R. Janoschek 1951)

Abb. 83: Der Lauf der Urdonau im Verlauf von Hollabrunn –Mistelbach – Gaiselberg (R. Sauer et al. 1992)

Abb. 84: Die Sandfächer der unterpannonen Urdonau im Tiefschollenbereich des nördlichen Wiener Beckens (nach A. Borzi et al. 2022)

Abb. 85: Die Einsenkung des Oberpannon im Schwechater Tief, Strukturschema der Unterkante mit Schnittpaar (Godfrid und Viktor Wessely 2012)

Abb. 86: Schema der Verlegung der Donau in die Wiener Pforte (H. Häusler in G. Blühberger 1996).

Abb. 87: Die Verbreitung von holozänen (Niveau 7) und pleistozänen Donauniveaus 1–6 auf der Hochscholle des Leopoldsorfer Bruches und L1, L2, L3, A in Wien auf dem abgesenkten Schollensystem des Leopoldsorfer Bruches. N1 und N2 sind die Terrassen westlich Seyring, nördlich der Donau (S. Grupe, Th. Payer & S. Pfleiderer 2021).

Abb. 88: Profil durch die traditionelle Donauterrassenabfolge (Niveaus 1–7) mit den Unter- und Oberkanten und der Bedeckung aus Löss, Lehm und Kolluvium (S. Grupe, Th. Payer & S. Pfleiderer 2021)

Abb. 89: Mächtigkeitsverhältnisse des Donaukieses in Wien für das Pleistozän und Holozän, im Schwechater Tief inklusive Pliozän. Deutlich ist der jung abgesenkte und mächtige Bereich im Osten des Leopoldsorfer Bruches im Abschnitt Simmering erkennbar (S. Grupe, Th. Payer & S. Pfleiderer 2021)

Abb. 90: Die Terrassengliederung im Marchfeld (J. Fink 1955)

Abb. 91: Die bruchbedingt eingetieften Quartärbecken entlang der linkslateralen Wiener-Becken-Blattverschiebung (H. Peresson 2006); Übersichtskarte und Profil

Abb. 92: Die räumliche Gliederung der Gänserndorfer Terrasse. Verändert nach Vorlage für Publikation 2017, M. Weissl

Abb. 93: Die versteinerten Bäume aus der Gänserndorfer Terrasse von Schönkirchen. Sammlung L. Strayhammer

Abb. 94: Die fossilen Böden im Löss der klassischen Lokalität Stillfried (J. Fink 1955)

Abb. 95: Weitere Zeugen der Eiszeit und Nacheiszeit: Löss und Flugsand im Weinviertel (nach G. Wessely 2006, Ausschnitt)

Abb. 96: Lössschnecken, Zeichnung aus F. Rögl & H. Summesberger in F. Felgenhauer et al. 1978

Abb. 97: Lössprofile im Weinviertel (J. Fink 1955)

Abb. 98: Ein bemerkenswerter Aufschluss an der Abzweigung von der „Brünner Straße" nach Pirawarth mit Löss und braunen Lagen über fossilführendem Sarmat (*Elphidium hauerinum*-Zone)

Abb. 99: Ein Ausschnitt vom Wechsel eiszeitlicher Kalt- und Warmphasen an der Böschung der Nordautobahn bei Ulrichskirchen, vermutlich dem Komplex „Stillfried A" zuordenbar

Abb. 100: Mammutrekonstruktion durch Werner Schmid und Fragmente von Mammutzähnen der Sammlung Leopold Strayhammer

Abb. 101: Der Keller, in dem das Mammut von Waidendorf gefunden wurde

Abb. 102: Flugsanddünen des Marchfeldes (Naturschutzgebiet Oberweiden)

Abb. 103: Das Museum in Stillfried a. d. March mit Exponaten von der Altsteinzeit bis heute

Abb. 104: Abfolge der Vergangenheit im Raum Stillfried, festgehalten an einem großen „Lackabzugbild" (aus G. Wessely 2006)

Abb. 105: Weinviertler Vertretung des Holozän – einst (Foto Ernst Wessely) und jetzt (Foto G. Wessely)

Abb. 106: Geologie der Kleinen Karpaten um Blasenstein (Plavecky Podhorie) aus dem Farbstift von W. Haidinger 1864

Abb. 107: Die Silhouette der Kleinen Karpaten, vom Rochusberg bei Stillfried/Mannersdorf gesehen

Abb. 108: Das geologische Profil durch die Kleinen Karpaten von Plavecky Mikulas bis Hainburg; Grundlage D. Plasienka et al. 2011

Abb. 109: Tektonische Übersicht über die Kleinen Karpaten mit Profiltrasse; Grundlage D. Plasienka et al. 2011

Abb. 110: Teilprofil mit dem Thebener Kogel nach P. Malik & G. Schubert 2012

Abb. 111: Profil durch die Hainburger Berge (aus G. Wessely 2006, modifiziert 2023)

Abb. 112: Verbindende Großstrukturen zwischen Alpen und Karpaten im Untergrund des Wiener Beckens und am Nordwestrand der Kleinen Karpaten. Nach publizierten Karten des Untergrundes aus Österreich und der Slowakei

Abb. 113: Schnittschema über den alpin-karpatischen Deckenbau im Untergrund des Wiener Beckens und am Nordwestrand der Kleinen Karpaten; zusammengestellt G. Wessely 2023

Abb. 114: Schnitt durch das Wiener Becken und den kalkalpinen Untergrund im Raum Borský Jur und Zavod nach V. Hlavaty in G. Wessely & W. Liebl (eds.) 1996

Abb. 115: Übersicht über die Bohrdichte im östlichen Weinviertel. Farbige Punkte: Bohrungen in den Beckenuntergrund. Rot gerahmte Punkte: Bohrungen über 6 000 m Tiefe (aus G. Wessely 2006, Ausschnitt)

Abb. 116: Abfolge der Fundbohrungen in der ersten Phase der Exploration in den kalkalpinen Untergrund des Wiener Beckens von 1959 bis 1977 aus G. Wessely in F. Brix und O. Schultz [Red.] 1993

Abb. 117: Oben: Die Kohlenwasserstoffvorkommen am Relief des kalkalpinen Beckenuntergrundes. Oben die Gasfelder Aderklaa und Hirschstetten. Unten Schönkirchen/Prottes/Reyersdorf. Stand der Ausdehnung der KW-Vorkommen im Förderjahr 1993

Abb. 118: Hauptdolomit als Speichergestein von Schönkirchen T 32. Die Lamination durch Reihen von Entgasungsbläschen von verwesenden Algen („bird's-eye stucture") zeigt die nahezu senkrechte Lagerung des Hauptdolomits an (aus G. Wessely 2006).

Abb. 119: Klebelog Schönkirchen T 32, 2865–3423 m. Der Hauptdolomit der Göller Decke (ehem. Ötscher Decke) mit deutlichem Farbverlauf (Überlagerung durch Neogenmergel, Unterlagerung durch Opponitzer Kalk). Foto W. Hujer, OMV

Abb. 120: Profil Schönkirchen T 32: Unter Neogen die rücküberschobene Schichtfolge der Göller Decke als Deckscholle über der sehr steil stehendem Gießhübler Mulde, unter der eine fast senkrecht gelagerte südliche Lunzer Decke mit dem tiefen, großen Gasfeld liegt (aus G. Wessely 2006)

Abb. 121: Schnitt über die Felder Schönkirchen und Reyersdorf, festgehalten an der Außenwand des Erdöl- und Erdgasmuseums in Prottes

Abb. 122: Abfolge der Bohraufschlüsse im dritten Stockwerk

Abb. 123: Erste geologische Vorstellung vom Bau des Steinberggebietes als Grundlage für das Bohrprojekt Zistersdorf Übertief

Abb. 124: Die Bohranlage Zistersdorf ÜT

Abb. 125: Die kurzfristige Abfackelung während des Gaskicks bei der Bohrung Zistersdorf ÜT 1 bei Tiefe 7.544 m.

Abb. 126: Die Bohrpfade von Zistersdorf ÜT 1a und ÜT 2A in Draufsicht. Distanz ÜT 2A WNW von ÜT 1 125 m, Gesamtabweichung ÜT 2A 460 m gegen NW. Der Meißel richtete sich in beiden Bohrungen bis zum Steinbergbruch ostwärts, darunter nordwestwärts, also jeweils gegen das Schichteinfallen (F. W. Marsch & G. Wessely 1993).

Abb. 127: Ergebnis der Bohrung Zistersdorf Übertief 1 und Position der geplanten Ersatzbohrung Übertief 2 (Exkursionsführer OMV)

Abb. 128: Bohrkern aus Zistersdorf Übertief 2A, Tiefe 7 538,1 m. Obere Ernstbrunn Fm., karbonatisch-klastischer Habitus, Kluftfüllung aus dunklem, grünlichem, glaukonitischem Siltstein, durchschlagen von heller Kalzitader (Foto M. Maslo)

Abb. 129: Geologisches Profil von Zistersdorf Übertief 1a und 2A

Abb. 130: Das tiefste erbohrte Stück Österreichs: Zistersdorf ÜT 2A, Tiefe 8 553 m (Foto W. Hujer, OMV)

Abb. 131: Der Ablenkungsversuch Zistersdorf ÜT 2Aa aus der Bohrung Zistersdorf ÜT 2A in Richtung des Gasvorkommens von Zistersdorf ÜT 1 (geplante Teufe 7.900 m). Abgebrochen infolge zunehmender Instabilität des Gebirges

Abb. 132: Die Verbreitung und Mächtigkeit der Mikulov-Mergelstein-Formation des Malm – Hauptmuttergestein der Erdöl- und Erdgasvorkommen des Wiener Beckens

Abb.133: Vorausprofil der Bohrung Maustrenk ÜT 1. Stand 1982

Abb.134: Maustrenk ÜT 1, Bohranlage (aus G. Ruthammer u. D. Sommer 1991) und Bohrprofil Maustrenk

Abb. 135: Schnitt Maustrenk – Zistersdorf.

Abb. 136: Das tiefste Öl aus dem Wiener Becken – 6.300 m (Foto G. Ruthammer)

Abb. 137: Pläne und geologische Realität am Beispiel der Projekte Zistersdorf und Maustrenk Übertief.

Abb. 138: Schnitt Zistersdorf – Slowakei (G. Arzmüller, St. Buchta, E. Ralbovsky, G. Wessely in J. Golonka & F. J. Picha 2006)

Abb. 139: Profil Aderklaa UT 1 und UT 1b

Abb. 140: Schnitt über die Bohrung Aderklaa Ultra Tief 1 in der Vorstellung 1985 über den geologischen Bau auf der Linie Stockerau–Marchfeld–Deutsch Altenburg (W. Grün & G. Wessely 1985)

Abb. 141: Bohrkernfragment Aderklaa UT 1b, Tiefe 6.247 m. Ein Bohrkern löst die Frage, ob das Fehlen eines wichtigen Teiles des Autochthonen Mesozoikums durch einen Bruch oder eine Sedimentationslücke bedingt ist (R. Sauer et al. 1990).

Abb. 142: Die Bohrung Kronberg T 1. Ein Aufschluss auf das dritte Stockwerk knapp außerhalb des Randes des Wiener Beckens. (W. Zimmer & G. Wessely in G. Wessely & W. Liebl [eds.] 1996)

Abb. 143: Die Zuordnung der Menschheits- und Klimageschichte des Weinviertels in das geologisch-archäologische Geschehen seines näheren und weiteren Rahmens im Pleistozän und Holozän. Zusammengestellt aus: Ch. Frank & G. Rabeder 1997, Ch. Neugebauer-Maresch et al. 1995, D. Van Husen 1987, E. Thenius 1983, E. Lauermann 2017

Abb. 144: Kreisgräben, Zeichen im Boden für eine früher großdimensionale Aktivität. Mittelneolithische Kreisanlage (Hornsburg 2) in Hornsburg, Gemeinde Kreuttal (mit freundlicher Genehmigung, © BildNr. 0120000611_072 Luftbildarchiv, Institut für Urgeschichte und Historische Archäologie, Universität Wien)

Abb. 145: Erdbewegungen riesigen Ausmaßes: Der Gugelhupfberg bei Gaiselberg. Am besten erhaltener Hausberg Niederösterreichs (Foto Darwin Maslo)

Abb. 146: Beispiel eines „Erdstalles" aus Großinzersdorf. Eingang vom Keller Falmbigl (Foto P. Hofer) und Plan von E. Bednarik 1997

Abb. 147: Die bewaffneten Vertreter der Kriegsparteien in der Schlacht von Dürnkrut und Jedenspeigen, dargestellt an Figuren im Ortsgebiet von Dürnkrut und bei Jedenspeigen

Abb. 148: Der erste Nachweis und der Fortschritt des Wein- und Ackerbaus (Fotos aus dem Museum Stillfried)

Abb. 149: Gedenkstein, der an die Schlacht von Dürnkrut und Jedenspeigen erinnert

Abb. 150: Der Erdöl-Erdgas-Lehrpfad Prottes als geologisch-technischer Leitfaden einer bedeutenden Epoche. Foto G. Wessely

Abb. 151: Die vorgesehene und schon angefertigte Abschlussvorrichtung (E –Kreuz) für die Bohrung Zistersdorf Übertief 2A, nun als erstaunenswertes Objekt am Lehrpfad Prottes als das weltweit größte E-Kreuz (Höhe ca. 7m)

Abb. 152: Die einstige „Übersiedlungs"-Methodik eines Bohrturms (G. Ruthammer & D. Sommer 1991)

Abb. 153: Der „Stalinez", ein robustes Transportrelikt aus russischer Besatzungszeit

Abb. 154: Rollmeißel, Bohrstangen, Preventer und Behandlungswinde entlang des Erdöl- und Erdgaslehrpfades Prottes

Abb. 155: Strukturkarte des Gebietes Matzen–Ollersdorf 1:25:000 von K. Friedl 1949

Abb. 156: Wein und Geologie (M. Heinrich, Th. Hofmann & R. Roetzel 2004): Die Bedeutung des Bodens für den Weinanbau ist zum größten Teil an die Lössgebiete gebunden. Große Schotterflächen, vor allem die Gänserndorfer Terrasse, werden kaum für den Weinbau benützt.

Abb. 157: Die Öl- und Gasfelder des östlichen Weinviertels (Detail aus G. Wessely 2006)

Abb. 158: Gravimetriebeispiel: Durch die Gravimetrie werden vor allem großräumige Strukturen sichtbar (H. Granser).

Abb. 159: 3D-Seismik, Beispiel: Ermittlung und Schärfung der Kenntnis über den stratigraphischen und tektonischen Bau im Wiener Becken und seines Untergrunds. Geophysikalische Aufbereitung und Interpretation in Kooperation mit Geo 5 GmbH, Leoben

Abb. 160: Die Einführung der Horizontalbohrtechnik (W. Grün 1993)

Abb. 161: Erdölpumpen in platzsparender Anordnung. An der Stelle einer fündigen Bohrung werden mithilfe der Richtbohrtechnik mehrere Produktionssonden abgeteuft.

Abb. 162: Das hydrogeothermale Energiepotenzial aufgrund der geologischen und technischen Erfahrung aus der Kohlenwasserstoffexploration

Abb. 163: Vereinfachtes Schema der hydrogeothermalen Energiegewinnung

Abb. 164: Die Testarbeiten der OMV im kalkalpinen Untergrund des Wiener Beckens im Raum Aderklaa/Deutsch Wagram

Abb. 165: Geothermie: Ein neues Zeitalter der Energiegewinnung bricht an. Der Bohrturm Essling Thermal 1 für Testarbeiten aus dem Aderklaaer Konglomerat

Abb. 166: Sieben landesüberschreitende Rekorde

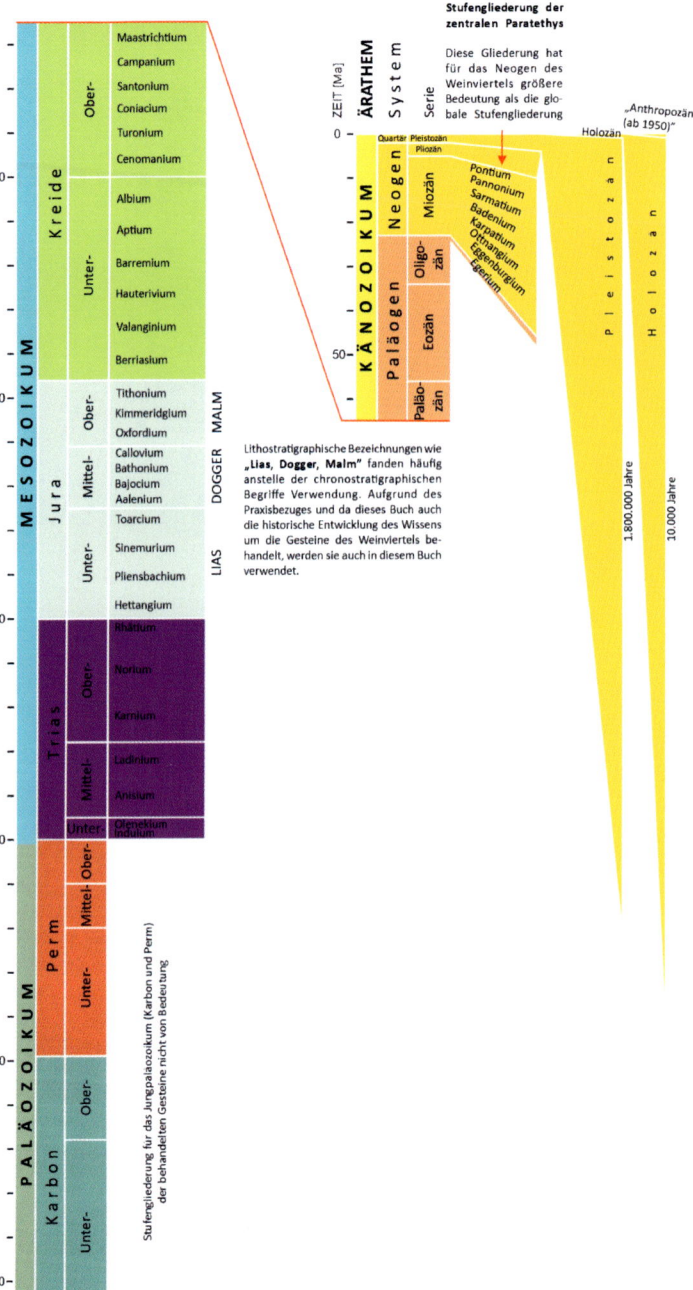

OMV

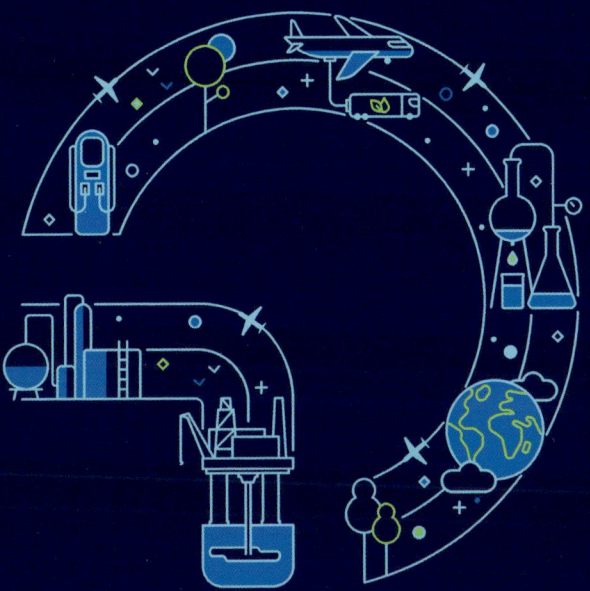

Forward for Good ↗

OMV Austria: Nachhaltige Energieversorgung für Österreich und Zentrum für weltweite Forschung und Entwicklung